教育部人文社会科学资助项目（01JA720051）

黑龙江省哲学社会科学重点项目（A4-002）

中国当代伦理变迁

ZHONGGUO DANGDAI LUNLI BIANQIAN

樊志辉
王　秋　● 著

中国社会科学出版社

图书在版编目(CIP)数据

中国当代伦理变迁/樊志辉,王秋著.—北京:中国社会科学出版社,2012.3

ISBN 978 - 7 - 5161 - 0909 - 0

Ⅰ.①中⋯ Ⅱ.①樊⋯②王⋯ Ⅲ.①伦理—研究—中国—现代 Ⅳ.①B82 - 092

中国版本图书馆 CIP 数据核字(2012)第 098361 号

出 版 人	赵剑英
责任编辑	张 红
责任校对	王兰馨
责任印制	戴 宽

出 版	中国社会科学出版社
社 址	北京鼓楼西大街甲 158 号 (邮编100720)
网 址	http://www.csspw.com.cn
	中文域名:中国社科网 010 - 64070619
发 行 部	010 - 84083685
门 市 部	010 - 84029450
经 销	新华书店及其他书店
印 刷	北京市大兴区新魏印刷厂
装 订	廊坊市广阳区广增装订厂
版 次	2012 年 3 月第 1 版
印 次	2012 年 3 月第 1 次印刷
开 本	710×1000 1/16
印 张	15.5
插 页	2
字 数	253 千字
定 价	40.00 元

凡购买中国社会科学出版社图书,如有质量问题请与本社联系调换

电话:010 - 64009791

目　　录

引　言

　　中国当代伦理道德变迁，是指 1949 年中华人民共和国成立开始到今天这一历史时期的伦理道德变迁。遵循历史与逻辑相统一的方法论原则，本书既要立足于当代伦理道德变迁的史实，力求客观描述中国当代伦理道德变迁的真实图景；又要依据对当代伦理道德变迁产生深远影响的社会历史背景进行理论分析，以求获得对中国当代的伦理道德变迁在认识上的理解和把握。笔者力求避免对中国当代伦理道德变迁的历史考察成为基本事实的简单罗列和堆砌，并努力使对中国当代伦理道德变迁的历史考察成为对这一逻辑演进的历史过程的分析。

　　中国共产党领导的中华人民共和国作为独立的现代民族国家有其自身的历史特殊性。中国是在半殖民地半封建社会的条件下进入现代化的。就现代性所必涵涉的三结构：现代化理论、现代主义论述、现代性问题而言，传统中国本不具备进入现代国家的基础。然而中国共产党人选择了马克思主义作为指导思想，成功地在多种关于"中国将向何处去"的实践探索中建立了现代民族民主国家。新中国成立后，作为执政党的中国共产党又利用取得的社会法权，依据自身的价值理念对旧社会进行了全面重新整合。所以，中国当代伦理道德变迁在各方面和各层次，均深深打上了政党伦理及其意识形态的烙印。由于当代并不是简单地从近现代而来的时间意义上的自然延伸，笔者对伦理道德变迁的考察故应溯及其更为深隐的社会历史背景。而事实上这一密切关涉在史实及逻辑上还可追寻更远，因此本书之描述并不拘泥于时间限定，而要把笔触略为前展，以期对当代伦理道德变迁的历史考察的事实脉络与逻辑理路的描述更为完整和清晰。

　　考察中国当代伦理道德变迁的前史及其本身都应将中国放在世界舞台中，因为自资本主义列强的殖民扩张遍及五大洲之后，各殖民地发生之种种历史在一定意义上都具有世界性。所有传统国家在进入现代的转型过程中，都经历了历史性的社会震荡。对于中国来说，具有 2000 多年悠久历史的华夏帝国，如何在列强环绕之下构建现代民族民主国家，既具有地域、国家民族间的关联牵涉，也更具有融进现代化过程的艰苦探索。

而历史以无可争辩的事实证明：只有中国共产党能够救中国。当然笔者必须强调，此处所讲不是个体情绪化表达，而是基于事实的理性陈述。这表明中国共产党所领导的新民主主义革命取得的成功具有历史的价值意蕴。中国共产党依据自身的伦理规约和价值理念，对现代民族国家的建构进行了重新整合，而且自此之后的伦理道德变迁均与政党伦理有不解之缘。所以，考察中国当代的伦理道德变迁有其特殊性。此特殊性包括二：一是如何构建现代民族国家是一个现代问题，因而牵涉现代性的中国遭遇问题。二是谁来领导现代民族国家的构建是一个价值诉求问题，因而牵涉现代性的中国承担主体问题。而笔者以为，此两问题可归为现代性与中国共产党的政党伦理问题，当然这一归结是立足于考察中国当代伦理道德变迁有意义和价值这一维度而言的。"中国当代伦理变迁"的问题，在我们的视域下乃为中国现代性伦理的构建、解构及重建的问题。对当代中国而言，现代民族民主国家的构建与现代性伦理的构建是一体两面的。"中国当代伦理变迁"的研究乃是力图审视当代中国是如何颠覆中国传统的宗法血缘伦理而构建与现代生活方式相应的伦理原则与伦理秩序。

中国现代性伦理的构建历经百余年的历史嬗变，清王朝的解体，不仅意味着传统政治体制的崩溃，而且也意味着传统价值秩序与伦理秩序的正当性与合法性受到质疑与颠覆。现代启蒙思潮以及国家意识形态，从整体上拒绝为传统纲常伦理服务。于是，整个社会出现了各种现代伦理观念与传统伦理生活之间的张力。因而，如何构建现代伦理就成为现代性中国问题的关键所在。

中国现代性伦理建构的历程大致经历了两个阶段：一是多元伦理价值的竞争阶段；二是一元伦理价值主导的新伦理建构阶段。这两个阶段的分水岭就是 1949 年中华人民共和国的成立。自科举制度废除至清王朝的倾覆，传统伦理失去了社会体制和学术体制支撑，然而，传统伦理以文化习俗的方式依然存在于社会生活中。文化精英所提倡的伦理价值、国共的意识形态的伦理价值取向，处于相互竞争状态之中。多元文化的伦理诉求并不是一个自然竞争，而是由社会的政治、经济的发展趋势所决定。1949，年以后，中国社会处于一元伦理主导下的现代伦理的建构及变迁的过程中。本书所谓的"中国当代伦理变迁"就是针对这一时间而言的。

本书对"中国当代伦理变迁"的研究就是要揭示这一变迁的历史轨迹及其内在运行的机理。其中笔者并不是要揭示"中国当代伦理思想"的变迁，而是力图寻求伦理生活的变迁；对"伦理生活"的分析也并不是着眼于日常生活的礼俗演进，而是去进一步分析中国伦理建构的历史性嬗变。本书的分析力图借对中国当代特定社会现象的描述，揭示现代性的"主义"话语是如何通过政党伦理的建构和社会法权的运作上升成为国家伦理的；这一过程是如何通过具体的政治、经济、文化的手段得以完成的，这是本书的重要考察所志。本书虽然考察的是"伦理变迁"的历史过程，也列举了大量的历史事实来说明这一变迁；但本书的研究方法基本上不是历史的方法，也不是哲学及思想史的研究方法，而是借助唯物史观和知识社会学的视角来说明和分析这一题旨。

一个社会的具体伦理生态是由其所包含的各种伦理资源的相互博弈而成。多种伦理资源并不处于同等的地位。一般来说，必有一种处于主导乃至决定的地位。而多元伦理资源的变迁与整合也并不是随意的，而是一个社会的社会存在结构，特别是主流意识形态和权力结构决定谁为主导的。米歇尔·福柯（Michel Foucault）曾对"知识与权力"关系有过系统的论述。事实上，不仅是"知识"乃至人类的全部话语对存在都有一种操纵的关系。因为人与"话语"存在的联系中介乃是人的"实践"。而"实践"的具体展现方式是由一套话语所决定的。历史地看，人的话语权力、存在方式乃是合一的。

我们对"伦理变迁"的研究，就是在立足于中国当代社会变迁过程中，分析权力话语与现实伦理生活的现实关联。了解现实的伦理生活是如何在特定社会制度下，在主流话语的积极参与下，发生具体的历史演变。

本书对伦理变迁的分析，主要着眼于当代中国现代性伦理构建的过程分析，而对中国现代性伦理的实质性内容并没有做深入的分析，因为这一工作不是本书的重心所在。

第 一 章

现代性与中国共产党的政党伦理

现代化的过程在中国有其历史特殊性。现代化的历史进程在西欧，是其自身政治经济文化演进的结果。中国则是遭受列强入侵，被强行拖入现代化的历史进程。从 1840 年开始，中国面临"三千年未有之大变局"。这一历史巨变使得华夏人面临前所未有的困惑。在此前的中国历史上，虽不乏少数民族入主中原的历史变化，但是，最终华夏文明依靠自身的文化将"落后"或"野蛮"的民族同化，使得中国的历史传承仍旧获得政治统绪和文化统绪的合法性和连贯性。因此，传统的知识分子固然也承受过家国丧失的撕裂感和耻辱感，但是文化上的自信力却从没有丧失。面对异族的入侵，传统知识分子可以从自己的文化中找到解决问题的理论资源。但是，自从中国进入到近代历史后，中国的知识分子被迫开始在中西对立的二元景观中探讨中国向何处去的问题。自林则徐、魏源至孙中山以及五四新文化运动，历经从器物层面、政治制度层面到文化层面的不同程度的西化，都反映出中国知识分子面对西方强势文化的尴尬与无奈。但是，这些探索无论从理论设计上多么完美，其背后有多少成功的经验作为论证支持，但是都没有解决中国所面临的问题。这里既有理论上的"水土不服"的原因，也有没有恰切把握中国问题的原因，因此它们均没有在中国成功构建起独立的现代民族民主国家。

马克思主义传入中国初期，并没有在中国引起太大的反响。只是到俄国十月革命胜利后，马克思主义理论在中国的传播才日渐广泛，影响日渐巨大。中国的革命知识分子才更多地投入到对这一价值理念的信靠上，并依据这一理念，宣介民族救亡、独立富强，最终由中国共产党领导，历经由发动工人阶级到发动农民阶级而最终走向革命成功。因此选取特定视角深入现代性在中国的遭遇及其承担主体的内在关联是一项有意义的工作。就理念体系而言，共产主义民主理想与资本主义民主构想是现代性理念转化为社会现实制度的两个方向。诚然，共产主义民主理想作为晚生的现代国家构建模式在事实普遍性上不及后者，然而就之于中国解决"向何处去"而言，则具有后发先至的优势。在共产主义理论体系传入中国之前，中国的种种建构现代民族国家的尝试均告失败，或者说"尚未成功"。因此，中国共产党人倡导的共产主义理念从一开始就与具有民族主义色彩的三民主义以及其他各色的自由主义、无政府主义面临竞争的局面。

中国共产党人所倡导的共产主义理念，除了在现实方案的设计上更切合中国现实问题的解决之外，从精神层面和心理层面的突出优势在于其理念价值诉求更为高远，具有更大普适性。它作为一种产生于西方并且反对西方的理论，既能从现实上保证中国进入到现代社会，又能从精神和心理层面抚平民族主义的创伤和文化上的自尊心的受伤。由此而言，现代性问题在中国的生成和发展，具有的价值性意蕴更为深重。从中国共产党人对马克思主义理论的宣传介绍以及经过"中国化"的历程看，政党伦理建设作为价值理念的重要面相，在与其他理论争论和斗争的过程中扮演了重要的角色。因此，现代性问题在中国的生成，与中国共产党人的政党伦理密切相关。中国共产党是现代性在中国发展的领导主体，因此政党伦理与现代性问题的关涉在现代中国和当代中国的历史进程中都具有特殊的意义。现代性在中国的遭遇及其担当主体之问题考察，我们可以从现代性与中国共产党的政党伦理道德之关系问题获得具体入微的透析。它是我们研究当代中国伦理变迁的历史与逻辑的起点。中国当代伦理道德变迁是中国现代道德变迁的延续和发展。

一　阶级怨恨与阶级道德

中国共产党人与其他政党和知识分子的最大区别在于，他们将现代民族国家建设的主体瞄定在工农大众的身上。在马克思的论述中，农民并不构成这一主体。但是中国共产党人对马克思主义理论的运用并不是教条式的照搬，而是依据中国问题的特殊性和中国国情的特殊性进行创造性的发展和转化。在社会动员上，他们逐渐地将目标设定在工农大众上。在这一社会动员中，调动劳动阶级的积极性成为最为重要的问题。除了通过斗地主分浮财、减租减息、分给土地等方式进行以土地改革和土地革命为主要形式的农民运动外，鼓动阶级怨恨成为一种最为直接有效、最为普遍可行的方式。通过阶级怨恨的鼓动，使得封建传统文化在广大农村根深蒂固的愚忠顺从的价值体系遭到前所未有的破坏。从伦理道德方面看，以工农大众为主体的无产阶级所具有的吃苦耐劳、艰苦朴素、勤俭节约等品质成为新道德建设的重要价值原色。在当代伦理道德的建设过程中，尤其是在改革开放之前的历史时期，实际上是这一过程和方式的历史延续。

怨恨与道德的关联作为一个理论问题的分析，虽然是很为晚近的事情，并且迄今也并没有获得人们的高度关注。但是，在伦理道德领域考察道德起源、道德体系价值结构的转变过程，却可以看出道德和怨恨的关联还是很为紧密的。对问题的探讨，必须借助一定的分析框架，本节拟定借重舍勒对资本主义精神分析所用之方法：通过对怨恨的社会学和现象学分析，来探析中国当代的伦理变迁的社会心理机制，分析中国共产党人在建设阶级道德过程中对阶级怨恨的动员。

（一）怨恨的社会学和现象学分析

怨恨作为一种心理情感，在古代和近现代思想家中都有所论及。应用现象学的方法对怨恨进行社会学的分析，进而勾勒出怨恨与资本主义精神的内在关联的德国思想家舍勒，无疑是最为成功且产生深远影响的人。

舍勒对怨恨进行的分析，溯及尼采在《道德的谱系》一书中对基督教徒进行的猛烈抨击。尼采认为基督徒遵守的是奴隶道德，而不是自己做主的具有强力意志的超人道德。尼采由此进一步分析基督教传统的欧洲文化，已经开始借助怨恨的心理机制作为分析问题的工具。他认为基督教传统的欧洲文化是一种弱者仇恨强者的文化。以上帝的信仰、多数人对少数人的民主式的统治为具体内容的欧洲文化成为尼采哲学批判的对象。尼采的结论虽然遭到许多思想家的批判，但是其对于资本主义精神和文化的批判方式和理解却不乏洞见，并具有深远的启示。舍勒承继尼采的分析方法并有所发展。舍勒在批判尼采的基础上，借助于现象学的分析方法，成功地结合社会学的分析技术，将怨恨的分析方法深入到社会理论领域，在分析西方资本主义精神产生和发展机制的同时，描绘了当代资本主义发展的未来新图景。

尼采使怨恨成为哲学中用来分析伦理学和文化结构的术语。在德语文化语境中，尼采首开先河，"使这个词成了专业术语"①。舍勒对怨恨一词的含义的理解主要从法语中来，他认为怨恨具有两个要点：一是对他人的情绪性反应的感受和咀嚼，情绪得到不断强化。二是消极的敌意动态，相当于德语词 Groll（恼恨）——是一种隐隐地穿透心灵、隐忍未发、不受自我行为控制的愤懑；它最终形成于仇恨意向或其他敌意情绪一再涌现之后，虽然尚未包含任何确定的敌对意图，然而，其血液中一再孕生一切可能的敌意。②

舍勒关于怨恨与道德关系的论述是承接尼采而来的，他指出："尼采把怨恨看作是道德价值判断的根源。认为基督教道德的爱是最精巧的'怨恨之花'"。③尼采认为基督教道德是一种怨恨道德。舍勒首先点明了尼采分析的合理之处，他认为通过对道德建构中的怨恨因素进行分析是正确的方法，但是尼采得出的结论则是错误的。

舍勒对怨恨进行了社会学和现象学的分析。舍勒首先深入探讨了作为心理体验单位的怨恨。他认为"怨恨是一种有明确的前因后果的心灵自我毒害。"④他从心理体验单位的角度对怨恨进行了现象学分析，认为"报复冲动"和"嫉妒、醋意和争风"构成了怨恨的起点。就第一方面而言，报复冲动起源于报复的事态——受到损害，萌发反抗冲动，但无力回应，抑制隐忍；无能感和软弱感，以牙还牙的意识。就第二方面而言，从社会学领域对于个人与团体的分析角度看，舍勒认为怨恨与自身和其他价值的攀比有关。具体讲，其根源分为：（1）人的资质因素；（2）社会生活结构；（3）广泛的社会历史变迁制约的老一代对下一代人的影响；（4）婚姻和家庭成员彼此之间的典型关系。

个人的资质因素主要就是指在处于特定历史时期，个人具有的在出身（先天的社会位置）、先天禀赋（生理及智力方面等）、后天环境（受教

---

① 《舍勒选集》，上海三联书店 1999 年版，第 398 页。
② 参见《舍勒选集》，上海三联书店 1999 年版，第 398 页。
③ 《舍勒选集》，上海三联书店 1999 年版，第 399 页。
④ 同上书，第 401 页。

育、就业等机遇）等方面的条件。①

社会生活结构，主要就是指宏观的社会政治结构（民主制度还是封建社会的专制）。在这里舍勒指出价值攀比的现象中包含着怨恨与道德构建的内在关联："倘若价值理解的这种类型成为一个社会中的主导类型，那么竞争制度就会成为这一社会的灵魂"，在韦伯看来，13 世纪之前，"中世纪农夫并没有与封建主攀比，手工业者不与骑士攀比等等。农夫至多与较为富裕或较有声望的农夫攀比；就是说，每个人都只在他的等级范围内攀比。"②

经济（封建的自然经济还是资本主义的商品经济）、文化结构（未受怨恨感染的基督教价值观还是市民道德——包括受怨恨感染的基督教的价值观）等方面的现实状况，都对怨恨机制的形成和伦理建构有影响。

代际之间的境况主要就是指社会生活结构的历史变迁使不同代人的境遇发生的变动。比如在农业社会，经验就是财富，老年人自然成为处于社会优势地位的人群；而在工业社会中恰恰是能够迅速接受新知识，掌握新技能的年轻人成为优势人群。在前一种社会前提下，容易在年轻人中积聚怨恨；而在后一种情况下，容易在老年人中积聚怨恨。

婚姻家庭关系中主要就是指婆婆类型的人。通过婚姻关系产生的家庭关系，相对于原有的家庭关系，是一个新变化。这种家庭关系的变化会酝酿新的怨恨情绪。舍勒着重分析了婆婆和儿媳的状况。

综观上述的分析，虽然已经涉及社会生活结构，但问题的分析指向还主要是关于处于特定的先天条件、年龄状况、特定家庭关系、特定阶层中的个人以及"个人的历史的伦理价值判断及其整个体系方面"③，关于怨恨在价值（包括道德）重构中的作用，还没有涉及作为阶层或阶级整体层面。当怨恨涉及工人阶层的伦理道德意识的构建时，舍勒只是说当时的工人阶级还没有积聚起强大怨恨的力量，而处于日薄西山境地的手工业者、小资产阶级和下属官吏内部则相反。但是舍勒对于上升到阶级层面的怨恨的伦理分析在这里就告一段落了。而到了后来在分析资本主义精神

---

① 参见《舍勒选集》，上海三联书店 1999 年版，第 417—431 页。
② 《舍勒选集》，上海三联书店 1999 年版，第 412 页。
③ 同上书，第 431 页。

时，舍勒才深入地分析了资本主义社会的政治结构、经济变迁、人心秩序的重构、价值位移的变化等问题，对此处一点而过的问题进行了深化。

舍勒认为，在具体的宏观的社会政治经济文化结构的变动中，怨恨在价值的位移、重构新的伦理规则方面起到了决定性的作用。舍勒在问题分析中所指的主体主要是小市民，而不是把小市民作为与资产阶级相对意义上的工人阶级来考察问题的。应当指明的是，这里构成了马克思的唯物史观的阶级分析方法和舍勒现象学和社会学分析方法的根本性差异。舍勒的阐释所具有的意义和价值，可以从其与马克思主义理论的分析框架所具有的逻辑上和结构上的关联性方面看出。

舍勒指出人类全部的历史活动包含着巨大的怨恨危险。祭司和士兵即是两个极端。对于祭司而言，作为神职人员，他们要依仗世俗的权力手段，要时时代表和平原则。当卷入到世俗的党派斗争时，他们要控制自己的报复、愤怒、仇恨等激情，所以就比其他人更多地受到怨恨的毒害。他们只能通过磨难的方式来产生对抗力去取得胜利。一旦有怨恨因素的掺杂，往往很难区分真正的殉教和虚假殉教。对于祭司类型的人，消除怨恨侵害的方式只能通过高度的虔敬。

舍勒认为对于处在现代社会中的人，可以通过议会机构来释放群众的怨恨激情，通过刑事法庭、决斗、新闻以公开交流的方式扩散怨恨。

舍勒通过对作为心理体验单位的怨恨的分析，阐明其在个人价值观念形成社会价值结构转变中的建构性和决定性作用。这样，舍勒完成了对怨恨在伦理观演进史中的两方面作用：一是理解个人的历史的伦理价值判断及其整个体系；二是使伦理观历史上的全部伟大进程变得如我们眼前日常生活中的细小进程那样可以理解。

继而舍勒深入到现代社会核心价值的纵深。舍勒认为"真正的人伦基于价值的一种永恒的层级次序，以及与相应的明证的偏爱法则，而偏爱法则同数学的真理一样，'在审视上'（einsichtig）是极其客观和严密的"[1]。他又援引帕斯卡尔认为存在一种心灵的秩序和心灵的逻辑。如此真正的人伦就其本质而言是没有历史意义的，只有在涉及人对真正人伦的理解和获得时才具有历史意义。从这个意义上，他肯定了尼采的分析方法——对道

---

[1]　《舍勒选集》，上海三联书店1999年版，第431页。

德进行的怨恨分析，却否定了尼采的结论——基督教道德是基于怨恨的奴隶道德。舍勒否定了尼采关于基督教道德是伪造价值图标的断言。在舍勒的言述中，怨恨成为辨别个人伦理价值和社会伦理体系真伪的标准：具有怨恨因素则是伪价值（伦理），如果不具有则是真价值（伦理）。

当舍勒对资本主义社会的价值体系或伦理观的变化进行考察的时候，他更加侧重的对象是作为资本主义精神代表的基本价值理念：博爱。通过基督教道德和市民道德的对比考察，舍勒认为基督教道德的爱的理念是纯正的，与现代社会市民道德的爱的理念具有根本性差异：（1）前者是作为一种爱的充盈，不以自身和爱的对象的特征为指向。即：有钱人的慷慨捐助，不是因为捐助的钱多才是爱，而是捐助本身体现了一种爱的价值。（2）帮助了穷人或病人，不是因为其穷或病需要得到帮助才如此做，而是爱的心听从更高的价值的召唤才如此做。圣经上讲，富人进天国比骆驼穿过针眼还难，寡妇捐助的一点比富人捐助的更多财富还要多，都是从爱感充沛程度和纯度的角度去考察的。现代市民道德则从心智上忍受不了这种爱的理念，他们强调个人的功绩和劳动，这里舍勒认为加尔文对劳动的定义（劳动是荣获上帝的事）起了重要的转化价值的作用。

关于怨恨在市民道德形成中的作用，舍勒还援引了松巴特的《资产者》中的观点和论证作为佐证。松巴特指出：（1）小市民通过把自己的生活规则抬高为普遍的有价值的生活准则，而把市民道德抬高为人之为人的高尚品德。（2）因为无力获得贵族式的生活，而又喜爱这种生活，经过怨恨的作用，得出应当抛弃贵族生活的价值偏爱。这一点在被贬的贵族身上的怨恨心理上得到最为充分的体现。阿尔贝蒂《家书》中被逐出了主子圈的人对主子可笑而且幼稚的恨。经历几个世纪，怨恨成为市民道德的支柱。15世纪佛罗伦萨和威尼斯等城市成为两种市民道德和贵族道德的代表之间的差异。舍勒在此处再一次强调了"基督教的德行和道德观正慢慢地、悄然而且面目全非地变为生意人的品行和行为单位的价值观，这在确认值得尊崇的古人人名和基督教的激情时显然已经受到注意！（Wedeking 关于'罪孽'的论述对现代的虚假价值观确实字字不错：'罪孽'将是坏行当的一个神话学式的称呼。）"①

---

① 《舍勒选集》，上海三联书店 1999 年版，第 494 页。

最后，舍勒认为现代的仁爱观基于怨恨，这一点在以孔德为代表的利他主义的哲学中得到了证实。舍勒认为原因有二：（1）利他主义哲学把一向仅作为"他人"的"他人"奉献看作是基督教的爱的理念是错误的。（2）"玫瑰花自己装扮自己，也就在装扮花园"个人主义的利他观——个人主义的利我与利群的统一，是符合以精神观念性的位格本身为品质的基督教的爱理念的，这一观念同样是错误的。① 如此舍勒完成了对现代道德的基本价值——博爱归源于怨恨力量的分析，继而确立了以怨恨为动力的偏爱法则（Vorzugsrel）在现代世界的道德中起决定作用，伦理价值只应属于作为个体的人通过自己的力量和劳动而获得的品质和行为等观点。

舍勒认为通过怨恨的作用，使得原本如一的基督教伦理发生转变，其价值偏爱发生转变。通过现象学和社会学的分析，他认为正是市民阶层的怨恨导致了价值偏爱结构的转变。在论述价值偏爱结构发生变化的过程中，舍勒通过现象学的分析，对作为心理体验单位的怨恨情感进行分析，继而结合社会学的分析，通过政治、经济、家庭、文化的变迁来论述市民阶层如何使自身的价值上升为普遍价值，并最终形成现代的博爱观。在舍勒看来，无论我们用以来表示伦理范畴的用词和以前基督教道德的用词如何一致，但是其实质内容已经遭到破坏，已经成为一种伪价值。

通过以价值偏爱结构为主导的价值理念体系的分析，舍勒认为，现代市民伦理的核心植于怨恨。从 13 世纪起，市民伦理开始逐渐取代基督教伦理，终于在法国革命中发挥出其最高功效。之后，在现代社会运动中，怨恨成为一股起决定作用的强大力量，并逐步改变了现行伦理。② 舍勒对现代价值的分析和批判走向了纵深，主要从三个方面展开了对其他价值位移现象的批判。

第一，对自我劳动和赢利的价值的批判

由于市民道德塑造了新的道德观，把自身的价值观念上升到人之为人的高尚道德的地位。这种已经渗入怨恨因素的爱理念取代了真正的基督教的爱理念。与此相应，其他价值理念也发生了变化。现代伦理的价值偏爱

① 《舍勒选集》，上海三联书店 1999 年版，第 431 页。
② 同上。

法则在现代世界的道德构建中起了决定作用。作为构建的基点就是小市民作为小市民的基点——人体的力量和劳动。舍勒指出，对自我劳动和赢利的价值肯定产生两种恶果：第一，否定作为基督教价值观的前提——人在道德责任与道德承担中的休戚与共；第二，承认精神禀赋和道德禀赋都是平等的，如此卑贱者实现拉平先天价值差距的意图，进而使真正价值丧失高贵性。综上，舍勒得出这样的结论：现代道德的全部根基一般基于人对人不信任的态度。舍勒认为，洛克、亚当·斯密和李嘉图的财富论和价值论体现了价值确定中的事实取向。因为他们认为私有产权应该源于物质劳动，而非源于占有或其他，并对既有财产制度进行批评；他们一致认同市民道德对劳动的重视，并据此对贵族道德进行批判。舍勒认为这是源于卑贱者对高贵者欲而不能的怨恨心态，在舍勒看来，通过劳动把所有人拉到同一的道德水平线上，事实上是道德的贬值。舍勒并以此批判了劳动价值论，认为劳动价值论忽视了自然地理情况、劳动范例的发明者、劳动指导者的联合劳动等对商品的决定性，而只注重表现为货币和无差别的人类劳动。但是，劳动指导者何以成为劳动指导者，是因为先天高贵的道德禀赋还是具有劳动技术，劳动者成为劳动指导者显然是不能从贵族道德的角度获得说明的。偏爱现象学分析和社会学分析的舍勒偏偏在此止步，而只是说，通过以货币为表现方式的对劳动价值衡量是无视这些差别的。

事实上，这种分析问题的方法在一定意义上与马克思的劳动价值论是类属于同一逻辑的理论分析方法。尼采认为基督教道德是伪价值图标，舍勒认为尼采的批判也是在进行一种价值图标的伪造。舍勒在批判劳动价值伦理的同时也是通过劳动的逻辑在分析问题，就像贵族作为世袭的贵位资格是现在的价值优势，不过就是可以不劳而获阶级的代名词，而恰恰是在批判劳动价值伦理的同时，他自设的批判反而遭到劳动价值论的批判。

第二，对价值主体化的批判

舍勒认为，现代价值是基于博爱基本理念确定的现代价值偏爱结构。因此，现代价值成为人的主观现象。这一价值结构的形成引起两种结果：一是道德判断无确定标准；二是以意愿和行动可承认性的普遍性代替客观价值。由于现代人对客观价值秩序充满嫉妒和仇恨，把高的善强行拉到与他的意识本身等同的水平，导致伦理相对主义的出现，现代人无法形成自身独立的判断，只能诉诸价值行为的普遍性或普遍有效性。而启蒙哲学以怨恨的方式完成这一价值主体化的过程。这一过程是对客观价值秩序的颠覆，必然导致伦理价值基础的丧失。于是，价值主体优先成为必然，亦即主体的价值偏好就成为价值本身，而主体偏好的差异性必然导致伦理相对主义和伦理多元主义。

第三，有用价值凌驾生命价值

在舍勒看来，现代价值观导致如下恶果：（1）道德优先法则的变化：有用劳动胜于享受惬意事物。（2）价值序列最为深刻的转化：生命价值隶属于有用价值。（3）价值评价的颠倒：商人和企业家的职业价值，这一类人搞事业赖以成功的秉性价值，被抬高为普遍有效的道德价值，甚至被抬高为这些价值中的最高价值。① 实际上，有用性成为价值判断的标准，生命的价值（原本意义上的基督教价值）被大大贬低了。

舍勒通过对道德建构中怨恨因素的现象学分析和社会学分析完成了其对现代性伦理学的批判和驳斥，并且论证基督教道德才是真正价值的命题。对于我们而言，舍勒研究的结果不是我们最感兴趣的地方，而是其分析问题的理论架构和方法更具有借鉴意义。在其止步的地方，恰恰是我们要进行深入研究的起点。刘小枫在其《现代性社会理论绪论》一书中，对舍勒的关于现代人的怨恨心态和生存性伦理价值位移的内在关联给予了新的阐释和把握，刘小枫从现代社会理论交叉纵深的角度，结合韦伯、特洛尔奇、松巴特等人的社会理论思想，对舍勒的关于怨恨与现代性问题的分析，予以理论上新的挖掘和新的定位。并通过这种分析框架，着重分析了近现代历史中，中国思想领域的各种社会主义思潮及其核心的价值理念，继而把中国的"文化大革命"作为典型的历史事件，分析了其中的怨恨与现代性的构建关系。从刘小枫的阐释看，舍勒的理论具有相当大的分析效力。

在刘小枫采用舍勒的怨恨理论分析社会主义价值理念时，本应该涉及舍勒的关于基督教社会主义和马克思主义社会主义的思想，因为其中的观点更能说明问题，更能有效地理解社会主义理论中蕴含的怨恨因素是如何在建构新的价值中起作用，起了多大作用的。这一点我们在对舍勒的理论分析框架进行校正的同时，将其用以分析中国当代伦理道德建设中的阶级

---

① 《舍勒选集》，上海三联书店1999年版，第509—513页。

怨恨与阶级道德的内在关系时，进行了引申和发展。

事实上，舍勒在市民道德与基督教道德的对比分析中，已经看到了劳动作为非贵族阶级的起点，通过现实的政治经济的历史运动，将基于劳动而来的价值逐渐提高为最高的价值的形成机制和发生过程。舍勒无论是对怨恨进行分析，还是对价值位移和新道德形成的分析，都是通过还原到具体历史的政治经济条件的方式进行的。可以说这是在不自觉地应用马克思的唯物史观方法。只是他认为当涉及价值问题时，最高的价值不能通过劳动、商品、物质这些客体角度来确定，而是要通过对爱、平等、公正等伦理价值分析入手，去考察那些先验的价值。舍勒更多的是从基督教的经典中去进行文本和文化的还原分析，可以说这和其现象学方法的出色应用密切相关。另外一个更为重要的事实就是，舍勒的宗教信仰，已经使他在分析问题之前，决定了其得出的结论就是要以一种新的方式肯定基督教的真正的价值理念，其对现代性问题的批判和建构的意义和价值，都要纳入这样一种价值背景当中。从这一点我们也才会理解为什么舍勒赞同尼采用怨恨去分析基督教道德的方法，而且进行了青出于蓝的应用，可就是不同意尼采的结论。反观中国儒家的王道理想，也是以看似复古的回溯三代之治来批判现存的社会现实及其价值理念。就批判方式而言，舍勒的怨恨分析对现代价值的批判与此有一致之处。

笔者这里简要梳理舍勒关于怨恨与道德之现代关联，意在阐明怨恨社会学分析的解释效力，以借助其方法分析社会主义精神，并阐明何以中国的新兴知识人偏爱社会主义的社会理论及其精神价值，中国共产党又是如何在自身的政党伦理的指导规约下，在具体的历史实践中通过对阶级怨恨的鼓动，使广大无产者获得阶级意识，形成阶级道德。

（二）现代华夏知识人对社会主义精神的价值偏爱

马克思主义传入中国，最先只是唯物史观的基本内容，基本是关于生产力和生产关系的矛盾引发社会生产方式变革，最终必然要通过阶级斗争来解决矛盾等思想。与此同时，各种各样的社会主义思潮也传入中国，有的人也依据马克思主义的基本理论，认为应该在中国的资本主义发展到充分的程度，工人阶级充分形成，各种矛盾基本暴露之后，才能进行社会主义革命，陈独秀的二次革命论就是一种典型。而且在发动群众进行暴力革命方面，一直到 1927 年中国共产党才在党内达成共识，只有以革命的武装反对反革命的武装。在此之前，农民运动只是被作为第一次国内革命时期反帝反封建的内容，这固然符合中国当时历史阶段的革命任务，但是我们还要认识到农民作为工人的天然同盟军，基于中国社会的特殊现实，必须要成为以暴力为主要形式的革命的主力军。基尔特社会主义则认为中国的根本问题是贫穷，只要解决经济问题即可，不要进行暴力革命。形形色色的理论都在为中国向何处去设计方案，中国共产党作为马克思主义的政党，主要是遵循俄国人的道路在前进。

欧美等先发现代化国家的理念基础均设定在资本主义精神上，而中国自清末中华帝国崩溃，迈入现代国家构建的行程以来，社会主义精神逐渐成为不同派别知识人关注的焦点。社会主义精神的基本理念是社会公义、社会平等、社会和谐。而就其精神实质或核心而言，是平等。而这一理念又恰是在西欧资本主义背景中形成的，本是作为资本主义理念的对抗因素在起作用，但这一理念在西欧并未通过社会革命形成社会制度。对现代中国而言，首要面临的问题是民族独立，从理论上讲没有必要借重在其生成本土（近现代欧洲）没有演化为现实政制的乌托邦理想，更何况在中国不具备马克思经典作家所阐释的社会主义革命在欧洲本土发生的类似的政治经济条件。因此，在此作一般意义的政治经济学考察，无法恰切把握中国发生的历史及当时要解决的问题。而借重舍勒关于怨恨作为资本主义精神品质的社会学分析框架，则能很好地说明问题。

中华文明具有悠久的文化传统和鲜明的民族特色，而且在历史上的异族入侵也多有发生，即便是蛮夷者能够改朝换代确立民族统治，但最终仍要利用中华文化来改造自身并维护自身统治。也就是说中华文化从来没有失去自信力，甚至更有一种唯我文明的文化至上心态。作为民族认同原则，中国更多是在文化意义上的，而不是依地域、种族、语言、生活习惯而定的。而自 1840 年列强陆续入侵开始，中华知识人的文化自信和民族自尊在一次次的实践尝试中渐失。从林则徐、魏源及洋务派的中体西用式的器物层面学习，再到康有为、梁启超维新以及国粹派和后来的孙中山对西方政治制度的学习，都有一种文化自信和民族自尊在其行为背后作心理支撑。而现实残酷无情地打击着中华知识人。一次次的改革、革命，均在资本主义列强的强势面前宣告失败。中华知识人试图建构现代民族国家的努力，出自一种怨恨心态则较好理解。文化的自信和民族自尊在不得不学西方的现实景状下，基于一种"我的文化高于你的文化，只不过是技术或政治制度不够先进"罢了的心理。这样在文化理念与心理认定上的高于西方列强而现实社会处境中的被动挨打的矛盾状况，必然使怨恨的产生得到具体历史的不断强化。一部中国近代史可依怨恨的社会学分析看作是革命知识人怨恨心态不断强化的演进史。因此，我们可以这样说，近现代中国思想史诸思想家关于道器体用之争、华夷之辨，都是直接与此相关的。

五四运动以来，马克思主义作为科学社会主义传入中国，受到中国知识人的欢迎。之所以如此，与俄国十月革命的成功所具有的典范意义密不可分。十月革命的意义在于，通过无产阶级革命的方式成功地树立了现代民族民主国家建构的另一类型。并且，这一类型与西欧资本主义国家形成理念上的比较和现实上的竞争对抗。饱受帝国主义欺凌的现代华夏知识人的精神为之鼓舞，他们在可供选择的道路中，发现了可与西方相抵抗之道路，而且在理念诉求上的共产主义理想，具有更为高远的道德和价值诉求，而这本身既与儒家的道德理想主义相契合，又迎合了中华知识人意图超越西方的自尊心态。这一点已受到学者们的关注。墨子刻提出中国文化（儒家）中乐观主义和相互依赖的精神气质传统与毛泽东思想具有内在关联。[1] 金观涛认为"马列主义把共产主义当作全人类的普遍理想……马列主义支配下的民族主义就会变成一种类似于华夏中心主义的结构，我们称之为新华夏中心主义"[2]。刘小枫认为他们的分析仍然不能充分揭示现代华夏知识人选择社会主义的价值偏爱结构中的心理动力因素。借助舍勒的分析，刘小枫指出，"毛泽东对欧美社会制度和文化在内心相当赞赏，这种对西方的折服受到民族性的受命承担和儒家心学传统的人格伦理的抑制。民族主义支撑中国作为民族国家的重建，与民族主义支撑中国更完美地超越西方，是不同的两种构思。前者不一定要选择社会主义这一西方理念，而后者就必须选择它，因为，重要的是比西方更完美。毛泽东思想与

---

① 参见墨子刻《摆脱困境：新儒学与中国政治文化的演进》，江苏人民出版社1990年版，第216—222页。

② 金观涛：《中国文化的理性精神及其缺陷：论大跃进和文化革命中理性的丧失》，引自刘小枫《现代性社会理论绪论》，上海三联书店1998年版，第426页。

别的文化民族主义的不同之处在于，中国作为现代民族国家能涵括西方理念又比西方理念及制度更高明。"① 而事实上自尊与自卑的交织更能描绘其时知识人的心态，甚至时至今日这一描绘依然有效。

社会主义精神中的价值理念具有激进的道德意味，比如消灭人剥削人的制度，解放全人类受压迫的人民等价值理念的诉求都远高于资本主义所认定的自由、平等、博爱。而在晚清诸种现代化方案的尝试失败后，科举制度的废除，导致来自下层的知识人向上层流动的渠道被截断，与传统的知识人相比，个体在社会身位的安置上不如从前的士大夫。读书人一时间成了无所事事的人。中国民族民主国家的建构必须由知识分子提供理念支持和动员民众，当知识分子向上层流动的渠道被截断之后，知识人便组建政党团体，号召民众，自主自觉地来实践担当构建民族国家之重任。以孙中山、蒋介石为代表的国民党和以毛泽东为代表的中国共产党可看作是两个典型。以孙中山、蒋介石为代表的资产阶级也要动员一定阶层来参加革命。而资产阶级政党因其代表地主、军阀、资本家等权贵利益，在经济来源和政治上无须组织工农群众，甚至害怕组织群众。在当时的历史条件下，政治力量的强弱主要在于能否凝聚到足够强大的暴力来构建现代民族国家。作为剥削阶层利益代表的国民党组织依据资本主义的民主原则无力统合四分五裂的各自一方独大的利益集团。诚然，依历史看蒋介石曾统一了全国，但这种统一也仅具有形式上的意义。由于其社会基础奠定在本是分裂的经济利益集团基础上，因而以蒋介石为领导的国民党无法以理念诉求方式统一价值理想。而作为外部列强的资本主义逻辑，不可能允许中国生成资本主义国家与之搞"自由竞争"。所以所谓以平等、自由、博爱为标志的资本主义理念在道义上比共产主义理想要逊色得多。而且当时中国本土的各种利益集团背后，是不同帝国主义的支持。资本的法则是利润最大化，故而作为既得利益集团基于自身利益不愿革命，至于建构民族国家似乎是可为可不为之事。列强入侵并未给他们造成根本利益损害，而是与之勾结，如此在他们身上未有根本利益受损，反而因之地位得以加强。此前军阀地主、资本家在农业国中无论实权如何，在社会地位上是不被尊重的。而此时尽管有民族资本家的实业救国之举，但终归于失败。由于资本

① 刘小枫：《现代性社会理论绪论》，上海三联书店1998年版，第426—427页。

主义列强的资本逻辑是以武力为后盾的。因此，对近现代中国而言，暴力革命就成为建构民族国家的唯一选择。

在这场被迫卷入的现代转型中，知识分子和农民成了身份变迁最大的人群。科举制度的废除导致传统知识分子丧失了进入国家政治的渠道，而只有那些来自经济利益团体或委身于利益团体的知识人才获得了施展才华之地。对于现代华夏知识人的文化自信而言，他们很难心甘情愿地臣服。实际上，具有强大自尊心的现代华夏知识人，无法真正立命于对列强一再退让屈膝于国民党政权之下。来自解体的绅士阶层的新兴知识人无法委身于一种既定的政治势力，这一点恰是由中国国情的特殊性决定的。现代民族民主国家的形成，在西方是市民社会先行形成，而在中国不具备这一社会分化基础。① 在西方，政党或在工人阶级中生成，或在市民阶层，或在资产阶级中生成。而中国则只能是政党先行形成，再去组织动员群众。所以知识人必先组建政党，再组织群众。中国社会的产业工人和农民受三座大山的压迫，在生存上面临死亡威胁，主要基于贫富贵贱相差悬殊而来的社会怨恨已经长期积累，并且在多种社会矛盾的激发下蓄势待发。当新兴知识人把价值理念诉诸共产主义理想时，平等的理念进入人之视界，成为引发社会怨恨爆发的导火索。有学者认为这种平等理念与传统文化中的平均思想有关。当然，单纯从理论上看也可说通。但是当我们诉诸历史和现实则能更为理性地获得正确的认识。单纯的民族革命不必诉诸共产主义理想，就现实选择而言，完全可诉求民族救亡的民族主义，但这诉求无法抹平列强入侵给中华知识人带来的文化伤害，而且自义和团以来这一诉求在

---

① 市民社会与国家的关系问题是饶有兴味的，对之可以作历史与逻辑的双重分析。黑格尔、马克思对此有精辟的论述。这是马克思的国家理论和社会理论的关键。现代意义上的市民社会理论是黑格尔在《法哲学原理》第一次明确提出的。他认为，市民社会是社会成员作为独立个体的联合，这种联合是通过成员、保障人身和财产的法律制度、维护个人特殊利益与公共利益的外部秩序而建立起来的。国家作为"理念"的实体，是历史的本质和核心，具有绝对价值。而市民社会仅仅是通过法律从外部对个人活动的规定和限制，市民社会可以通过需要、劳动、法律、警察和同业公会等环节向国家过渡。因此，国家决定市民社会。马克思则认为不是国家决定家庭和市民社会，而是家庭和市民社会决定国家。国家没有家庭的天然基础和市民社会的人为基础就不可能存在。市民社会是人类社会发展过程不可或缺的物质"交往形式"，是国家以及观念上层建筑的基础。市民社会的形态的不断演变推动国家政治的不断变革。家庭和市民社会是国家的真正的构成部分。参见马克思《黑格尔法哲学批判》，人民出版社 1963 年版；黑格尔：《法哲学原理》，商务印书馆 1961 年版。

现代国家构建中不能作为理念之主旋律，尤其是共产主义理想与深入中华知识人骨髓之儒家道德理想主义的某种契合，经受新文化运动的批判传统，不能再返身诉求传统，但又要维护民族自尊，故而选择与资本主义理念对抗的共产主义理想作为指导思想是最理想之选择。而且这一价值理想又恰可最大限度地动员群众尤其是广大贫苦农民。如此新兴的知识人所要依靠的政治势力必须由自己来组织。

当中国共产党人将社会政治动员的目标确定在工农阶层时，遇到一定的理论困境。依据马克思主义的社会建构理论，当政治经济条件不成熟，就组建阶级先锋队时，工人阶级不足以单独承担领导重任。因而，必须联合农民阶级一起从事革命运动，这样关于无产阶级先锋队的定义必须依中国之革命需要与现实而修正。如此会带来隐含的矛盾：共产主义理想的价值诉求要求较高的知识素养和觉悟，而现实革命斗争要动员广大群众起来暴力革命，所以在以暴力革命为中心任务之情状下，选取农民作为先锋队的预备资源库，并不妨碍共产主义理想的中国实现。在军事斗争为主导的时代背景下，这一选择有其巨大历史功绩。尤其是自日本帝国主义入侵中国后，更是如此。而实际上在中国共产党第二次全国代表大会上通过的《关于共产党的组织章程决议案》指出：共产党不是"知识者所组织的马克思学会"，也不是"少数共产主义者离开群众之空想的革命团体"，"应当是无产阶级中最有革命精神的广大群众组织起来为无产阶级之利益而奋斗的政党，为无产阶级作革命运动的急先锋"，"个个党员不应只是在言论上表示是共产主义者，重在行动上表现出来是共产主义者"，"个个党员须牺牲个人的情感意见及利益关系以拥护党的一致"①。

在动员阶级怨恨中，以经修正过的马克思主义学说作为价值诉求，这本身即是无产阶级的道德规约的普及过程。通过上述阐述即意在勾勒阶级怨恨与阶级道德之实质关联。至于二者的具体历史展开则必须征诸史实，故而我们将进入关于军事共产主义与政党伦理的探寻。这既是承前文之逻辑，亦是展现当代伦理道德变迁之前史，同时亦是理论争辩的史实佐证。

---

① 乌杰主编：《回眸世纪潮：中国共产党一大到十五大珍典纪实》上卷，国家行政学院出版社1998年版，第232—233页。

二　军事共产主义与政党伦理

"没有革命的理论就不会有革命的运动"。① 革命必须由先进的革命思想来武装群众并对革命以指导的条件下，才有可能成功。对此毛泽东指出："从 1840 年鸦片战争到 1919 年的五四运动的前夜，共计七十多年，中国人没有什么思想武器可以抗御帝国主义。旧的顽固的封建主义的思想武器打了败仗了，抵不住，宣告破产了。不得已，中国人民被迫从帝国主义的老家西方资产阶级革命时代的武器库中学来了进化论、天赋人权和资产阶级共和国等项思想和政治方案，组织过政党，举行过革命，以为可以外御列强，内建民国。但是这些东西也和封建主义的思想武器一样，软弱得很，又是抵不住，败下阵来，宣告破产了。"② 十月革命后，马克思列宁主义传入中国，中国的先进知识分子开始宣介马克思列宁主义，尝试走俄国人的道路。自李大钊、陈独秀介绍马克思列宁主义开始，在中国兴起了学习、宣介马克思列宁主义的高潮。毛泽东、周恩来等大批革命知识分子，依据自身所具有的初步的马克思列宁主义思想，开始组建革命团体，创办革命刊物，在理论与实践层面上躬身践履马克思列宁主义。在与资产阶级的改良主义、无政府主义等思想的斗争过程中，马克思列宁主义在中国得到了广泛传播，而且中国共产党也合理论证了马克思列宁主义对中国现实问题解决的客观紧迫性和切实可行性。

马克思列宁主义传入中国，无论是其建党理论还是军事斗争学说，都给中国的革命事业提供了现实的指导。对于以武装斗争为核心的中国革命而言，马克思列宁主义军事理论的发展对于中国革命更具现实意义。在革命实践的发展过程中，通过一次次的经验和教训，中国共产党人逐渐认识到，要夺取革命政权，实现无产阶级专政必须得先建立无产阶级的军队，以暴力推翻旧政权。中国共产党的政党伦理，既立足于马克思主义的伦理与阶级意识，又直接与军事共产主义的革命实践密切相关联，所以军事共产主义思想的重要性不言而喻。

---

① 《列宁全集》第 2 卷，人民出版社 1984 年版，第 443 页。
② 《毛泽东选集》第 4 卷，人民出版社 1991 年版，第 1513—1514 页。

我们必须要注意到这样的史实，中国共产党在建党之初，就受到共产国际的指导和帮助。也就是说，当中国共产党成立时，其革命目标的订立、革命方式的采取、同国民党的关系等问题的处理都受到共产国际的指导，从马林到后来的李德、博古等人对中国共产党的决策性的影响都可以看出来。但是对于我们考察中国共产党的政党伦理而言，更重要的是要通过其具体的政治、经济、军事、政党组织等具体形式去理解。

中国革命的特殊性在于，其共产主义价值理念提出的设想具有积极的价值诉求意蕴。马克思主义理论通过劳动的逻辑确定了无产阶级的地位，无产阶级才是真正的"造物主"，最卑贱者通过价值批判翻转为最高贵者。无产阶级阶级意识的获得，不是自然而然的产生，而是要通过无产阶级领袖和导师的引导。[①] 所以，我们看到中国共产党人一开始就强调思想的作用，并且在动员群众的过程中，极其重视宣传鼓动的作用。作为政党伦理得以实现的载体，在当时及以后相当长的历史时期，一直是军事共产主义的模式。中国共产党在当时要走俄国人的路，因此对军事共产主义的考察要从俄国开始。下面我们简要分析一下军事共产主义的模式。

（一）来自俄国的军事共产主义

我国学者对俄国军事共产主义思想的提出进行了考证，通常认为是列宁在总结1918—1921年苏俄历史的基础上首先提出的。一般而言，军事共产主义是指俄国国内战争时期以余粮收集制为主要标志的政治经济体系。[②] 但是事实上，波格丹诺夫在1918年前就已经对军事共产主义思想

---

① 列宁关于这个问题有明确而深刻的论述。他认为工人阶级不会自动产生共产主义，只会产生工联主义。因此灌输是必要的。"工人本来也不可能有社会民主主义意识。这种意识只能从外面灌输进去，各国的历史都证明：工人阶级单靠自己本身的力量，只能形成工联主义的意识，即确信必须结成工会，必须同厂主斗争，必须向政府争取颁布对工人是必要的法律，如此等等。而社会主义学说则是从有产阶级的有教养的人即知识分子创造的哲学理论、历史理论和经济理论中发展起来的。现代科学社会主义的创始人马克思和恩格斯本人，按他们的社会地位来说，也是资产阶级的知识分子。俄国的情况也是一样，社会民主党的理论学说也是完全不依赖于工人运动的自发增长而产生的，它的产生是革命的社会主义知识分子的思想发展的自然和必然的结果。到我们现在所讲的那个时期，即到90年代中期，这个学说不仅已经成了'劳动解放社'十分确定的纲领，而且已经把俄国大多数革命青年争取到自己方面来了。"《列宁选集》第1卷，人民出版社1995年版，第317—318页。

② 列宁在《论粮食税》（1921年4月21日）中正式提出"军事共产主义"（战时共产主义）理论。

有所论述。在1918年出版的《政治经济学教程》一书中，波格丹诺夫专门以"军事共产主义和国家资本主义"为题进行了论述。他认为在第一次世界大战期间，俄国实行的就是军事共产主义。军事共产主义虽然产生于战争环境的政治经济体制安排，但这种体制安排并不必然会随战争的结束而结束。由于战争对国民经济的破坏，在战后阶段生产体系所能提供的产品的数量还要暂时减少，军事共产主义实际上还会加强。

作为一种临时的社会经济形式，苏维埃由于战争环境的特殊性，也要实行军事共产主义的政策。在新的战争威胁、武装干涉和经济封锁的条件下，在建设政权的时期也会实行军事共产主义的政策。斯大林在粮食收购困难的情况下，对农民和农村进行强制征收的行为，实质上又恢复了被废除的军事共产主义，至于苏联在卫国战争期间所实施的措施更是军事共产主义的模式。

从1918年起，布尔什维克党开始一步步实施"军事共产主义"，并且在国内战争已经基本结束时，军事共产主义反而进入高潮，免费供应和免费服务大量增加，把军事管理的方法扩大到国民经济的其他部门，如交通运输部门，扩大使用劳动军等。这一切，按照波格丹诺夫的说法实际上不过是"国家资本主义"，而布尔什维克党却把它看作是共产主义措施，是直接过渡到军事共产主义的结晶。波氏指出社会主义首先是新型的合作——合作的生产组织，而军事共产主义首先是社会消费的特殊形式，不应混为一谈。通过对俄国军事共产主义的理论和实践的分析，我们可以简要地得出军事共产主义的一般特征：战争为目的，或是真实的军事斗争需要，或是潜在的军事斗争的准备；经济及文化以及军事建设方面以军事斗争为主要目的，围绕如何保障军事斗争展开的中心；全部政权变成一个大兵营，社会的经济财富由政权统一调拨。

（二）中国共产党对军事共产主义的构建

中国共产党在当时历史条件下对军事共产主义的构建具有军事共产主义的一般特征。但是，中国革命道路的特殊性决定了其在实行军事共产主义的构建的过程中必然带有自身的特点。中国共产党的革命道路是经过农村包围城市最后夺取城市的道路。这一革命道路的特殊性决定了中国革命必然经历相当长的历史时期。除此而外，再加上中国共产党人领导的人民军队实行的运动战、游击战的战争策略，决定了中国共产党人领导的政治经济建设没有固定的土地可以实行比较坚决和彻底的军事共产主义模式。中国共产党人的革命策略和建设模式是根据中国社会的主要矛盾的变化以及自身的实力变化做出相应调整的。这一点我们从根据地政权的不同形式就可以看出来。

我们考察中国共产党的军事共产主义的构建，可以通过对新民主主义社会的模型——根据地的建设的考察和研究进行。具体而言分为四个方面：

（1）根据地的政权建设

中国共产党在1928年开始实行工农武装割据的革命策略，走上农村包围城市，最后夺取城市政权的革命道路。中国共产党开始的革命根据地的建设，以政权建设、经济建设、文化建设和军队建设为主要架构，尝试建设符合新民主主义理论的政权形式。由于当时历史条件的特殊——在军事斗争为中心任务的时代，无论是政权建设还是经济文化建设，都是为战争服务的。具体而言，我们的政权建设在土地革命战争时期经历过两个阶段：工农共和国和人民共和国。

在工农民主共和国期间，作为权力机关的根据地政府，实行工农专政。根据地的政权组织方面做出了相应的改变和调整。在基层组织方面，以苏维埃政权为典型代表，"乡苏维埃（与市苏维埃）是苏维埃的基本组织，是苏维埃最接近群众的一级，是直接领导群众执行苏维埃各种革命任务的机关"。[①]在乡苏维埃政府中下设专门工作委员会，在农村中的乡苏维埃代表和村的委员会和民众团体组成具体的领导核心。这一举措使根据地的政权将其行政组织范围内的民众都组织于苏维埃政府之下，可以有效地执行各种任务，这构成了这一制度的优势，即以民众武装——红军为强制保障，工人与农民联盟的革命民主专政。在工农专政初期，绝不容许任何地主资产阶级分子参加。后来，由于军事斗争的需要，还要团结更大力量进行新民主主义革命，中国共产党人认识到团结其他力量的重要。"现在的情况，使得我们要把这个口号改变一下，改变为人民共和国。这是因为日本侵略的情况变动了中国的阶级关系，不但小资产阶级，而且民族资产阶级，有

<hr />

①　参见《毛泽东文集》第1卷，人民出版社1993年版，第343页。

了参加抗日斗争的可能性。"① 由于日本帝国主义自 1931 年侵入中国东北三省开始，中国共产党认识到有必要团结一切赞成抗日和民主的阶级以及阶层的力量，人们从其政权组织的策略性变化可以看出军事共产主义模式的政权建设和组织形式都是为着军事的目的。这一时期中国马克思主义者已经认识到当时的革命阶段还是资产阶级的民主革命，因此要团结小资产阶级和无产阶级。但是促成团结局面的形成更深刻的原因在于军事斗争需要，是在民族生死存亡时刻中国共产党人对狭隘党派利益的超越。

随着日本帝国主义发动全面侵华战争，中国共产党进一步调整了自己的政权组织形式。在抗日战争期间，中国共产党在根据地的政权组织形式主要是"三三制"② 的民族民主统一战线政权。这个政权是无产阶级领导下的"几个革命阶级联合起来对于汉奸反动派的民主专政"，"这样的宪政也就是抗日统一战线的宪政"。③ 这样的政权组织形式变化，是由我们面临的军事斗争的任务的变化决定的。军事共产主义模式的政权建设不是简单盲目地进行残酷的阶级斗争，中国共产党人依据面临的主要矛盾的变化来调整政权建设模式和斗争策略。土地革命中，中国共产党人领导的政权根据特定历史条件，分别采取了没收地主土地、农民交租交息和地主减租减息的土地政策。这种应时变化的策略也是中国马克思主义者直面现实的反映。

在政权建设中，中国共产党始终厉行廉洁政治、严惩贪污、反对浪费、建立法律制度，保护人民的权利。

（2）根据地的经济建设

1928 年，根据地受到白区经济封锁，红军给养受到严重限制，军队行动困难，人民的日常生活也陷入到困境中。面临着军民交困的难题，中国共产党人认识到经济对于战争的重要意义和价值，就开始注意着手解决经济问题。到了 1933 年，中央苏区已经提出"提高苏区的各业生产，扩

---

① 《毛泽东选集》第 1 卷，人民出版社 1991 年版，第 158 页。

② 此时政权组成形式，在人员分配上，应规定共产党员占三分之一，处于领导地位；非党的左派进步分子占三分之一，对于争取小资产阶级将有很大的影响；不左不右的中间派占三分之一，争取中等资产阶级和开明绅士。具体政权中各阶级的代表，依地区情况可有小的差别。参见《毛泽东选集》第 2 卷，人民出版社 1991 年版，第 742—743 页。

③ 《毛泽东选集》第 2 卷，人民出版社 1991 年版，第 733 页。

大对内对外贸易，发展苏区的国民经济"，认为可以"改善工农群众的生活，激发群众更高的革命热忱，同时保障红军的需要以配合整个的战争动员，这对于胜利的战争是有决定意义的"①。这一系列做法表明，以毛泽东为代表的中国共产党人对经济工作重要性的认识逐渐提高。正是在这一时期，中国共产党已经认识到经济建设工作在国内革命战争结束将是革命的中心工作。

从这一历史时期中国共产党为了服从战争的需要进行的经济活动看，具有鲜明的军事共产主义的特点。物质条件是战争的有力保障，从古至今概莫能外。但是，在现代中国的历史上，由于战争的长期性和艰难性决定，经济建设与战争的关系更为紧密，对于物质相当匮乏的革命根据地而言更是如此。对于中国革命来说，当共产党人认识到只能通过武装的革命反对武装的反革命之后，所有的矛盾中心都集中在武装斗争上。因此，经济建设以及其他活动都应当服务于战争的目的。正如毛泽东所说："现在我们的一切工作（主要指经济工作，笔者注），都应当为着革命战争的胜利"，因为经济工作可以为红军提供给养和供给，改善人民生活，激发人民参与革命的积极性，使红军获得群众力量，巩固工农联盟，加强无产阶级领导。② 在这一时期，中国共产党内对经济工作还有不同的见解，但是以毛泽东为代表的党的领导集体，对各种离开军事斗争或是以经济建设为中心或是忽视经济工作重要性的观点进行了批判。毛泽东认为，"在现在的阶段上，经济建设必须是环绕着革命战争这个中心任务的"，"只有在国内战争完结之后，才说得上也才应该说以经济建设为一切任务的中心"，"当前的工作是战争所迫切地要求的一些工作。这些工作每件都是为着战争，而不是离开战争的和平事业。"③ 1934 年，中央苏区提出经济建设以发展农业生产、工业生产和对外贸易为中心。1942 年，毛泽东还强调"发展经济，保障供给，是我们经济工作和财政工作的总方针"④。

---

① 毛泽东：同项英等发布的《中华苏维埃共和国临时中央政府人民委员会训令》（一九三三年四月二十八日），《红色中华》1933 年 5 月 8 日，转引自中央文献研究室编《毛泽东著作专题摘编》，中央文献出版社 2003 年版，第 669 页。

② 《毛泽东选集》第 1 卷，人民出版社 1991 年版，第 119—120 页。

③ 同上书，第 123 页。

④ 《毛泽东选集》第 3 卷，人民出版社 1991 年版，第 891 页。

到 1944 年，主要出于战争需要的考虑，中国共产党人一直强调经济建设的重要性。

在根据地的建设中，经济活动以军事活动为目标，比较具有代表性的就是，中国共产党人领导的军队实行生产运动。军队在农业、工业、手工业、运输业、畜牧业和商业等经济领域进行全面建设。军队生产运动的实行，在特定历史时期，一定程度上实现了军队的生产自给。军队还帮助解放区恢复工业生产和农业生产，这既是直接为战争提供物质保证，也促进了当地的经济发展。由于粮食是最基本的战争给养，因此，在经济活动中，农业的主体和中心地位比较突出。公营生产和民营生产获得共同发展，军队、机关和学校在不妨碍作战的前提下，进行了生产自给运动。三五九旅成为军队进行生产自给的典型。这些经济建设工作，对于粉碎敌军的经济封锁、缓解根据地物资困难、改善部队供给起到了重大的作用。

为了获得更多的经济供给，其他非生产性的活动也被充分地发动起来。在战争中，前线缴获归公，节约弹药；通过对俘虏有效的政治工作，使得军队中损伤的战斗人员得到有效的补充；在政治工作方面，为了减少开支，甚至减少开会；在一般的会议中，动员党员进行工农商业的知识学习和业务管理往往是会议的主题之一，并尝试对解放区的经济进行组织。

在革命根据地，努力生产、厉行节约是进行物质积累的有效方式。并且，作为无产阶级道德的重要内容，艰苦奋斗和勤俭节约在革命过程中得到一以贯之的重视和强调。中国共产党人认识到，由于战争的长期性和复杂性，经济工作必须作长期打算，努力生产，厉行节约。除此而外，还要在重视再生产和节约的基础上，正确地解决财政问题。

正是在这种战争的客观形势条件下，艰苦朴素、勤俭节约、军民一家等无产阶级的道德规范得到了重视，并通过共产党人政党伦理的示范作用在苏区和解放区得到了推广和普及。

（3）文化建设

在以军事斗争为中心任务的战争时期，文化建设主要表现为思想政治工作、文艺工作、文化教育三方面。由于客观形势决定，中国共产党人领导的文化建设也必须实行军事共产主义的模式。由于服务于战争的目的的需要，军民的生活改善会受到影响，军民劳动强度会增大，甚至会引发一些其他的矛盾和问题。在军事共产主义模式下，中国共产党人实行的一系列举措都需要军队和广大民众的理解和支持。因此，中国共产党人需要对军事共产主义的各项政策进行宣传和教育，一方面要让人民了解共产主义的价值和意义；另一方面要动员更多的人加入中国共产党及其领导的军队。

中国共产党人强调全党全社会都要加强思想教育工作，并且把思想政治工作看成是一切工作的生命线。思想政治教育是文化建设工作的核心，具体的思想教育内容，除了宣介马克思主义为了受剥削受压迫阶级的解放之外，还要结合具体的军事斗争宣传中国共产党的政策、策略、方针路线。这些思想政治工作，主要是在人民群众中进行广泛而深入的宣传动员工作，以便为动员更多的人加入到共产党领导的军队中，进行革命事业。

在文艺工作方面，革命的文化事业被抬高到是革命和建设胜利的必要条件的高度。文艺工作要围绕这个时期的革命主题进行宣传，内容主要包括：土改、统一战线、动员参军等革命路线和方针进行宣传。关于爱国主义、集体主义、社会主义和共产主义的教育、先进模范的塑造和宣传、反面典型的批判等价值理念方面的内容也成为文艺工作要表现的重点和中心。在革命战争时期，要进行战争必须要有足够的经济支持。在军队的补养上，除了向人民征收财税，为了战争的紧急需要，人民军队还采取过向农民借谷的应急措施。这些紧急措施的采取会直接影响人民群众的生活。因此要想获得人民群众的支持，必须通过思想政治工作和文艺工作宣传革命主张以及革命中可能会遇到的问题。同时，文艺工作还利用报刊揭露敌人的黑暗和反动，并且对军事斗争和生产运动中的模范人物进行宣传，对还带有落后思想的群众进行批评教育，对于一些有争议的问题也展开讨论和批评。

在这一时期，文化建设的一个突出特点是，文化的大众化被强调和突出。文艺工作者深入到工农兵群众，深入实际斗争，深入社会生活。毛泽东强调文艺工作者的对象是工农兵以及革命的干部。熟悉工农兵群众和干部的生活和语言，应该作为文艺工作者的重要工作。文艺工作者要研究社会各阶级，反对坐在亭子间里写作，没有丰富的生活经验，没有生动的语言。[1] 在坚持思想性和艺术性相统一的原则下，歌颂一切人民群众的革命斗争，暴露一切危害人民群众的黑暗势力。这是当时文艺工作的主要

<hr>

[1] 《毛泽东选集》第 3 卷，人民出版社 1991 年版，第 850—851 页。

方向。

在教育方面，强调要适合革命形势和革命任务的需要。在苏维埃时期，已经开始提出要进行文化革命，"用共产主义武装工农群众的头脑"，"增加革命战争中的动员任务"，确立了苏维埃文化教育的总方针："在于以共产主义的精神来教育广大的劳苦民众，在于使文化教育为革命战争与阶级斗争服务，在于使教育与劳动联系起来。"① 到了抗日战争时期，"在一切为着战争的原则下一切文化教育事业均应使之适合战争的需要"的教育方针指导下，在文化教育政策的制定上，改掉了与战争环境不适合的教育内容。② 在以抗日为中国社会主要革命任务的情况下，革命根据地的生产运动也和教育的内容结合了起来。在《青年运动的方向》中，毛泽东强调了教育学习与劳动和社会实践的结合。毛泽东认为，延安的青年"学习革命的理论"，"研究抗日救国的道理与方法"，"开荒种地搞生产运动"③ 的事迹应当是全国青年运动发展的方向。

通过对思想宣传工作、文艺工作、文化教育工作的分析，我们看到了服务战争成为文化建设要考虑的首要目的。中国共产党的共产主义伦理道德也正是在这样的环境中一步步建立起来的。在这一过程中，政党伦理也得以宣传和普及。在新中国成立后，这种道德建设和普及的模式仍然是一种主要的形式和内容。

（4）军队建设

中国共产党人是在认识到要以革命的武装反对反革命的武装这个革命道理之后，开始以共产主义的价值理念为指导，建设自己领导的军队的。中国共产党人最终建立了来源于人民而又为了人民的军队——以全心全意为人民服务为唯一宗旨的人民军队。中国共产党人的军队具有不同于以往一切旧军队的五个基本特点：

---

① 中央文献研究室编：《毛泽东著作专题摘编》，中央文献出版社 2003 年版，第 1631 页。
② 教育政策的改革主要体现在：（1）改定学制，教授战争所必需之课程。（2）增设扩大学校，培养抗日干部。（3）加强民众教育，组织各种补习学校、识字运动、戏剧运动、歌咏运动、体育运动，创办敌前敌后各种通俗报纸，提高人民的民族文化与民族觉悟。（4）办理义务的小学教育，以民族精神教育新后代。一切这些，也必须拿政治上动员民力与政府的法令相配合，主要的在于通过发动人民自己教育自己实现教育运动与抗战的配合。中央档案馆编：《中共中央文件选集》第 11 册，中共中央党校出版社 1986 年版，第 616—617 页。
③ 《毛泽东选集》第 2 卷，人民出版社 1991 年版，第 568 页。

①军队来源方面的改变。从 1928 年开始，中国共产党建立了自己的军队。但是，由于那时"红军士兵大部分是由雇佣军队来的"，因此，军队的性质还不是无产阶级性质的，于是，中国共产党人通过废除雇佣制等方式改变其性质，通过思想工作，使其价值观念发生转变，让其认识到是在"为自己为人民打仗"。① 到了 1929 年，中国共产党人开始通过"争取有斗争经验的工农积极分子加入红军队伍，改变红军的成份"和"从斗争的工农群众中创造出新的红军部队"的方式进行新军队的建设。② 事实上，通过军队成分和军人思想的改变，中国共产党力图培养出来源于群众而又为了群众的军队。这一举措保证了军队的无产阶级性质，在这一过程中，伦理道德建设也贯穿在其中。雇佣制军队是旧式军队的发展模式，他们只是为了领取佣金而战斗。中国共产党人建立的人民军队，则是要为了人民的利益进行战斗。爱国主义、民族主义、集体主义等重要的价值理念成为新军队的精神。

②实行党的绝对领导。为实行党对军队的绝对领导，中国共产党坚持党指挥枪的原则，实行党代表制，支部建在连队上，坚持马克思主义的军事路线，同左、右倾机会主义和各种错误观点（游民成分带来的流寇思想、唯心主义、个人主义、机会主义、盲动主义、个人英雄主义、小团体主义、单纯军事观点、本位主义等）作斗争。通过党的领导和工作，将马克思主义的价值诉求落实在对军队的组织和管理上。

③军队中民主制度和政治工作的实行。人民军队实行民主制度：政治、经济和军事的三大民主。人民军队的政治工作：革命的政治工作是人民军队的生命线，政治工作保证红军的统一与团结。政治工作有三个基本原则：官兵一致以增强军队战斗力；军民一致以获得力量之源，为胜利之本；瓦解敌军和宽待俘虏以获得有生力量，扩大影响。③ 另外，还实行拥军优属政策，对军人赋予高度的评价和荣誉，对军人家属给予政治经济上的优待。通过拥军优属政策，军民认识到无产阶级的军队是在为自己和为人民的解放进行战争，这种战争是正义而神圣的。

---

① 《毛泽东选集》第 1 卷，人民出版社 1991 年版，第 63 页。
② 同上书，第 94 页。
③ 参见《毛泽东选集》第 2 卷，人民出版社 1991 年版，第 379 页。

④新的军队纪律。通过三大纪律、八项注意的军队纪律①，表明了这支军队的共产主义性质；纪律性的提高，是坚决执行命令和政策、提高军队战斗力的有力保证，也是对群众的宣传教育。中国共产党领导下的军队还通过加强军政训练和文化教育，来提高觉悟，培养地方干部，动员更多的人参军革命。

⑤生产运动的实行。由于恶劣斗争环境的需要，中国共产党领导的军队还从事生产活动。军队的物质给养，一部分是通过反对地主的斗争获得，一部分要通过与国民党斗争、与帝国主义斗争获得，还有一部分则通过向农民征收粮食和财税甚至有时还要采用借粮等临时措施获得。在长期而艰难的斗争中，仅仅依靠上述三种方式并不能满足军队的需要。因此，军队除了执行战争职能外，还要通过自己的生产建设获得物质资料。在中国古代军队实行的屯田制度，实际上也是军队自给自足的先例。在军事共产主义的建设模式中，对于中国共产党而言，人民的军队是无产阶级的军队，通过生产自救也是获得物资的重要手段。我们熟悉的三五九旅南泥湾生产运动，就是军队生产和军事任务结合的典型。因此，在军队建设中，生产运动的实行，是军事共产主义理念指导下军队履行经济职能的体现。

通过政权建设以及经济、文化、军事和生产等方面的建设，在中国共产党内实行民主集中制，开展以三大作风为主要内容的党的建设，并且通过土地革命、武装斗争、党的建设的三结合，军事共产主义的框架得以建

---

① 三大纪律、八项注意，是毛泽东等在第二次国内革命战争中为中国工农红军制定的纪律，其具体内容在不同时期和不同部队略有出入。在红军初创时期，就已提出部队对待群众要说话和气，买卖公平，不拉夫，不打人，不骂人。1928年春工农红军在井冈山的时候，规定了三项纪律：第一，行动听指挥；第二，不拿工人农民一点东西；第三，打土豪要归公。1928年夏提出了六项注意：一、上门板，二、捆铺草，三、说话和气，四、买卖公平，五、借东西要归还，六、损坏东西要赔偿。1929年以后，毛泽东又将三大纪律中的"不拿工人农民一点东西"，改为"不拿群众一针一线"；"打土豪要归公"改为"筹款要归公"，后来又改为"一切缴获要归公"。对于六项注意，增加了"洗澡避女人"和"不搜俘房腰包"两项内容，从而成为三大纪律、八项注意。这些纪律，曾经是红军以及后来的八路军、新四军、人民解放军政治工作的重要内容，对于人民军队的建设，对于正确处理军队内部关系，团结人民群众和确立人民军队对待俘虏的正确政策，都起了伟大的作用。1947年中国人民解放军总部对三大纪律和八项注意进行了统一规定。三大纪律：（一）一切行动听指挥；（二）不拿群众一针一线；（三）一切缴获要归公。八项注意：（一）说话和气；（二）买卖公平；（三）借东西要归还；（四）损坏东西要赔；（五）不打人骂人；（六）不损坏庄稼；（七）不调戏妇女；（八）不虐待俘房。《毛泽东选集》第4卷，人民出版社1991年版，第1241—1242页。

立和完善。在这一过程中，无产阶级的伦理道德作为重要的价值因素起到了重要的作用。在军事斗争为主要任务的时期，无论是对农民进行征收粮食还是财税，无论是要求军队承担生产任务还是共产党人自己严格实行军民一致、官兵一致的民主，这都需要每个党员、官兵和人民具有相当的政治觉悟才能实现。在这个过程中，共产主义道德起了重要的作用。这个过程也是共产主义道德建设和普及的过程。从具体的过程看，这一道德建设和普及过程，是领袖—政党—人民（工农兵）合一的过程。列宁在论述领袖、政党和阶级关系时，已经指出阶级意识不会自动生成。这一点在以毛泽东为代表的中国共产党人中也得到了强调。领袖作为政党精英的集中代表，对革命和建设的发展具有前瞻性的引领作用。由于战争形势的需要和革命斗争紧迫性、特殊性决定，领袖的思想和意志具有重要启蒙作用。这种启蒙的理论就是当时正在形成和发展的毛泽东思想。毛泽东思想的普及过程是通过中国共产党领导的政治、经济、文化、军队等方面的建设才得以实现的。对于共产主义道德建设而言，政党伦理是最为关键的环节。中国共产党人通过开展思想政治工作、文艺宣传等活动塑造先进人物典型，进行伦理道德示范，通过诉苦等方式对广大军民进行阶级意识（包括阶级道德）启蒙。在此期间，中国共产党的政党伦理的基本要义得到了深化与普及。

三　中国共产党政党伦理的基本要义及其普及

共产主义伦理道德体系，在革命战争时期，已经在根据地和解放区通过政党伦理的宣传和普及的方式在部分地区进行了建设。实际上，从中国共产党建立之初，各地的共产主义小组就力求在理论指导上达成一致，但是思想的解释权总是和政治的领导权相伴随的。经过革命斗争的积极发展，在共产党内部通过整风等自我统一的整党活动，中国共产党最终确立了毛泽东思想的指导地位。在这一过程中，政党伦理也在毛泽东思想的指导下得以确立。中国共产党的政党伦理既有同马克思列宁主义相一致的地方，也有中国自己的特点。中国的共产主义伦理道德建设从一开始就与中国的具体国情相关。

在中国共产党的革命斗争史上，确立党对军队的绝对领导，对于军事共产主义的构建无疑是具有决定性意义的事件。在以暴力革命为中心任务的年代，军队的领导权，对于旨在获得国家政权的政党而言是必需的条件。对于中国共产党而言最为重要的是建立人民的军队和确立共产党对人民军队的绝对领导。

共产主义本身实际上具有价值激进性质，是一种社会理论，也是一种理想信仰，其自身就内含着强烈的伦理道德诉求。中国共产党自成立起就在自身的组织建设上强调伦理道德的构建。从理论上讲，共产主义道德是建立在马克思列宁主义的科学世界观和人生观基础上的，它对中国以及外国的传统道德进行了批判地继承。从现实上看，它通过军事共产主义的建构，在艰苦的战争环境中，渐渐构成了自身的具有强烈现实效用和理想指向的伦理道德体系。

中国共产党人为了共产主义事业，要通过"长期斗争的锻炼和教育把带有各种弱点的人类改造成为高度文明的共产主义者"，使人成为"大公无私的共产主义社会的公民"。① 第一次国内革命战争时期，恽代英主编的《中国青年》就发表了一些提倡共产主义道德修养的文章。在杨贤江主编的《学生杂志》上，也刊登过不少论述青年学生道德修养的文章。杨贤江在一篇文章中指出："我们的道德，不是空洞的内心修养，而是在实际的革命训练。"② 1927 年后，中国共产党在军队和根据地的学校，已经进行共产主义人生观和道德观的教育。中国共产党内部的整风运动和思想建设，共产主义道德教育也是重要的内容。刘少奇的《论共产党员的修养》较完整地论述了共产主义道德修养的理论。毛泽东的思想中也有很多关于共产主义道德的论述③。作为中国共产党的政党伦理，在革命根据地和解放区的群众和军队中已经产生了很大影响，但是还没有上升为国家伦理。新中国成立后，中国面临资本主义列强的封锁，一些敌对者还进行着各种或明或暗的破坏工作，阶级斗争问题在一定时期内还是新政权必须要处理的问题。在新中国成立后的一段历史时期内，国家面临着国际和国内的严峻形势，事实上还是处于军事共产主义的状态。因此，无论是经

---

① 刘少奇：《论共产党员的修养》，转引自张锡勤等《中国近现代伦理思想史》，黑龙江人民出版社 1984 年版，第 306 页。

② 杨贤江：《青年的道德观念》，《学生杂志》十一卷九号。

③ 如老三篇：《为人民服务》、《纪念白求恩》、《愚公移山》。

济建设中的重工业优先发展，工农业实行差别化对待政策，还是各项斗争的开展，都使得军事共产主义的发展模式得到延续。在伦理道德建设方面主要表现为，既有的政党伦理如何在全社会实现普及化的问题，也即政党伦理向国家伦理上升的问题。因此，建国之前的伦理道德建设和新中国成立后的伦理道德建设，在具体内容和普及形式上都有很大的共同点，其区别主要在于宣传和普及的范围不同以及共产党是否具有执政地位。因此，对革命战争时期就已经形成并且得到一定程度发展的政党伦理进行考察，是深刻把握当代伦理道德变迁的必要工作。

（一）中国共产党政党伦理的根本特点：道德阶级性与非阶级性统一

共产主义的伦理道德体系，与以往伦理道德体系的最大不同之处就在于承认道德的阶级性，坚持用阶级分析法研究人们的伦理道德。在中国共产党人的领袖中，刘少奇同志为此作出了突出的贡献。他指出："公开承认道德的阶级性，坚持用阶级分析法研究伦理学，这是马克思主义在伦理学领域内实行的革命变革，是对伦理学研究的伟大贡献，是区分剥削阶级伦理学的标志。"[1]

刘少奇在《人的阶级性》一文中，提出了"把自己的幸福建筑在'使别人受痛苦'的基础上，是一切剥削者的共同特点。牺牲全人类或大多数人们的幸福，把全人类或最大多数人弄到饥寒交迫与受侮辱的地位，来造成个人或少数人们的特殊的享受，这就是一切剥削阶级者的'高贵'、'伟大'与'被人尊敬'的基础，一切剥削者的道德的基础"，"无产阶级与共产党员就与此相反，是把自己的幸福建筑在'使别人同享幸福'的基础上，是在努力于最大多数劳动人民与全人类的解放斗争中来解放自己，来消灭少数人的特殊权利，这就是共产党员的高贵、伟大与受人尊敬的基础，共产主义道德的基础。"[2]

另一方面，刘少奇也提出了人性和无产阶级道德非阶级性的一面。人性具有自然性和社会性的双重性，其自然性一面并不表现阶级性，其社会

---

① 张锡勤等：《中国近现代伦理思想史》，黑龙江人民出版社 1984 年版，第 380 页。
② 刘少奇：《人的阶级性》，转引自张锡勤等《中国近现代伦理思想史》，黑龙江人民出版社 1984 年版，第 352 页。

性一面是阶级性的体现。刘少奇同志在《人为什么会犯错误》一文中指出，在道德方面："共产党员应该具有人类最伟大、最高尚的一切美德。"这里的"一切美德"主要是指历史上劳动人民的优秀品德，同时也包括历史上剥削阶级人物的某些优秀品德。刘少奇对于中国儒家伦理的批判继承，对儒家传统的"杀身成仁"、"舍生取义"、"先天下之忧而忧，后天下之乐而乐"、"富贵不能淫，贫贱不能移，威武不能屈"、"以德报怨"、"己所不欲，勿施于人"等一系列的道德观念和格言进行改造利用，并赋予了新时代的内容，从阶级利益和社会发展规律角度入手，批判了小资产阶级的超阶级的道德论。①

毛泽东也对道德的阶级性给予了论证。他认为人性是带着阶级的人性。毛泽东认为："世上决没有无缘无故的爱，也没有无缘无故的恨。至于所谓'人类之爱'，自从人类分化成阶级以后，就没有过这种统一的爱。……真正的人类之爱是会有的，那是在全世界消灭了阶级之后。"②

中国共产党人用阶级分析的方法去构建伦理道德体系，其表现共产主义伦理道德体系的政党伦理具有鲜明的阶级道德的特点。由于中国面临的战争环境的特殊性和革命斗争任务的紧迫性，依据道德的阶级性原则建立起来的政党伦理成为共产主义道德体系的主要内容。虽然在刘少奇的理论表述中，已经认识到伦理道德具有的人类性、非阶级性的一面。但是，强调阶级斗争、阶级对立的思维方式成为军事共产主义条件下的主导方式。由这一点决定，中国共产党人的伦理道德基本内容也深深地打上了这种阶级对抗思维的烙印。

（二）中国共产党政党伦理的基本内容——军事共产主义条件下共产主义道德体系的初步构建

共产主义理念作为现代中国建设和发展的一种现代性理念，在中国共产党的倡导下，对广大民众起到了有效的社会动员作用。在这一过程中，共产主义道德体系作为一种价值观念起到了精神动力和精神纽带的作用；并且在抚慰现代华夏知识人受伤的自尊心外，还在动员社会力量中起到了

---

① 参见张锡勤等《中国近现代伦理思想史》，黑龙江人民出版社1984年版，第352页。
② 《毛泽东选集》第3卷，人民出版社1991年版，第871页。

不可估量的作用。因此，中国共产党人高度重视伦理道德建设。在军事共产主义的历史条件下，政党伦理成为社会伦理道德建设的主要引导。

（1）集体主义作为中国共产党核心价值原则和道德观念的确立

在中国马克思主义者的伦理思想论述中，集体主义是与个人主义相对立的伦理原则。这两种原则主要是围绕个人利益和集体利益的关系而产生的对立的伦理取向和价值体系。集体主义是共产主义道德的基本原则。它的主要观点是：个人利益和集体利益是既对立又统一的关系，当二者矛盾时，个人利益要服从集体利益。从政党伦理的角度看，党员个人的利益服从党的局部利益和整体利益。而个人主义则是把个人利益置于集体利益之上，从而将二者的有机联系割裂开来。1923年，中国共产党中央通过了《教育宣传问题决议案》，成立了教育宣传委员会，把宣传"集体主义"的人生观列为任务之一。①

刘少奇对集体主义和个人主义有较为系统深入的论证。他在揭露个人主义在革命队伍中的种种表现及其严重危害时，指出个人主义的根本错误在于割裂个人利益和集体利益，把个人利益置于集体利益之上，其特征为损人利己、损公肥私。对于无产阶级而言，个人利益要和集体利益相一致，集体利益代表并高于个人利益，在维护集体利益前提下发展个人利益，二者冲突时，牺牲个人利益，当长远利益与当前利益冲突时，牺牲当前利益。"一个共产党员，在任何时候、任何问题上，都应当首先想到的是党的整体利益，都要把党的利益摆在前面，把个人问题、个人利益摆在服从的地位。党的利益高于一切，这是我们党员的思想和行动的最高原则。根据这个原则……在个人利益和党的利益不一致的时候，能够毫不踌躇、毫不勉强地服从党的利益，牺牲个人利益。为了党的、无产阶级的、民族解放和人类解放事业，能够毫不犹豫地牺牲个人利益，甚至牺牲自己的生命，这就是我们常说的'党性'或'党的观念'、'组织观念'的一种表现。这就是共产主义道德的最高表现，这就是无产阶级政党原则性的最高表现，就是无产阶级意识纯洁的最高表现。"② 但是，共产党人也反

---

① 参见赵朴《中国共产党组织史资料》（二），《党史研究》1981年第3期。

② 刘少奇：《论共产党员的修养》，转引自张锡勤等《中国近现代伦理思想史》，黑龙江人民出版社1984年版，第355—356页。

对抹杀个人利益的"左"倾错误。刘少奇强调马克思主义并不否认个人利益的存在，应区分个人利益和个人主义。个人利益必须服从党的利益不等于抹杀党员的个人利益，要消灭党员的个性。"党员总还有一部分的私人问题需要自己来处理，并且也还要根据他的个性和特长来发展自己"，"在不违背党的利益的范围内允许党员去建立他个人的以至家庭的生活，去发展他个人的个性和特长。同时，党在一切可能的条件下还要帮助党员根据党的利益要求，去发展他的个性和特长，给他以适当的工作和条件，以至加以奖励等。党在可能条件下顾全和保护党员个人的不可缺少的利益——如给他教育学习的机会，解决他的疾病和家庭问题，以至在反动派统治的环境下，在必要时还要放弃党的一些工作来保存同志等。"①

中国共产党人在集体主义为核心价值的基础上，批判了形形色色的包括资产阶级提倡的"超功利主义"在内的功利主义，提倡无产阶级的革命的功利主义——以广大人民群众的目前利益和长远利益为出发点，以之为道德的最高标准②。

（2）全心全意为人民服务作为共产主义道德核心规范的确立

全心全意为人民服务是中国共产党的宗旨，这一宗旨作为共产主义道德核心规范的确立在党内是作为政党伦理来体现的。在普及的过程中，首先是通过其领导下的军队——人民军队来实现的。

在1928年，中国共产党人建立了自己的军队以后，就开始以全心全意为人民服务为唯一宗旨。全心全意为人民服务就是从人民的利益出发，以人民的根本利益为自己言行的最高标准。其最高要求为："彻底地为人民的利益工作"③，"对工作极端热忱"，"毫无自私自利之心"，"毫不利己、专门利人"④，为人民利益而死重于泰山。⑤ 坚持全心全意为人民服务还要树立群众的观点。中国共产党人在此基础上批判了个人主义、小团体主义、本位主义等非无产阶级思想。

---

① 刘少奇：《论共产党员的修养》，转引自张锡勤等《中国近现代伦理思想史》，黑龙江人民出版社1984年版，第356—357页。
② 参见《毛泽东选集》第3卷，人民出版社1991年版，第847—879页。
③ 《毛泽东选集》第3卷，人民出版社1991年版，第1004页。
④ 《毛泽东选集》第2卷，人民出版社1991年版，第659—660页。
⑤ 《毛泽东选集》第3卷，人民出版社1991年版，第1005页。

（3）群众的观点

人民群众在阶级社会中，历来是受剥削受压迫的阶级，在共产党诞生以前，他们在社会上是没有地位的，中国共产党突出强调了群众在历史发展和社会进步中的重要作用。中国共产党的群众观点大体可以分为以下四个要点：一、一切为了群众。二、一切向人民群众负责。三、相信群众自己解放自己。四、向人民群众学习。刘少奇在这方面的论述较为全面。刘少奇认为革命的意义在于人民群众的解放；党的利益和人民的利益一致，对党负责和对人民群众负责是统一的；最广大人民群众的最大利益，是真理的最高标准，是我们党员一切行动的最高标准；群众解放要靠自己，反对英雄主义、命令主义、包办代替、恩赐观点，群众的知识和经验最丰富最实际具有伟大创造力，党要加以集中进而系统化为更高的知识，学习群众，才能指导群众。①

从整风运动的长期实行，我们可以看到中国共产党人对群众路线的坚决贯彻和执行。反对官僚主义是当时整风运动的重要内容，并且作为一项长期路线和方针，常抓不懈。中国共产党人认为官僚主义违反了群众路线，忽视和伤害了群众利益。因此，必须要"反对官僚主义以整顿党风"。② 全心全意为人民服务的宗旨可以看作是中国共产党人的群众观点的提炼和提升。

（4）团结和友谊

在军事斗争为中心任务的条件下，动员和团结更多的社会力量是决定革命成败的重要工作。对于进行阶级斗争的中国共产党人而言，弄清谁是我们的朋友，谁是我们的敌人，是革命的首要前提。在《中国社会各阶级的分析》中，毛泽东已经论述得很清楚了③。因此，友谊和团结是无产阶级道德规范的重要内容。后来，刘少奇也强调了共产主义道德的团结和友谊的重要性。他认为团结和友谊应该建立在马克思主义和无产阶级、劳动人民的利益基础上，有原则的革命的团结。在具体的革命实践中，团结和友谊表现在"对于自己阶级中的兄弟和一切被压迫被剥削的劳动人

---

① 参见刘少奇《关于减租减息的群众运动》、《论党》、《论共产党员的修养》等文。

② 刘少奇：《论党》，转引自张锡勤等《中国近现代伦理思想史》，黑龙江人民出版社1984年版，第358页。

③ 参见《毛泽东选集》第1卷，人民出版社1991年版，第3—11页。

民，具有伟大而忠诚的友爱、热情和同情心，具有伟大的互助精神，牢固的团结精神，真正的平等精神"，也体现为另一方面："要用无情的手段对付人民的敌人。"①

在统一战线中，中国共产党人根据不同时期的社会主要矛盾，与不同阶级进行有原则的合作，更能体现团结的价值和意义。在大革命时期，他们联合资产阶级反对北洋军阀的统治，这是在反封建反帝国主义的意义上进行的合作。他们还和国民党团结一致，建立了友谊关系；抗日战争时期，中国共产党人建立了抗日民族统一战线，通过团结—批评—团结，既联合又斗争的方式，团结一切可以团结的力量，取得了抗日战争的胜利。解放战争时，他们建立爱国民主统一战线，取得解放战争的胜利。整风运动中，他们通过反对主观主义以整顿学风，反对宗派主义以整顿党风，反对党八股以整顿文风的细致工作，形成了"团结—批评—团结"的工作方法②，"保证了党在思想政治上的一致，和党的组织成分的纯洁"。③ 作为中国共产党政党伦理的团结的思想，还要反对小团体主义，反对宗派主义。作为团结的方法，刘少奇提出"严于律己，宽以待人"，对他人，不计小节；对自身，不要吹毛求疵，要善与人同，要慎防言语挖苦刻薄的伤害；甚至要委曲求全，以德报怨。④

从上述观点看，作为政党伦理重要内容的团结和友谊，始终是和当时的斗争任务紧密相关的。从原则上看具有一致性，但是由于革命斗争的变化，团结和友谊的对象也时常变化，这一点又使得这种伦理道德原则表现出极大的不稳定性。这既是当时革命形势的客观性决定的，也给这种伦理道德建设带来了不稳定的因素。在新中国成立后，这一问题依然存在。

（5）发扬集体英雄主义

在革命的过程中，中国共产党人一直是在物质条件落后、军事装备差的条件下进行斗争。因此，在实力对比上，大多数情况总是处于弱于敌人

---

① 刘少奇：《论共产党员的修养》，转引自张锡勤等《中国近现代伦理思想史》，黑龙江人民出版社1984年版，第359页。

② 参见《毛泽东文集》第8卷，人民出版社1993年版，第298—299页。

③ 《毛泽东选集》第3卷，人民出版社1993年版，第33页。

④ 刘少奇：《论党员在组织上和纪律上的修养》，转引自张锡勤等《中国近现代伦理思想史》，黑龙江人民出版社1984年版，第359页。

的情况。因此，英雄主义精神的发扬是革命斗争的重要品质。

中国共产党反对个人英雄主义，提倡集体英雄主义。刘少奇认为革命斗争需要革命英雄，但要建立在无产阶级道德原则——集体利益的基础上，而不是建立在个人利益出发点上的个人主义。

（6）民主、平等精神

中国共产党领导下的政权是力图体现人民当家作主，实现真正的平等。作为一种政治工作的原则——官兵一致、军民一致被贯彻到军队当中。军队中实行政治、经济、军事三大民主；军队中，不打骂、说话要和气等纪律也体现了这一点。刘少奇首先把无产阶级的民主、平等精神，同共产主义道德明确地连在一起。他认为真正的民主精神同共产主义大公无私的道德是不能分离的。是人类完全平等的精神。据此，他批判了资产阶级的民主的虚伪性——提倡生而平等，而容许经济不平等；法律的虚伪——为等级特权专制辩护。而无产阶级平等体现在法律政治权力义务上和经济上，真实全面的平等。①

（7）热爱劳动和爱惜公共财物的统一

热爱劳动和爱护公共财物是中国共产党政党伦理的重要内容。中国共产党的伦理道德经过反对旧观念和习惯势力的斗争才建立起来。② 马克思主义对阶级的划分正是以劳动和利益分配为原则的。简要言之，劳而无获者无产阶级，不劳而获者剥削阶级。以往的社会对于劳动的道德意义是否定的，只有马克思主义第一次赋予劳动以神圣的意义，在大革命时期，中国共产党领导下的农民运动甚至打出了劳工神圣的口号。后来毛泽东不断强调"增强劳动观念，执行劳动纪律，改造二流子习惯"。③ 他又在《新华月报》创刊号上题词，把"爱劳动，爱护公共财物"列为国民美德。勤俭节约是爱护公物的共产主义公德的一个重要的行动要求。共产主义的

---

① 参见刘少奇《关于白区的党和群众的工作》、《民主精神与官僚主义》，转引自张锡勤等《中国近现代伦理思想史》，黑龙江人民出版社1984年版，第360—361页。

② 在新民主主义革命时期，中国共产党领导土地革命，消灭封建剥削制度，改变生产关系，创办了一些公营和合作性质的企业。部分军民对劳动的态度、工厂、财产的共产主义性质认识还是旧式的，对此刘少奇专门写文章论证并宣传热爱劳动和爱护公共财物是共产主义道德。刘少奇：《用新的态度对待新的劳动》，转引自张锡勤等《中国近现代伦理思想史》，黑龙江人民出版社1984年版，第363页。

③ 《毛泽东选集》，人民出版社1991年版，第1007页。

劳动，是为人民自己的劳动，而公共财物正是劳动所得，由于共产主义消灭了私有制，所以，热爱劳动和珍惜公共财物是统一的。

从当时革命斗争的环境看，在党内也存在着轻视经济建设的倾向。战争是需要经济作为物质基础的。因此，无论是对发动人民进行的生产运动还是对军队开展的生产运动，都有从价值上高度评价其劳动意义的必要，同时也是革命现实的需要。当然，重视劳动也是马克思主义理论中的重要内容。但是这样一种理论原则，在现实中受到如此的重视，作为一种道德规范在全社会得到普及，则是有其重要的现实需要作为背景的。

（8）勤俭节约与艰苦奋斗的统一

中国共产党人在发扬勤俭节约的中国传统美德时，提倡爱惜公共财物，珍惜劳动成果的具体行为，形成了一种共产主义的美德。这一道德一方面是战争环境，物资匮乏的需要，另一方面也是共产主义价值理念中劳动逻辑的引申。

中国共产党人强调艰苦朴素的生活作风。在生活中，反对大吃大喝，注意节约物资。毛泽东在第二次国内革命战争时期明确提出，"财政的支出，应该根据节省的方针。应该使一切政府工作人员明白，贪污和浪费是极大的犯罪"。① 毛泽东认为中国富强要勤俭建国②——艰苦奋斗，厉行节约，反对浪费，针对全国革命取得胜利，中国共产党内部出现贪污、浪费和享乐的状况，毛泽东指出："夺取全国胜利，这只是万里长征走完了第一步"，"革命以后的路程更长，工作更伟大，更艰苦"，要"务必使同志们继续地保持谦虚、谨慎、不骄、不躁的作风，务必使同志们继续地保持艰苦奋斗的作风"。③ 对党员提出艰苦奋斗的要求。就是在新中国成立之后，毛泽东还十分强调艰苦奋斗的精神。

（9）爱国主义和国际主义的统一

爱国主义和国际主义是共产主义道德体系的范畴。对于中国共产党而言，谋求民族国家富强独立，是其革命的现实目标，也是其爱国主义的体

---

① 《毛泽东选集》第 1 卷，人民出版社 1991 年版，第 134 页。

② 毛泽东在新中国成立后指出："要使我国富强起来，需要几十年艰苦奋斗的时间，其中包括执行厉行节约、反对浪费这样一个勤俭建国的方针。"《毛泽东选集》第 5 卷，人民出版社 1977 年版，第 400 页。

③ 《毛泽东选集》第 4 卷，人民出版社 1991 年版，第 1438—1439 页。

现。爱国主义和国际主义是中国共产党的政治原则，也是政党伦理的重要内容。从统一战线看，尤其是抗日战争中为什么会团结曾经或将来的敌对阶级，因为国家民族的利益要高于政党之间的利益，从国家的利益出发才会结成统一战线。相应的反对帝国主义的侵略战争，还具有国际意义，从这一角度，可以把国际主义看作是对爱国主义的提升或者是二者的结合。

爱国主义也是有阶级性的，作为政党伦理的重要内容，它应该以民族利益，以人民群众的利益为标准。正如毛泽东所说："爱国主义的具体内容，看在什么样的历史条件之下来确定，有日本侵略者和希特勒的爱国主义，有我们的爱国主义，对于日本侵略者和希特勒的所谓爱国主义，共产党员是必须坚决反对的。"① 基于中国共产党对爱国主义和国际主义的理解，反映剥削阶级利益的民族主义和大国沙文主义也是要加以反对的。中国共产党强调国际主义和爱国主义相统一。

（10）坚持真理和改正错误的统一

中国共产党是建立在科学社会主义理论基础上的现代政党，通过辩证唯物主义和历史唯物主义的理论，认识到坚持真理是马克思主义理论基本原则。作为一种以"改造世界"为目的的共产主义理想，坚持真理还要符合人民的利益。这一点在中国的马克思主义者中得到了最为充分的体现。毛泽东指出："共产党人必须随时准备坚持真理，因为任何真理都是符合于人民利益的；共产党人必须随时准备修正错误，因为任何错误都是不符合于人民利益的。"② 中国共产党的政党伦理中提倡坚持真理和改正错误的统一。

在党的作风建设上，毛泽东强调批评与自我批评。"有无认真的自我批评，是我党区别于其他政党的标志"。③ 通过批评与自我批评，实现"去掉不良作风，保持优良作风"④ 的目的。要坚持真理和改正错误，就要通过思想斗争，反对盲从的奴隶主义。毛泽东形象地将之比喻为洗脸和扫地，强调通过批评和自我批评，人们就能清除思想的灰尘和抵御政治微生物的侵蚀。

---

① 《毛泽东选集》第2卷，人民出版社1991年版，第520页。
② 《毛泽东选集》第3卷，人民出版社1991年版，第1095页。
③ 同上书，第1096页。
④ 《毛泽东选集》第4卷，人民出版社1991年版，第1439页。

中国共产党人在坚持共产主义理念作为指导思想的过程中，从理论上，对共产主义伦理道德进行了系统的论述。这种激进意味的价值诉求在马克思主义理论中就蕴含着。它在动员大众上具有直接的现实作用，因此，在中国共产党人统一思想的过程中，共产主义道德体系建设是一项重要的内容。并且至今具有重要的现实意义。

（三）中国共产党政党伦理的普及方式

在理论与实践的交互作用中，共产主义伦理道德体系得到系统化，并且在现实中得到普及。从具体的历史实践看，中国共产党的政党伦理的普及方式是多种多样的，我们可以从党内到人民军队，以及面向群众的普及两个方面来考察。

（1）面向党和人民军队的伦理教育：从三大作风看政党伦理的整合统一与普及

中国共产党的政党伦理在进行整合统一的过程中，逐渐由党内普及党外。研究者可以从中国共产党推行三大作风的活动来把握政党伦理的普及方式。由于中国共产党实行党对军队的绝对领导，通过把党支部建在连队上的方式，其政党伦理的普及方式与党内是完全相同的。

第一，理论联系实际。中国共产党强调，党员必须要明确为人民服务，把工作落到实处，要深入群众，学习群众，才能指导群众。"为了坚持这种马克思列宁主义的修养方法，我们必须坚决反对和彻底肃清旧社会在教育和学习中遗留给我们的最大祸害之一——理论和实践的脱离。"这里的"实际"就是要了解工农兵等人民群众①（根据社会主要矛盾的变化，人民群众的范围有所不同）的利益和现状，要从实际出发提出能够符合人民群众利益的"理论"（方针、政策、策略）。

第二，批评和自我批评。党内通过批评和自我批评的方式，展开具体的政党伦理规约的整合统一和普及。整风运动是一种比较具有代表性的方

---

① 根据社会矛盾的变化，中国共产党对人民的范围的划定有差别，可以通过统一战线的策略的历史演变看到这一点。在第一次国内革命战争时期，"人民"是反对代表封建地主阶级和帝国主义的北洋军阀者；土地革命时期，"人民"是反对地主阶级、大资产阶级者；抗日战争时期是赞成抗日和民主者；解放战争时期，是赞同中国共产党的和平民主建国主张，反对官僚资本主义，大买办、大地主、大资产阶级者。

式。通过整风、批评与自我批评，达到统一思想，纯洁队伍，团结同志的目的。

第三，密切联系群众。主要就是通过人民群众利益至上，深入群众，从群众中来到群众中去，学习群众，指导群众，发动群众。通过反映和实现人民群众利益的思想教育和实际工作，达到政党伦理在党内和党外的普及。

（2）面向群众的伦理启蒙：从诉苦运动、树立模范典型、文艺大众化看政党伦理向现实伦理道德的转化

第一，群众诉苦运动。中国共产党在理论上建立起了比较完备的体系，通过马克思主义理论的世界观、人生观和唯物史观，全面地论证了自身理论的科学性。而问题在于如何使绝大多数没有文化的人民群众获得阶级觉悟。通过文化建设以文艺宣传的方式宣讲马克思主义理论，在当时的战争环境中，固然是一种有效的教育普及方式，却不是最直接最现实的方式。真正直接而有效的方式是诉苦与控诉。诉苦作为中国人苦难生活的一种情感宣泄方式，在民间是很普遍的。中国共产党有效地利用了这一方式，并把它上升为一种运动，通过劳苦大众的亲身经历，来揭示旧社会如何会使人受苦受难，以此使得劳苦大众反观自身，认识到社会财富是自己的劳动创造的，而自己却享受不到劳动果实，而地主、资本家则是不劳而获的。在劳苦大众获得阶级意识的同时，也鼓动其内心深处对统治阶级的恨，驱动其粉碎旧的社会制度。

第二，文艺大众化。在思想宣传工作中，中国共产党强调要发展文艺的大众化。毛泽东认为文艺工作者必须要熟悉群众的生活语言，才能真实反映他们的需要，才能使共产党的理论为广大群众理解。

第三，树立模范典型。在思想宣传工作中，通过树立模范典型的方式，造成极大的宣传鼓动效果。例如，在生产运动中，举行生产竞赛，领导带头示范劳动①，对三五九旅南泥湾开荒的宣传。还有对英雄人物和英雄事迹的报道，王二小——民族精神；刘胡兰——生的伟大，死的光荣；董存瑞——为了人民的事业；白求恩——毫不利己专门利人的精神，国际主义精神，共产主义精神；张思德——全心全意为人民服务；鲁迅精

---

①　许多文学作品都反映了这一事实，比如吴伯箫的《记一辆纺车》。

神——牺牲、斗争。

以上我们考察了中国共产党政党伦理的基本要义和普及方式，我们只是从一般的理论内容和行动方式入手进行了考察，这里我们还要进一步提及的是这些内容和方式的客观依托是军事共产主义的体制和其运作方式。简要而具体地说，武装斗争——通过暴力革命实现人民的利益和当家作主，捍卫胜利果实；党的建设——整顿党风和加强党员修养，团结同志；统一战线——加强友谊和团结，以民族国家利益为上。人民军队——官兵、军民平等，以全心全意为人民服务为唯一的宗旨。中国共产党的三大作风——理论联系实际，坚持群众利益为党的真理标准；密切联系群众，真正实现和维护群众利益，对群众负责；批评和自我批评，提高素质，纯洁队伍。政党伦理的实现就是通过这样几种方式，在政党内部和人民军队中间进行塑造和普及。由于军队和人民群众的密切关系，由于共产党进行的土地革命，进行的民族统一战线和实施民主统一战线的方针，使得我党的政党伦理通过这些具体的方式为中国社会各阶层所了解，并且产生重大的影响，发挥了巨大的作用。

马克思主义在中国经历了符合中国现实国情的诠释学改造。对中国民众的动员更多是通过鼓动阶级怨恨和阶级斗争进行的。在土地革命中，除了打土豪分田地，让人民获得土地之外，还要进行斗地主的运动。要劳苦大众讲述自身受苦受难的历史，对比共产党带来的新变化。人们不仅通过现实的斗争获得了土地，而且通过政党理论的宣讲，认识到自己的劳动创造了世界，自己就应该是社会的主人，而且通过中共领导的革命确实在许多地区实现了耕者有其田的梦想。通过理论宣介，现实的斗争，使劳动人民的怨恨成为一种阶级意识，他们最终团结在中国共产党的周围，为了建设一个美好的社会而共同奋斗。

但是，对于没有成为执政党的历史时期而言，军事共产主义指导下的政党伦理还只是在满足革命斗争的需要，还没有成为一种国家化的制度。在以武装斗争为方式的革命战争年代，我们对军事共产主义的积极作用是应该给予积极肯定的。甚至在新中国成立初期很长的一段历史时期里，我们国家的制度实际上在国内外政治斗争形势极为严峻的情况下，实行的也是这一制度。

在此，我们需要给予说明的是，经过了军事共产主义的形塑，中国共产党的政党伦理建构出了自己的思想内容与精神品性。现代性伦理有别于中世纪伦理精神的特点在于"本能冲动造反逻格斯"。凸显人的身体是现代伦理的重要特征。中国共产党的政党伦理并不反对人的身体性，而是将身体与阶级意识联系起来。从超验天道的宗教意识中解放出来的"身体"并没有走向依据市场逻辑的自我放纵，而是受奠基于劳动逻辑的阶级意识牵引。于是如此的政党伦理就用阶级意识置换了自由主义伦理的"个人意识"。"个人主义"和"自由主义"在中国无产阶级政党的伦理语汇中是一个负面的语词，是与"利己"、"无组织"、散漫等相关的。① 同时作为现代性伦理，自由主义伦理重点在于"个体自由"，而马克思主义尤其是中国共产党的伦理重心在于能使国家民族获得解放的"阶级自由"。这种"阶级自由"是以对自身的"阶级意识"的自觉为前提的。而如此的"阶级意识"的自觉只能在阶级对立、阶级斗争的历史进程中获得，因此军事共产主义的战时体制恰好为这种政党伦理塑造提供了一种社会机制。如此的政党伦理，不仅有利于现实的阶级动员与群众运动，而且也有利于"阶级斗争"乃至其极端形态的"暴力革命"。没有如此的伦理诉求，砸烂"旧世界"、建设"新世界"的"改朝换代"几乎是"不可能的"。

---

① 参见毛泽东的《反对自由主义》一文。见《毛泽东选集》第 2 卷，人民出版社 1991 年版，第 59—61 页。

第 二 章

政党伦理向国家伦理的生成

中国共产党人带领人民群众进行了二十八年的斗争，取得了抗日战争和解放战争的胜利。中国共产党由一个最初十几人的小党成为执掌中国政权的执政党，面临建设新国家之重任。其首要任务是确立新的社会秩序，并对社会各层面进行重新整合。中国共产党的政党伦理是由其信靠的共产主义理想决定的，其成员之行为规范均受之影响。作为先锋队，共产党与现代国家中其他议会党团不同。以资产阶级政党为例，政党仅就其政治职能而言，牵涉到维护哪一阶级或阶层，抑或是哪一集团利益。而共产党则不同，由于其指导理念具有价值理念性质，使得政党伦理既是作为信仰理念具有价值理念性质，亦是日常伦理之约束，同时政党伦理亦是政党行使政治功能的规约前提。

政党伦理本是政党用来约束自身成员的行为规范，当以获得政权为目标的政党实现其执政的理想时，政党伦理就相应地要通过一系列社会活动的方式上升为国家的伦理，这一过程与政权的合法性论述是同一过程的不同面相。

中国共产党取得国家权力后，利用法律、政治、经济等提供的法权支持，并通过这些途径使共产主义伦理成为国家化的伦理规约，从而政党伦理由本是党内成员的行为规范而放大为规范社会成员的日常伦理。这一系列活动，使得中国的政党政治呈现"一元化领导"之局面，从而使得现实的日常生活亦有政党伦理的深深烙印，政党及其伦理进而承负信仰、社会伦常和国家治理三位一体之重任。中国当代伦理的共产主义化，从理念层面而言，是由价值理念的共产主义理想决定的；从社会实在层面而言，是由现代民族国家的建构没有工业化普及的经济基础和缺少市民社会先行生成之社会机制决定的。政党伦理向国家伦理生成之过程，即是其价值理念在各方面得到贯彻执行的过程。如前文所述，中国发生的社会主义革命的群众基础的特殊性决定了中国共产党人对马克思主义关于先锋队思想的修正。在暴力革命和阶级斗争为主要矛盾的战争年代，革命的领导阶层和群众阶层中面临的隐患可得到协调。当中国共产党成为执政党后必须要利用手中政权对社会进行全面整合时，这些隐患会变成现实的主要矛盾。对此的具体分析，我们可以从政党制度的国家化、教育体制和政党体制的教化功能三方面来展开考察。

一 政党伦理向国家伦理上升的制度前提：政党制度的国家化

1949 年中华人民共和国成立后，我国建立起人民民主专政的国家政权，中国共产党确立执政党的地位。中国共产党领导的多党合作和政治协商制度在全国的建立和发展，表明政党制度向国家制度的转变。在这种转变过程中，民主党派对中国共产党执政党地位的现实认同成为精神伦理层面认同的基础。中国当代伦理道德变迁也正是在这种民主制度的框架下展开的。中国共产党要实现从新民主主义社会向社会主义社会制度的转变，伦理道德建设作为精神要素在中国的革命战争时期所起到的现实作用，在新的历史条件下仍然有效。因此，共产主义道德建设，相应于国家政治制度建设，就是一个从政党伦理向国家伦理上升的过程。

（一）中国共产党对民主党派的制度整合

民主党派作为非无产阶级的其他阶级先进分子的代表，是他们的利益代言、精神标向和行动指南。中国共产党通过艰苦的革命斗争历程建立了"新"的政权。正是因为这个"新"，意味着中国共产党的政权建设还是任重而道远的，还需要进一步巩固。新的人民民主政权的建立，并没有将中国社会实现完全的整合。各民主党派所代表的阶级还在一定的历史时期内存在，并且有可能会起到或是积极或是消极的作用。随着社会主义历史进程的加快，必须要把他们改造成为社会主义社会的一员。因此，这势必要以取消他们的特殊阶级利益和特权为前提。所以，民主党派的身份转变问题是中国共产党要进行考虑的重大问题。

中国共产党的政党伦理要想上升为国家伦理势必要解决这些现实存在以及即将面临的问题。但是现实政权的建立，是包括民主党派及其代表的阶层在内的所有广大民众共同努力的结果。因此，在对民主党派进行改造的同时，必须要明确民主党派的历史身份和历史作用。如果民主党派完全是反动阶级，只能加以消灭，但事实是他们确实起到了积极的历史作用，而且在未来的社会主义建设中还要发挥巨大的历史作用。现代民族国家的建立可以通过暴力革命的手段，但是现代国家的建设更多的是需要知识技术类型的人才。因此，对民主党派既要改造也要利用。所以，必须要肯定其客观的历史功绩，确定其历史与现实身份的定位。

中国要建立人民民主专政的政权，是以工农联盟为基础的，工人阶级、农民阶级和革命知识分子是领导力量和基础力量。但是现代化国家的建设除了需要人民群众进行艰苦奋斗外，更多的是需要更多的技术人员作为引导的力量。中国要在百废待兴的基础上进行建设，单纯依靠革命知识分子是远远不够的。中国共产党人意识到现代国家的建设，还要利用那些出身城市小资产阶级和民族资产阶级的知识分子，要让他们为新中国的建设服务。另一方面，虽然战争取得了胜利，但诚如毛泽东所言，还只是万里长征的第一步，反革命势力的残余需要扫荡，还要进行镇压反革命的活动，加之国际帝国主义对中国的封锁等恶劣的国内外环境，新民主主义革命的任务还没有完成。单纯依靠革命根据地的经济工作经验是远远不够的，经济上，还需要民族资产阶级进行发展经济的工作。

从上述几方面看，为孤立反革命势力和巩固人民民主专政，新时期的统一战线还要团结党外的民主人士，因为他们代表着这个社会中有知识有技术的阶层，还是重要的革命力量和建设力量。毛泽东在七届二中全会上指明了同党外民主人士合作的重要性，并且批判了党内的两种态度：关门或敷衍，并提出要克服关门主义作风。这可以看作是我党对于民主党派的改造的理论依据。中国共产党依据自身的社会法权对民主党派的改造和同构，主要地体现为对待其历史功绩以及现实的身份认同上，从而使各个阶级的社会主义改造有了制度上的依据。作为各阶级代表的民主党派的伦理整合过程正是政党伦理向国家伦理上升过程的一个方面。

（二）确立民主党派的历史功绩和现实身份认同

民主党派在中国的解放事业中起到了重要的作用，这必须要在现实的制度上给予体现和确证。对于中国的建设事业而言，他们具有更为重要的作用。但是，共产主义理想具有价值规约的一元性质，因此建设者还必须要在价值理念上信任这一理想。

民主党派的价值理念正是来自于马克思所批判的西方现代思想。在政党伦理向国家伦理转变的过程中，民主党派的伦理道德观念的改变是这一过程的价值理念的对立面。而民主党派及其代表的团体作为现代知识和技术的掌握者，又是现代国家建设不可或缺的力量。因此，要对其进行价值规约，必须从客观的历史功绩出发，给予其恰当的定位。

要认同民主党派，必须要对其历史功绩作出恰切的评价和把握。因此，在现实政治制度中必须有所体现。正如毛泽东所说，团结民主党派应当是一项重要的工作，要在"每一个大城市和每一个中等城市，每一个战略性区域和每一个省，都应当培养一批能够同我们合作的有威信的党外民主人士"，"使他们在工作上做出成绩来"，"迅速地恢复和发展生产，对付国外的帝国主义，使中国稳步地由农业国转变为工业国，把中国建设成一个伟大的社会主义国家"。① 因此，对民主党派所具有的历史功绩必须要给予客观的评价。

各民主党派的现实作用可以通过其具体的身份和所属的阶级和阶层来考虑。② 在发展教育、经济建设、医疗卫生、科学技术、文化艺术、民族团结乃至国家统一等方面，民主党派都能起到举足轻重的作用。无论是新政权的巩固还是国家的建设和发展，都要求我们必须要团结各民主党派及

① 《毛泽东选集》第 4 卷，人民出版社 1991 年版，第 1437 页。
② 中国国民党革命委员会（简称民革）主要由原中国国民党民派及其他爱国民主人士所创建，是具有政治联盟性质的、致力于建设中国特色社会主义和祖国统一事业的政党，是中国共产党领导的多党合作和政治协商制度中的参政党。中国民主同盟（简称民盟）是主要由文化教育以及科学技术界的高、中级知识分子组成的具有政治联盟特点的政党。民建会是中国民主建国会（简称民建会）主要由经济界人士组成，在新中国成立初期主要为工商业资本家和工商经济界及其知识分子；中国民主促进会（简称民进会）成员以从事教育文化出版工作的高中级知识分子为主；中国农工民主党主要以医药卫生界高中级知识分子为主；九三学社成员以科学技术界高、中级知识分子为主；中国致公党主要由归侨、侨眷中的中上层人士和其他有海外关系的代表性人士组成；台湾民主自治同盟（简称台盟），是由台湾省人士组成的社会主义劳动者和拥护社会主义的爱国者的政治联盟。

其代表的阶层。

新中国成立初期，中国共产党人对民主党派委以重任。他们担任了政府领导、各科研机构、大专院校的业务领导。这些举措在中国共产党内部引起一些领导干部不满。他们认为民主党派的历史功绩像一根头发，可有可无。针对这种错误倾向，以毛泽东等领导人为核心的中国共产党针对党内仍然存在的关门主义的倾向，对"一根头发"的功劳论等否定民主党派作用的观点进行了批判。① 中国共产党对民主党派的重要地位和作用给予了肯定，为巩固民主党派的合作打下了坚实的基础。

新中国成立初期我们面临的国民经济濒临崩溃，土地改革尚未完成，国民党的散乱武装，特务和反动党团分子的破坏、美国的干涉、祖国的统一等问题，都表明民主统一战线问题应该得到重视。现代国家的建构必须依靠那些作为理论和技术型人才的知识分子，而他们大多是民主党派和无党派人士，所以对统一战线必须高度重视使之得到统一认识，而这必须要确立对待民主党派的工作基本原则和方针、政策，并在发挥他们作用的同时，对之进行现实的改造，从而使政党制度国家化。所以对民主党派的历史功绩认同是巩固民主统一战线的前提和基础。

第一次全国统战工作会议，明确了我们党处理同各民主党派的基本原则——既要在政治和思想感情上，以共同纲领为准则，团结他们共同奋斗，帮助他们将政治觉悟提高到为彻底实现共同纲领而奋斗的水平，同时又必须在组织上适当地尊重他们的独立性，善于根据具体情况，推动和帮助他们逐步前进。在加强民主统一战线的同时，中国共产党人一直对民主党派给予支持。新中国成立之初，毛泽东就明确指出：要团结民主党派，使他们进步，帮助他们解决问题，如民主党派的经费，民主人士的旅费等问题。后来，又提出要支持发展民主党派的规模，让其参闻国是，并强调民主党派的平等地位。②

现代国家建设是通过各项具体的制度和系统实现的。对民主党派的历

---

① 周恩来强调了民主党派在人民民主统一战线中的重要作用；毛泽东在听取第一次全国统战工作会议汇报时，否定了"一根头发"的功劳论，肯定其重要作用，批驳了党内的"左倾关门主义"倾向。参见中共中央统战研究室编《历次全国统战工作会议概况和文献》，档案出版社1988年版，第30、6页。

② 毛泽东在听取第二次全国统战工作会议汇报时，强调要支持发展民主党派的规模，对之进行教育，让其参闻国是，并强调民主党派的平等地位。中共中央统战研究室编：《历次全国统战工作会议概况和文献》，档案出版社1988年版，第43、6页。

史功绩给予认定只是与其合作的前提，在新的制度体系中必须要给其留有恰当的位置才是真正的现实前提，才能真正发挥他们的历史作用。中国共产党领导下的多党合作制和政治协商制度，在 1949 年 9 月 21 日至 30 日召开的中国人民政治协商会议第一届全体会议上基本确立。民主党派和中国共产党，以及各人民团体，人民解放军，各少数民族，国外华侨，及其他爱国人士代表一道参加，并且在会议选出的各种委员会中，各民主党派和无党派人士获得了相当多的席位。① 《共同纲领》作为新民主主义的政治纲领，成为多党合作的共同政治基础和行动准则。中国共产党将和其他各阶层代表，共商国是，并执行人民政治协商会议的决定。此次会议选举产生了中央人民政府，"集中了各民主党派，各人民团体，各少数民族，国外华侨，及其他爱国民主分子的领导人物，是体现了工人阶级领导的，以工农联盟为基础的团结各民主阶级的统一战线的联合政府的性质。"② 中国共产党和各民主党派共同担负起治理国家的职责和任务。这些职责和任务由《共同纲领》予以法律上的确认。新中国成立后，中国共产党帮助各民主党派确立了其活动的范围和重点，并吸收其成员进入相应国家机关及政权机关。此后不久（1949 年 11 月）中国民主党派召开会议，发表宣言表明自己的态度是：立足岗位，依靠自身的历史关系和社会关系，为实现全国人民的一致要求，为实现《共同纲领》而工作。

如此通过对民主党派的历史功绩给予承认和肯定，通过人民政治协商制度，使他们也成为国家主人的一员。民主党派及其代表的阶层获得新的身份认同，使他们为了实现民主的理想而奋斗，这与全国人民的利益要求是一致的。从这当中，我们看到中国共产党在政党制度上已经使中国各民主党派及其代表的阶级阶层，获得新的身份，其自身的政党伦理规约统合到了中国共产党的政党伦理规约下。

（三）中国共产党政党伦理规约对民主党派的伦理整合

新中国成立后，中国共产党对民主党派的历史功绩给予了充分的肯定。

---

① 此次会议选出的 5 名委员会副主席中，有 4 名为民主党派和无党派民主人士；在政协常务委员 28 人中，民主党派和无党派人士 17 人，在全国政协委员 180 人中，各民主党派和无党派民主人士有 121 人。

② 《人民日报》1949 年 10 月 20 日。

各民主党派在中国共产党的领导下，积极参与各项社会主义建设事业。这主要包括完成民主革命未完成的艰巨任务，即在全国范围内开展的土地改革、抗美援朝、镇压反革命、"三反，五反"和知识分子的思想改造五大运动。民主党派与中国共产党如何"真诚团结，密切合作"，既是其对自身身份的转变的历史确证，也是对中国共产党政党伦理规约的现实反映。

（1）土地改革运动中的积极支持

土地改革运动涉及的问题较为切近现实的利益冲突，因为绝大多数的民主党派及无党派人士均是占有土地的城乡资产阶级出身。新中国成立后的土地改革对他们的利益冲击很大。但是，革命群众应该成为国家的主人，他们应该有自己的土地耕种，而这土地又要从此前的地主和资产阶级手中夺过来，土地改革是势在必行的措施。因此，民主党派对土地改革的态度问题，是反映他们对中国共产党的政党理念及其现实制度的构建是否认同的标志。

土地改革既是维护革命的胜利果实和巩固工农联盟的措施，也是根本改变现实的生产关系基础的措施。新中国成立初期，中国处在新民主主义社会阶段，对封建剥削制度的彻底根除，也需要民主党派的合作。民主党派对于反对封建社会残余和建设社会主义社会都具有重要的作用。因此，团结民主党派，与他们合作是重要的问题。在如何争取民主党派的合作问题上，毛泽东提出了不要四面出击的策略①。

1950年6月14日至23日，中国人民政治协商会议一届二次会议在北

---

① "不要四面出击的策略"是毛泽东在中国共产党第七届中央委员会第三次全体会议上的讲话中提出的，这部分讲话对他的书面报告《为争取国家财政经济状况的基本好转而斗争》作了说明，解释了报告的战略策略思想。毛泽东认为在1950年秋季，中国共产党人要在约有3.1亿人口这样广大的地区领导和开展土地改革，推翻整个地主阶级。在土地改革中，会面对五种主要的反对力量：第一，帝国主义；第二，台湾、西藏的反动派；第三，国民党残余、特务、土匪；第四，地主阶级；第五，帝国主义在我国设立的教会学校和宗教界中的反动势力，以及我们接收的国民党的文化教育机构中的反动势力。由于这些"敌人"的力量太大太多，因此，要孤立打击敌人，要尽量争取让"人民中间不满意我们的人变成拥护我们"。因此，要做好统一战线工作，团结民族资产阶级，团结少数民族。总之，"我们不要四面出击。四面出击，全国紧张，很不好，我们绝不可树敌太多，必须在一个方面有所让步，有所缓和，集中力量向另一方面进攻。我们一定要做好工作，使工人、农民、小手工业者都拥护我们，使民族资产阶级和知识分子中的绝大多数人不反对我们。这样一来，国民党残余、特务、土匪就孤立了，地主阶级就孤立了，台湾、西藏的反动派就孤立了，帝国主义在我国人民中间就孤立了。我们的政策就是这样，我们的战略策略方针就是这样，三中全会的路线就是这样。"参见《毛泽东选集》第5卷，人民出版社1977年版，第21—24页。

京举行，中国共产党向大会提出了土地改革草案，刘少奇作了《关于土地改革问题的报告》，论证了土地改革的必要性和正确性。

绝大多数民主党派和民主人士对此表示拥护和赞同。由于民主党派中的一些人本身就是地主兼工商业者，其自身利益同土改矛盾。有的主张和平土改，有的表示不满，攻击土改，认为地主养活了农民、土改工作过火，甚至有人提出"江南无封建"等思想。中共中央领导通过各种方式对这些错误思想进行批判，对部分民主党派反复地进行说服和教育。中国共产党人分别约请各民主党派、无党派人士和一些从地主阶级中分化出来的爱国民主分子，进行协商座谈，交换意见，同他们说明土地改革的必要性——中国独立，民主、富强和工业化的必由之路。通过一系列工作，各民主党派的思想觉悟获得提高，逐渐统一了认识。各民主党派负责人宣布拥护土地改革草案和刘少奇所作的关于土地改革的报告。

各民主党派通过领导人员及其成员参加土改工作团，直接参加土改运动，参观土地改革的实践等活动，在监督土地改革工作的过程中，全面了解土改的过程，进而他们开始拥护土地改革，认识到先前存在的"和平土改"的错误，并且积极宣传土地改革的伟大功绩、监督土改工作，批驳海外谣言。

土地改革充分体现了共产主义道德体系是以集体利益为核心的。在为了人民群众的利益，为了祖国的独立富强的伦理规约下，民主党派的自身的伦理价值诉求逐渐与中国共产党的政党伦理相协调，体现了中国共产党政党伦理借助国家法权对其他成员的伦理整合。这也是政党伦理通过普及而上升为国家伦理的过程。尤其是通过土地改革，使人民群众真正享有民主和平等的权利，并且通过改革经济基础的方式，使得这种民主和平等真正地落到实处。

（2）抗美援朝中的积极参与

新中国成立后，美国通过军事、经济等方式继续支持蒋介石，并且通过扶持周边国家如朝鲜、越南等国的反动势力，建立封锁中国的包围圈。1950 年 6 月 25 日，朝鲜爆发内战。美国进行了武装干涉。6 月 27 日，美国宣布出兵朝鲜，并命令美国海军第七舰队侵入台湾海峡。同日，联合国安理会在美、英等资本主义列强的操纵下通过决议，联合国会员国要派兵随从美国军队入朝。6 月 28 日，毛泽东为代表的中国领导人号召全国和全世界的人民团结起来，进行充分的准备，打败美帝国主义的任何挑衅。同日，周恩来代表中国政府发表声明，强烈谴责美国侵略朝鲜、中国台湾省及干涉亚洲事务的罪行。号召全世界尤其是东方各被压迫民族和人民应当共同制止美国帝国主义在东方的新侵略。1950 年 7 月 10 日，中国人民反对美国侵略台湾、朝鲜运动委员会在北京成立，并在 14 日发出《关于举行"反对美国侵略台湾朝鲜运动周"的通知》。抗美援朝运动开始波及全国，形成第一个高潮。

1950 年 9 月 15 日，以美国为首的所谓"联合国军"在朝鲜西海岸的仁川港登陆。此后，朝鲜人民军转入战略退却。10 月 1 日，美军越过三八线，随后侵占平壤，并继续向中朝边境的鸭绿江进犯。

从 8 月起，美国飞机多次侵入中国领空进行侦察和轰炸扫射。面对这种形势，中共中央根据朝鲜党和政府的请求，作出了抗美援朝、保家卫国的决策。1950 年 10 月 8 日，中国人民志愿军赴朝参战。10 月 19 日，以彭德怀为司令员兼政治委员的中国人民志愿军开始进入朝鲜参战。从 10 月 25 日至 12 月 24 日，志愿军同朝鲜人民军一起，连续进行了两次战役，歼敌 5 万余人，于 12 月 6 日收复平壤，并把敌人赶回到三八线附近，初步扭转了朝鲜的战局。

抗美援朝战争中，中国组织了志愿军，一方面粉碎美帝国主义以鸭绿江为跳板侵略中国的阴谋；另一方面援助朝鲜人民，进行国际主义援助。究其伦理方面的意蕴而言，就是为了保卫人民新生政权，出于共产主义和爱国主义的要求，人们应该积极参加到这场正义的战争中来；为了朝鲜人民的独立和解放，出于共产主义和国际主义的要求，人们应该给予支持和援助。1950 年 10 月 26 日，中国人民保卫世界和平反对美国侵略委员会（简称中国人民抗美援朝总会）成立。各行政区、省市先后成立分会或将原有的保卫世界和平委员会、反对美国侵略委员会合并改组为抗美援朝分会。11 月 4 日，中国共产党和各民主党派联合发表宣言号召抗美援朝，11 月 27 日，全国政协与各民主党派举行联席会议，于 12 月 1 日发出《关于各民主党派、人民团体对慰劳中国人民志愿军和朝鲜人民军运动的协议的通知》。1951 年 2 月 16 日，全国政协发出电文，号召把抗美援朝运动"进一步地普及和深入到每一农村、每一机关、每一学校、每一工厂、每一商店、每一街道和每一民族聚居的区域"。3 月 14 日，抗美援朝总会发出通告，"努力普及深入抗美援朝的实际工作和宣传教育工作，务使全国每一处每一人都受到这个爱国教育，都能积极参加这个爱国行动。"此后，抗美援朝运动进入了更加普及和深入发展的阶段。

1951 年 1 月 14 日，抗美援朝总会发出《关于慰劳中国人民志愿军朝鲜人民军并救济朝鲜难民的通知》。15 日，《人民日报》发表社论，号召全国人民踊跃参加爱国募捐运动。到 5 月 30 日，全国人民就捐款 1186 亿余元，捐献慰问袋 77 万多个，慰问品 126 万多件。4 月初到 5 月中旬，由各民主党派、各人民团体和各界群众代表组成的中国人民赴朝慰问团分赴朝鲜各地，慰问了中国人民志愿军和朝鲜人民军及群众。

1951 年 6 月 1 日，抗美援朝总会发出通告，号召全国各界同胞捐献飞机、大炮。此后中华全国总工会、全国妇联、青年团中央、全国青年联合会、中国红十字会等人民团体纷纷发表宣言、通告，号召各界同胞积极捐献。到 9 月 25 日为止，共捐献飞机 2481 架，捐款入库的达 9970 亿元。

民主党派和无党派人士与中国共产党在抗美援朝问题上达成共识，并且宣布全力拥护保家卫国，支援朝鲜的运动，并且号召其所联系的群众，在反帝和爱国主义的旗帜下，积极参加保家卫国的斗争。他们举行爱国公约运动、反美爱国示威游行，进行爱国主义和国际主义的教育，并且捐献飞机大炮，慰问伤病员和军烈属等，这些行为表明民主党派对中国共产党伦理规约的认同。各民主党派人士多次参加了慰问团，奔赴朝鲜前线后方进行亲切慰问，回国后组织各种形式的座谈会、报告会，介绍志愿军可歌可泣的英雄事迹和受到的深刻教育，使各民主党派普遍提高了爱国主义和国际主义的觉悟。志愿军取得的辉煌胜利，更大大提高了民主党派的民族自尊心，坚定了打败美帝国主义的决心和自信心，形成了全民族空前的大团结，进一步促进了人民民主统一战线的巩固和发展，为争取抗美援朝斗争的胜利提供了重要的政治保证。

（3）镇压反革命运动中的积极配合

在镇压反革命运动初期，有些民主党派人士和无党派人士由于与国民党的历史联系等原因，主张对反革命分子"施仁政"，甚至有的搞"慰问营救"。中国共产党通过召开各界代表参加的人民代表会议和协商委员会，推动他们参加控诉反革命分子的大会。在镇压反革命运动中，镇压了一大批罪大恶极的分子。对曾经在反蒋活动中有良好表现的民主人士还给予特殊照顾和宽大处理。① 使民主党派人士矫正了"施仁政"的错误态度，使其认识到，阶级与阶级之间的矛盾性——政党伦理中的阶级立场问题，是不能含混的问题。

在反对敌特等破坏分子，镇压反动会道门，取缔妓院，进行禁毒等活动中，民主党派献计献策，积极配合，使得新政权清理旧社会毒瘤的工作得以顺利开展，可以说，在改造旧伦理的过程中，民主党派与中国共产党一道，发挥了重要的作用。

（4）"三反"、"五反"运动中的积极改造

共产主义道德体系中包含着勤俭节约，廉洁奉公，反对官僚主义的道德规范。由于中国处于向社会主义阶段过渡的历史时期，新民主主义经济在 1951 年得到相当的发展，在这一过程中，出现了行贿、偷税漏税、盗窃国家资财、情报等不法活动。中国共产党于 1951 年底至 1952 年 4 月，领导全国人民相继开展了反贪污、反浪费、反官僚主义的"三反"运动和反行贿、反偷税漏税、反盗窃国家资财、反偷工减料、反盗窃国家经济情报的"五反"运动，发动了一场旨在对民族资产阶级的少数分子进行清算的大规模阶级斗争，同时也是中国共产党自身的整风运动。

1951 年 12 月全国党、政、军、民机关内部开展了反贪污、反浪费、反官僚主义的"三反"运动。这场运动对 50 年代的党风、政风、民风产生了深刻的影响。"三反"运动直接发端于当时在全国开展的增产节约运动。随着爱国增产节约运动的深入开展，各地陆续揭发和暴露出大量的贪污、浪费和官僚主义问题。由于刘青山和张子善的贪污案，中共中央开始重视浪费和贪污的严重问题。"三反"运动采取自上而下相结合的方式有步骤的进行，最先是检举揭发，树立典型，说明贪污浪费和官僚主义的危害，动员全体人民进行揭发，同时令犯罪分子揭发其他的罪行，然后定案量刑，按照"严肃与宽大相结合"、"改造与惩治相结合"的方针，依据

---

① 中共中央在 1951 年 3 月和 6 月专门发出了《关于镇压反革命中处理涉及民主党派民主人士爱国分子问题的指示》、《关于在土改和镇反中对高级民主人士家属照顾和宽大处理的规定》。文中指出："对于解放前已开始参加反蒋斗争，已经与我们合作的民主人士，特别是高级民主人士，对于真正起义的军官，在土改和镇反中，必须有意地予以特殊的照顾或宽大处理，这对于统一战线和革命胜利的巩固是十分必要的，决不可不加区别把他们与一般反动地主和反动军官一样对待。"文件中还规定了具体的照顾办法。这对于团结各民主党派和民主人士，巩固和发展人民民主统一战线产生了积极的影响和作用。

《中华人民共和国惩治条例》进行判罚。最后进行的是思想批判和加强党的组织建设和制度建设。

经过"三反"运动，中国共产党基本清除了队伍中的贪污浪费和官僚主义者。这是一场旨在清算民族资产阶级中的少数反动分子和清除党内不法分子的活动，就政党体制的教化意义而言，是自身队伍建设的行为。单纯通过党内的教化，只能是统一自身伦理规约的自律行为。对于作为政党伦理承当主体的党政干部必须要进行伦理的净化，否则政党伦理的公信力是有问题的。但是对于取得政权的中国共产党而言，由于自身的政党理念带有的价值理念诉求的特点，仅仅在内部进行伦理规约的净化是远远不够的，所以政党体制的教化功能要对社会各个层面进行现实的伦理整合。

在"三反"、"五反"运动中，民主党派积极参加，清除自身存在的"五毒"① 行为。并且对党派内部的错误思想和人员进行批判。周恩来在10月25日同民族工商业者代表人物的座谈时指出："现阶段我们的纲领是《共同纲领》，是团结民族资产阶级，以促进国民经济的发展。在团结的要求上反'五毒'，反'五毒'也是为了团结。"② 这就为民主党派和民族工商业者过好社会主义改造这一关创造了良好的前提。在"三反"、"五反"运动中，从中国共产党干部的内部队伍里也发现了一些贪污腐化分子，张子善、刘青山就是运动中被处治的典型。

在这场运动中，中国共产党利用反面典型进行宣传警示教育，使得在革命根据地就已经形成的共产主义道德规范得以在全国范围内宣传和普及。而民主党派和无党派人士在这一运动中，受到了深刻的教育，可以说，在政党伦理向国家伦理上升的过程中，"三反"、"五反"运动起到了重要的作用。

（5）知识界的自我教育和思想改造运动

知识分子的价值观和人生观具有自己的思想独立性。因此，从共产主义道德建设的角度看，在建设新的制度和新的社会中，知识分子的思想改造问题十分重要。为此，中国共产党领导知识界开展了自我教育和自我改

---

①　五毒：在中国传统医学中指蝎子、毒蛇等五种动物，在此处是指"行贿、偷税漏税、盗窃国家资财、偷工减料、盗窃国家经济情报等"五种行为，是"三反""五反"运动的重要内容。

②　《周恩来统一战线文选》，人民出版社1984年版，第235页。

造的运动。

　　1951 年秋至 1952 年秋，中国共产党在全国知识分子中进行了一次大规模的思想改造运动。运动经过学习批判和组织清理两个阶段。这次运动由北京大学发起，在中央人民政府的支持下，范围扩大到京津所有高校。1951 年 9 月 29 日下午，政务院总理周恩来在京津高等学校教师学习会上，向 3000 余名高校教师作了题为《关于知识分子的改造问题》的报告。报告中就知识分子改造的立场问题、态度问题、为谁服务问题、思想问题、知识问题、民主问题、批评和自我批评等问题进行了分析和讨论并且结合自身经历和感受谈了自己改造思想的切身体会。报告强调了理论联系实际的重要性，强调了向广大人民群众和在实践中求得真理的重要性。报告结束之后，一个以学习马克思列宁主义、毛泽东思想为主要内容，联系本人思想和学校情况，通过批评与自我批评，肃清封建买办思想，批评资产阶级和小资产阶级思想的思想改造运动在京津两地各高校展开。

　　知识分子的自我改造运动发起于京津高校，经教育部和中共中央的介绍和指导，逐步推广到全国各地的高等学校、中等党校的教师中。这场运动旨在以所有大中小学校的教职员工和高中以上的学生为对象，培养干部和知识分子，有些知识分子向组织表忠诚、老实讲清了历史，一些反革命分子在运动中被清理。经过这场运动，绝大多数的知识分子过了关。

　　文艺界是知识分子比较集中的地方，中宣部向中共中央作了《关于文艺干部整风学习的报告》，决定通过整风学习，建立共产党对文艺工作的有效领导。1951 年 11 月，中共中央发出《关于在文艺界开展整风学习运动的指示》，要求各级党委在当地文艺界开展有准备有目的的整风学习运动。1951 年 11 月 24 日，北京市文艺界整风学习正式开始，参加这次运动的有文化部所属文艺部门、文艺组织、文艺学校、文艺报刊等单位的 1200 余名文艺工作者。

　　1952 年 1 月，中国人民政协第一届全国委员会常务委员会第 34 次会议，通过了《关于开展各界人士思想改造运动的决定》，号召各民主党派、各政府机关、各人民团体以及工商界和宗教界人士参加思想改造运动，并成立了全国政协学习委员会作为领导机构。在民主党派的思想改造运动中，民主党派组织成员进行了如下思想改造：学习理论——马克思列宁主义的基本理论和毛泽东思想；学习政策——学习《共同纲领》和中共中央以及各行政区的政策文件；进行整风——实行批评和自我批评。各民主党派成员多数为知识分子，所以自身的思想改造也成为这场运动的重要内容，另一方面也要配合中国共产党对其他知识分子进行团结和教育。在此时期，中国的学术研究进入了马克思主义化的时期，知识分子们用自身学习掌握的马克思主义方法，对哲学、历史文化等社会科学进行了广泛而深入的研究。

知识分子的思想改造运动从教育界、文艺界扩展到整个知识界，形成了全国规模的知识分子思想改造运动。自此，知识分子日益被卷入社会政治运动中，埋首学术、不问政治的现象很快消失。

值得一提的是，在知识分子的改造运动中，中国共产党认为出身非工农阶层的知识分子的阶级属性为非无产阶级的，对这些阶级的思想（包括伦理道德观念和意识在内）要进行共产主义式的改造，使之无产阶级化。知识分子的改造运动的重要内容就是，知识分子的知识要为谁服务的问题。在共产主义道德体系中，全心全意为人民服务作为核心的道德规范，自然成为知识分子思想改造的首要目标。①

（四）政党伦理向国家伦理的进一步上升

中国共产党在过渡时期的改造理论是对民主党派进行伦理整合的理论指导方针。从1953年起，我国结束了国民经济恢复阶段，开始进入有计

---

① 毛泽东关于知识分子的皮与毛的论述在1957年较为集中。无产阶级领导资产阶级，还是资产阶级领导无产阶级？无产阶级领导知识分子，还是知识分子领导无产阶级？知识分子应当成为无产阶级的知识分子，没有别的出路。"皮之不存，毛将焉附"，过去知识分子这个"毛"是附在五张"皮"上，就是吃五张皮的饭。第一张皮，是帝国主义所有制。第二张皮，是封建主义所有制。第三张皮，是官僚资本主义所有制。民主革命不是要推翻三座大山么？就是打倒帝国主义、封建主义、官僚资本主义。第四张皮，是民族资本主义所有制。第五张皮，是小生产所有制，就是农民和手工业者的个体所有者。过去的知识分子是附在前三张皮上，或者附在后两张皮上，附在这些皮上吃饭。现在这五张皮还有没有？"皮之不存"了。帝国主义跑了，他们的产业都拿过来了。封建主义所有制消灭了，土地都归农民，现在又合作化了。官僚资本主义企业收归国有了。民族资本主义工商业实行公私合营了，基本上（还没有完全）变成社会主义的了。农民和手工业者的个体所有制变为集体所有制了，尽管这个制度现在还不巩固，还要几年才能巩固下来。这五张皮都没有了，但是它还应影响"毛"，影响这些资本家，影响这些知识分子。他们脑筋里头老是记得那几张皮，做梦也记得。从旧社会、旧轨道过来的人，总是留恋那种旧生活、旧习惯。所以人的改造，时间就要更长些。《毛泽东选集》第5卷，人民出版社1977年版，第452—453页。

划的社会主义经济建设和社会主义发展的新时期。1953 年 6 月，中共中央公布了党在过渡时期的总路线和总任务，即在一个相当大的时间内，逐步实现国家的社会主义工业化，并逐步实现国家对农业、手工业和资本主义工商业的社会主义改造，为建设社会主义国家而奋斗。

总路线作为国民经济的发展总纲，需要党内和各民主党派统一认识，才能在具体的历史实践中得到贯彻和执行。由于问题涉及改造资本主义工商业和改造民族资产阶级分子，各民主党派的态度更显重要。

在经济上对资本主义工商业采取利用、限制、改造，对民族资产阶级采取赎买的政策，这些作为制度化的现实历史都不是本书要论述的重点。在和平赎买的政策中提出的对资本主义企业的改造和对资本家个人的改造结合起来的双重改造理论对于考察伦理变迁无疑有很重要的意义。

双重改造就是通过社会主义的改造，对资本家在思想上教育，在经济上安排工作，使企业国有化，使私有资本家变成按劳取酬的自食其力的劳动者。通过今天的利润和明天的工作，使资本家与人民共享社会主义的幸福生活。

工商界人士表示拥护和支持，并且认真学习总路线的精神。工商界通过选出拥护过渡时期总路线的积极分子的方式来推动社会主义改造，并强调"总路线是照耀着我们各项工作的灯塔"。通过社会主义竞赛，对工商界人士及其家属子女进行宣传教育工作。

积极分子的典型示范和竞赛鼓动是中国共产党在塑造自身政党伦理过程中，采取的历史较为长久、模式较为成熟的动员方法。在对民主党派进行改造的过程中，通过政党伦理的宣传和浸润，使其转变观念，通过给予利益，使其作为人民的一员，体现共产主义道德的民主平等的精神。通过和平赎买，使企业国有化，使人民利益的实现有制度的保证，这可以看作共产主义道德体系在经济上的实现。

二　政党伦理向国家伦理生成的思想资源整合：教育体制的无产阶级化

教育是一个国家培养人才的主要手段，历来统治阶级治理国家都要通过教育来培养和选拔人才。新中国建立后，中国共产党人同样面临这一问题。旧中国的教育权掌握在国民党政府和各侵华帝国主义者及其代言人手中。因此，中国共产党人在建立新的社会制度后，必须要收回教育主权，并要对教育内容进行符合自身意识形态的改造。从马克思主义出发，传统中国的封建社会的教育可被看作是培养顺民的工厂，国民党的教育可被看作是培养拥护专制统治的驯服工具，帝国主义的在华教育可被看作是培养愚昧的亡国奴，而新中国的教育要培养自己的社会主义建设者和接班人。在新中国成立之前，广大劳动人民或无产阶级除了受奴化的教育之外是没有机会受到以维护自身的权利为教育宗旨的无产阶级教育的。新中国成立后，无论是教育的对象还是教育的内容、目标都有了全新的含义。这一全新的社会主义教育是有模型的，那就是社会主义阵营的老大哥——苏联。早在革命战争时期，中国共产党人在苏区建立的列宁小学以及根据地建立的教育机构如抗日军政大学等，已经为新中国的教育提供了一定的借鉴经验。

社会主义的教育事业要为社会主义的建设事业培养建设者。现代国家的建构首先需要大批的技术人才，对于百废待兴的新中国尤其如此。建设不等人，社会主义的建设不可能等自己培养出自己的知识分子才开始，因而对旧知识分子的改造就成为社会主义教育事业面临的一大问题。并且，对新知识分子的培养也必然由旧知识分子来进行。从这一意义上说，改造旧教育和创建社会主义新教育就是一个一体两面的问题。对于旧知识分子的改造主要是思想政治教育层面的，他们的问题是要从思想上脱离原来的阶级，认信中国共产党的价值理念。因此，无论是改造旧知识分子还是培养新人都需要贯彻又红又专的原则。

就伦理规约层面而言，政党伦理向国家伦理的上升需要通过"运动"① 的方式进行改造。共产主义理想作为一种把自身的目标瞄定在未来完美社会建构的政党价值理念，其伦理规约的指向不仅仅是现实某一历史时期的思想改造和价值塑造过程，而是要通过一定的方式和制度把自身的伦理规约灌输到下一代。如此，未来的建设才会在共产主义理念规约的指

---

① "运动"主要指中国的现代国家的建设过程中，政治经济文化各层面向社会主义迈进过程中，是通过政治动员，集体统一思想和行动，以特定主题为核心，统一时间内，进行一项事业的跃进式展开。政党伦理的规约上升为国家伦理的过程也是以此方式进行的。

导下，不断地推向前进。教育是培养建设者和接班人的重要方式与手段，为政党伦理向国家伦理的上升提供思想阵地的整合前提和未来保证。就政党伦理对新一代人的教育而言，对于教育社会主义化的考察，无疑具有重要的意义和价值。

（一）旧教育的社会主义改造

旧知识分子的改造主要是在思想政治教育层面进行的，所以改造旧教育的思想政治教育也占据了教育舞台的很大空间，甚至对于日后的教育发展产生了巨大而复杂的影响。旧知识分子是旧教育的知识载体，他们具有的独立的现代思想不符合共产主义价值理念。中国共产党人对他们既要使用又要改造的措施，使知识分子处于一个较为尴尬的位置。就知识的客观性和科学内容而言，他们是教育体制中的教育者；而由于自身阶级属性，则又是被教育和改造的对象。在社会主义建设的初期和起步阶段，由于缺乏具体的独立培养自己的建设者的历史经验，我们只有在探索中前进。时刻的防腐拒变是中国共产党戒备心理的现实根源，外界资本主义国家对社会主义中国的封锁，使得阶级斗争的现状和心理得到惯性的延续。因而在教育实践中，也不可避免地渗入阶级斗争的思维方式和思想内容。

新中国成立后，中国共产党依据自身的理念和苏联的蓝本来勾勒自身的教育蓝图，他们提出了要把工农无产阶级培养成有知识有崇高理想的社会主义"新人"[①]。改造旧教育包括改造旧知识分子和收回外国教会在华的教育机构尤其是教会大学等方面。征诸具体的历史事实我们可以一窥其全貌。

我们依据新中国的教育历史可以把1949年到1956年划为改造旧教育，创建社会主义新教育时期。而社会主义教育的确立又可以从以下几个方面来看其是如何体现政党伦理通过教育来向下一代灌输的。

（1）教育宗旨的无产阶级化

在社会主义中国建设之初，中国共产党的教育政策就旗帜鲜明地指明

---

① 新人，是建构现代民族国家的过程中，一个具有伦理价值意味的概念，用以指陈在社会制度的破旧立新的基础上，人的思想和行为各方面的全面转变。梁启超的新民是要培养符合资产阶级民主宪政的市民，到国民党也是要培养符合三民主义的人民，在社会主义国家的建构过程中，新人指符合共产主义理想伦理规约的人，对青年人而言，就是社会主义事业接班人。

自己的教育宗旨。在此之前根据地的教育实践也是历史范本。这一内容具体和集中地体现在《共同纲领》中。《共同纲领》第五章"文化政策"规定："中华人民共和国的文化教育为新民主主义的，即民族的、科学的、大众的文化教育，应以提高人民文化水平，培养国家建设人才，肃清封建的、买办的、法西斯主义的思想，发展为人民服务的思想为主要任务。"① 从这一规定可以看出这一时期培养社会主义建设者的具体教育目标。而且从中也可以看到其中蕴涵的对于旧社会和资本主义社会的怨恨和反感，以及肃清封建的、买办的、法西斯主义思想的要求。教育的阶级性、民族性、大众性，在此被重点强调。无产阶级教育和无产阶级事业之间的关联性既有现代社会建设的一般特征，也呈现出自己的特点。

现代社会的建设离不开专门的技术人员。教育的发展是任何现代国家都必须高度重视的问题。新中国成立后，由于建设的需要，新生政权对于学校中持有各种思想理念和信仰的教师还是给予了自由宽松的政策。但是，在思想领域马克思主义理论逐渐确立统治性地位的过程中，不同思想之间的对立和冲突逐渐暴露出来。在教育的指导思想上，马克思主义理论强调教育是要面向工农大众的，并且人才培育也是要为了无产阶级的伟大事业服务的。毛泽东同志在《新民主主义论》中，对无产阶级文化进行界定时指出，中国的新文化性质将是民族的、大众的和科学的。因此，在新中国成立之后，这种指导理念成为教育事业发展的直接指导思想。因此，教育的价值理念性的因素被放在首要的位置。现代教育所设定的基本目标是，培养具有特定技能的人。而在无产阶级的教育理念中，除了要具有基本的技能之外，还要培养具有什么样的价值信仰的人。在无产阶级的教育事业中，为无产阶级服务，为广大人民群众服务的标准也是人才的重要标准。

新中国成立后，中国共产党人一方面要对旧的知识分子进行思想改造，另一方面也要培养自己的知识技术人员以建设新的社会。无产阶级教育成为承载无产阶级事业的人才摇篮。由于马克思主义理论本身所具有的价值性要求，因此教育宗旨的问题就不仅仅是技术人员培养的问题，还有更多的政治和伦理道德的意味。

---

① 中央教育科学研究所编：《中华人民共和国教育大事记 1949—1982》，教育科学出版社1984年版，第3页。

在革命根据地时就已经规范化的伦理道德要求在此时更加体系化并上升为国家的伦理规范，同时被用以规约新的社会制度下的国民。爱祖国、爱人民、爱劳动、爱科学、爱护公共财物作为中华人民共和国国民的公德，成为国民教育的重要内容。而且提出了改造旧教育，对青年知识分子和旧的知识分子加强政府教育。① 这些都在表明，作为政党伦理的规范，已经进入国家运作的上层建筑领域，成为对全社会进行伦理规约和整合的支配性因素。

（2）教材的无产阶级化

教科书作为具体的教育内容的物质载体，无产阶级的价值诉求必须要通过教科书来表现。教科书的核心价值内容就是要反映无产阶级的道德体系规范的要求。政党的意识形态在社会制度层面的实现是与教育密切相关的，对于新中国成立之后成长的一代人而言尤其如此。此前，人们可以在革命实践中锻炼自己，使自身的思想意识在革命斗争中发生改变。新中国成立后，对于新生的一代人，在和平建设与复杂的斗争环境并存的历史条件下继续接受共产主义的价值理念，必须主要通过系统的教育进行。教材作为教育活动依据的内容材料无疑是共产主义价值理念的重要载体。中国共产党的教育内容通过教科书的具体承载才能经过教育活动现实的传承。因此，教科书的内容所体现出来的意识形态内容的国家化是势在必行的。

1949 年 10 月 19 日，全国新华书店出版工作会议闭幕，中共中央宣传部部长陆定一在致闭幕词时提出："教科书要由国家办，因为必须如此，教科书的内容才能符合国家政策"，"教科书对于国计民生，影响特别巨大，所以非国营不可。"② 教科书的国营意味着教科书从内容的制定到教科书的发行都是由国家来掌控的，这就为政党伦理及其意识形态的传承提供了基本的体制保证。

（二）教育机构的社会主义化和国有化：接收教会学校及外资津贴学校

帝国主义在侵略中国的同时，除了军事的强占，政治的控制，经济的掠夺以外，还进行文化上的同化。旧中国的现代教育很多是国外尤其是美

---

① 参见中央教育科学研究所编《中华人民共和国教育大事记 1949—1982》，教育科学出版社 1984 年版，第 3—5 页。

② 同上。

国的教会办的，社会主义中国要有自己的教育机构，就必须收回教育的举办权，取消国外教育机构在华的教育活动①。这也是在教育主权上的真正的独立自主。教育作为政党的价值理念及其伦理规约的客观载体，要塑造德智体全面发展的社会主义新人，收回教育主权，实现教育机构的国有化和社会主义化，这是使政党伦理通过教育传播到下一代人的客观保证。

教育的接收不仅是教育方面的问题，更是政治意识形态的问题。在处理接受教会津贴学校的同时，意识形态的批判和塑造也在同时进行。在资本主义列强把持的教育活动中，不可否认其传播现代文化知识的重要作用，但是其根本目的还是为了军事、经济侵略服务。从这个角度看，这种教育是对本土文化进行侵略和打压的文化侵略。在收回教育权工作展开的同时，中国共产党人也对旧教育进行了价值理念层面的批判。为了在各个阶层和集团的人群中实现最大程度的团结，依据共产党人的价值理念对学校的教职员工和学生，不论是教徒与否，都要更好地团结起来，要为教育主权真正实现社会主义化，扫除障碍。1953 年后，接收教会办私立学校过程中，一律接收了外资津贴中小学。②

接收了教会学校等教育机构，全面的社会主义教育的整合获得了实体性基础。接收教会学校及外资津贴学校是教育主权收回的重要标志。这一行为，为妥善地解决教育的社会主义化问题打下了良好的基础。从政党伦理规约向国家伦理规约上升的角度看，教育主权是伦理资源分配的客观载体，无论是教育宗旨和教材的无产阶级化，还是通过教育主权回收后的社会主义教育活动的全面展开，都为政党伦理向全社会的普及提供了重要前提和基本保证。对于没有亲身经历革命战争的共和国的新一代人，主要都

---

①　1951 年 1 月 11 日，教育部根据政务院的决定发出《关于处理接收美国津贴教会学校及其他教育机关的指示》。《指示》规定：一切接收外国津贴的学校都要进行登记，一九五一年将接收美国津贴的学校全部处理完毕。按学校具体情况，采取不同处理办法：接收改为公立；改组董事会与学校行政，行政权属中国校长；改为完全由中国人自办的私立学校。解除美籍人员的董事及学校行政的职务，美籍教师思想言行反动者辞退，其余留任。中国籍教职员工一般原职留用，待遇照旧。高等学校中的宗教学院或神学院，暂维持现状。接收其他外国津贴学校除个别政治上反动的应予归自外，一般的履行登记。《指示》要求各地必须把这个关于国家教育主权的重大工作做好，不仅使这些学校能维持下去，而且办得更好，规定了教育行政部门的分工、步骤和办法。参见中央教育科学研究所编《中华人民共和国教育大事记 1949—1982》，教育科学出版社 1984 年版，第 34—35 页。

②　中央教育科学研究所编：《中华人民共和国教育大事记 1949—1982》，教育科学出版社 1984 年版，第 35 页。

是在新中国的学校教育中获得自身的文化知识、获得无产阶级的道德教育。与其他人相比，这一代人最为鲜明的特点就是具有高昂的价值理想。在共和国教育下成长起来的新一代，没有过去的革命经历，只是通过社会主义建设和书本上的学习，去了解和把握共产主义的价值理念。由于现实环境的原因，军事共产主义时期的斗争的思维一直得到惯性的延续。因此，这一代人所信仰的价值理念具有更强的激进色彩。从这一点来看，政党伦理向国家伦理上升的过程中，教育起到了无可替代的作用。

（三）教育方向的社会主义化：从人才培养方向的改变到学制改革看教育体制的伦理规约

自中国迈入近现代以来，以"主义"话语为精神动员的各种"运动"成为解决各种问题的主要形式。当然，这和中国近现代面临的民族国家的独立富强，面临的具体环境的严峻性和问题解决的紧迫性有直接关系。中国共产党成立后，随着革命活动的深入和展开，"运动"的方式更是成为迅速解决问题的行动模式。在新中国成立后，我们也仍然面临一个建设上和英美等资本主义国家相比较的问题。共产主义理念由于其自身具有的价值激进性，并且自身比资本主义的理念具有更大的优越性。理论上的价值激进性要想获得说服力，必须要通过经济的切实发展，人民生活水平的切实提高来体现。否则，其说服力是要大打折扣的。

（1）对工农教育的重视和加强：政党伦理普及的主体范围扩大

中国社会主义现代化建设对于建设主体提出了最起码的两个要求：一是具有一定的科学知识和技术水平，以适应现代化建设。二是具有共产主义理想和道德，要全心全意地为人民服务，为社会主义建设服务。新中国建立之初，工农出身的知识分子更多的是革命战争年代培养起来的军事人才，他们虽然受到过一些教育并且具备一定的军事工业和农业方面的基础知识。但是，在新中国的建设中，这些人为了应对战争而具有的知识和文化储备已经不足以满足现代国家建设的需要。因此，加强工农出身的知识分子的培养，是保证社会主义中国现代化建设的当务之急。

1950 年 9 月 20—29 日，教育部、中华全国总工会在北京联合召开了第一次全国工农教育会议。会议讨论了实施工农教育方针、再加强工农教育的领导等问题。会议对工农教育进行了专门的研究和讨论，并且通过了一些具体的实施措施。

会议强调了培养工农出身的知识分子的重要性，把工农教育上升到巩固和发展人民民主专政和建立强大国防和强大的经济力量的必要条件的高度。会议确定了教育方针，在培养对象上，确立了教育的优先序列：工农干部积极分子——青年和工农群众；在教育内容上：文化教育和实事教育；在实施步骤上，实事求是，因时因地制宜，根据主客观条件，有重点地稳步前进，创造典型，逐步推广，在巩固的基础上求发展。①

工农教育的展开，体现了共产主义道德体系中的群众观点。此类行为的出发点是保卫革命胜利果实，巩固人民民主专政；教育的对象是人民群众本身；具体的工作展开体现了群众路线，发挥了群众的自觉性和力量；政府对工农教育的展开，保证了教育方向的社会主义化。在教育内容上，体现了共产主义价值的理念，并且结合时事进行爱国主义、集体主义教育。通过这样一系列的规定使得新中国的工农教育在各个方面，均深深打上了政党伦理及其阶级意识的烙印。

（2）初、中等教育的加强对政党伦理的强化：又红又专的人才培养原则的充分体现

初、中等教育对中华人民共和国建国初期的经济、国防和文化建设有着极大的作用，各项建设不仅需要高级建设人才，还需要大批中级建设人才。工厂需要几十万的技工和技术人员；实行土地改革以后的农村需要大量的普通农业技术推广人员和农村合作社的工作人员；中小学校和医院需要大量的教师、助理医生和卫生员；人民武装部队和各级人民政府也需要一大批中级干部。因此，发展初、中等教育刻不容缓。在发展中等教育工作中，中国共产党人明确提出了要进行智、德、体、美全面发展的教育方针。并且强调人才培养与生产劳动和社会生活相结合②；在发展中等技术

---

① 中央教育科学研究所编：《中华人民共和国教育大事记 1949—1982》，教育科学出版社1984年版，第26页。

② 教育部于1951年3月19日至3月31日在北京召开第一次全国中等教育会议。会议提出："整个中等教育，首先是现在占全部中等学校80%左右的普通中学，在全国范围内应采取以整顿、巩固和提高为主的方针。在这些学校内应该严格地进行系统的普通文化科学知识的教育，而不是进行零星的、片段和凌乱的教育。应该注意智育、德育、体育、美育的全面发展，而不要进行智力和体力不能全面发展，与生产劳动和社会生活不相结合的方面。"中央教育科学研究所编：《中华人民共和国教育大事记 1949—1982》，教育科学出版社1984年版，第38页。

教育工作中，强调了理论联系实际，全心全意为人民服务的人才培养方针。

初等教育和中等教育的加强，很好地针对了中国的社会建设上的问题。尤其是技术教育的发展，与社会生产和劳动直接挂钩。在人才培养方向上，只是单纯地应对社会需要的教育模式还不能反映出教育体制国家化的深层动机和目的。但是在教育方向中，始终强调的一点是为人民服务的宗旨。

（3）改革学制与冬学教育的实施：教育多样化与伦理规约的灵活性

工人和农民出身的干部培养和工人农民子女的教育，在新中国刚刚成立之初的学制中没有得到应有的重视与合理的安排。随着教育主权的收回、教材的改革等一系列措施的推行，中国共产党当然对学制也进行了调整。改革学制和冬学教学的实施主要是针对原有教育体制没有适应工农无产阶级特点的教育体制。建国初期，教育体系中已经建立了工人、农民的干部学校，补习学校和训练班，并且实行有初高两级的六年初等教育。但是这些教育措施不适合劳动子女的学习，而且技术学校没有一定制度。于是学制的改革就照顾到了这样的问题。新中国成立初期由于国内外斗争环境的形势严峻，当时的教育也突出了时势政治的教育作用。

根据农村劳动的特点，全国各地在冬季的农闲时节，对农民进行集中的文化教育和政治教育。在各地的教育体制中，冬学中的政治时事教育的内容受到重视。1951 年 11 月 11 日，教育部发出《加强今年冬学政治时事教育》的指示。该指示指出：今年全国各地的冬学均应普遍和深入地向农民群众进行抗美援朝爱国主义的教育，推进增产节约和爱国公约运动，并结合当地情况，进行关于土地改革、民主改革、生产互助以及《婚姻法》等政策教育。冬学文化学习内容应尽可能与政治教育相结合。[①]初等和中等技术人员的培养方向，适合工人农民就读的学制改革，冬学的时事政治内容增加。这些教育方面的举措，都体现了政党伦理向国家伦理规约的上升过程。随着政治经济活动和道德建设活动的展开，政党伦理规约变成社会的实在性因素。

---

① 中央教育科学研究所编：《中华人民共和国教育大事记 1949—1982》，教育科学出版社 1984 年版，第 62 页。

（4）高等院校的院系调整：统一思想与价值理念的制度性整合

作为指导理论的马克思主义在新中国成立前仅仅是一个政党的指导思想。新中国成立后，面临一个国家的发展，一个政党如何获得主流思想的指导地位，不是完全依靠政权的建设就能实现得了的。新中国成立后，中国共产党进一步开展了思想文化领域的批判、领导干部的统一思想和全民学哲学等活动。在思想文化领域，主要是对新中国成立前的资产阶级知识分子主要代表进行了思想批判，这里我们可以从对胡适、梁漱溟的批判集中地看出来。另一方面，我们还可以通过学术研究的马克思主义化这一过程集中看出来。在新中国建立后，随着统一思想进程的推进，马克思主义的理论观方法和立场成为研究各门具体科学的唯一合法的指导理论。在对领导干部的思想统一上，加强马克思主义理论的教育则是这一举措的集中体现。在普通民众中间，全民学哲学用哲学就是集中的生动表现。高等学校是集中反映思想统一战线建设的阵地。高等学校是知识分子的栖息地，还是新知识分子的培养场所。因此，高等学校的思想统一问题比较突出。如何按照新的社会建设目标培养新的人才成为新时期高等教育的重要问题。

高等院校是现代国家构建急需的技术人员的大本营。在社会主义改造过程中，教育宗旨和教育方向都要发生新的变化和翻转。培养什么样的人才，为谁培养人才，把什么人培养成人才，都成为重要的问题。

与此对应，作为社会主义建设事业的接班人的工农干部和工农青年，自然成为受教育的首定对象。新建立了政权的共产党人认为，社会主义社会要有自己的建设者，因而应"培养具有高度文化水平的、掌握现代科学和技术成就的、全心全意为人民服务的、高级的国家建设人才"，要以"准备和开始吸收工农干部和工农青年进高等学校以培养工农出身的新型知识分子"为具体的教育实施方案。从而达到使高等教育在其内容、制度、方法各方面，都可以很好地适应国家的经济、政治、国防和文化建设的需要，并且首先是适应经济建设的需要。高等学校必须进行科学研究工作，不断提高教师与学生的水平，以便掌握现代科学和技术的最新成就。①

---

① 中央教育科学研究所编：《中华人民共和国教育大事记 1949—1982》，教育科学出版社1984年版，第19页。

　　教育部对华北、华东、中南等大行政区的高等学校进行了有重点的院系调整，私立高等学校全部改为公立。1950 年 9 月 26 日，教育部发出高等学校文学院五个系、法学院四个系、理学院五个系和工学院六个系的课程草案，作为各校拟订课程的参考。课程草案规定：文法学院各系的总任务是：培养学生全心全意为人民服务的观点，掌握现代科学与技术的能力，使其成为参加财政、经济、政治法律、文化、教育等项工作的高级建设人才，并有计划有步骤地培养工农出身的知识分子。理工学院各系的总任务是：培养新民主主义建设中高级的科学技术及研究人才，中等以上学校的师资，研究和改进有关各该系方面的技术问题，及协助工业、农业和卫生建设，并有计划有步骤地培养工农出身的知识分子。①

　　为了统一思想（主要是对马克思主义理论的理解和信仰的统一），国家对作为意识形态核心的哲学高度重视。由于原来的哲学系中，马克思主义并没有占据主导地位，为了确立马克思主义哲学的主导地位，全国哲学系都合并到北京大学哲学系，使全国哲学工作者系统地接受马克思主义的教育。从指导理论的高度看，要求所有的哲学工作者要达成基本的价值共识。

　　在西方社会，确立政治合法性和合理性的基础是自由主义的价值理念。在其理论内部也有所谓的保守的自由主义和激进的自由主义的分别，但是从根本上来说，他们同是自由主义价值理念的坚持者。因此，无论是两党制还是多党制，其社会指导理念根本上是一致的。但是马克思主义理论在中国的发展，在残酷的革命战争年代，与革命领导权的转换，以及革命实际取得成功还是遭受失败的现实具有密切的关系。因此，以马克思主义为指导理论的党内的思想统一过程，是通过一系列的思想斗争和经验总结的方式完成的。理论路线、方针的博弈是和现实的政治博弈紧密相关的。从理论上来说，马克思主义本身就是一种标明为真理的体系。理论的真理性决定着理论的权威性和一元性。通过中国共产党人的创造性转化，马克思主义在结合中国国情实际的发展过程中，既创造了马克思主义理论的中国化形态，也通过现实的成功证明了自己的有效性和真理性。

----

　　①　中央教育科学研究所编：《中华人民共和国教育大事记 1949—1982》，教育科学出版社 1984 年版，第 27 页。

因此，马克思主义理论在发展的过程中，必然强调思想统一的重要性。全国哲学系在 1952 年都合并为北京大学哲学系，这一教育体制的改革实际上是要从统一思想的角度确定马克思主义理论在国家全面生活中的地位。

在高等学校院校调整中，有两个方面我们要着重考察，一是为了培养国家建设的高级人才，一是强调工农出身知识分子的培养。其中全心全意为人民服务作为政党伦理的核心价值规范，再次被强调。新中国从小学到大学的教育，从教材到人才培养的各个方面都体现了政党伦理作为价值核心在起主导作用，政党伦理给教育的发展提供方向，也通过教育的手段实现对全社会的规约，同时也使自身上升为国家伦理。

（四）社会主义教育事业的形式多样化：从扫盲运动到半工（农）半读教育制度①的试行看政党伦理的延伸

社会主义的教育，是要改变无产阶级没有文化的历史。依靠那些没有现代知识文化而空有一腔热情的人进行社会主义建设是不能成功的。无产阶级建设事业的推进必须要培养具有现代知识和技术的建设者。为了使社会主义的文化理念和社会建设能够在社会层面真正贯彻和实行，必须要把工人和农民作为社会主要人口的文化水平低的国家，改造成由具有一定文化，能够掌握一定的科学技术，能够理解中国共产党的理论、路线、方针和政策的社会主义新人组成的现代化国家。

（1）扫盲运动

文盲或者半文盲是工人和农民中绝大多数人的知识水平的现实状况。这是新中国成立之初我们面临的基本国情。因此，在教育方面，对其所承载的以培养合格的社会主义建设者和共产主义事业接班人的崇高任务而言，消除文盲、半文盲的文化状况任重而道远。针对中国经济水平和地区经济发展的不平衡状况，想要在全国范围内进行完全的整齐划一的义务教育是不现实的。所以我们要从扫盲工作的展开和半工半读的教育制度的试行入手，来考察针对工农无产阶级特点的教育制度，并将多样化的教育体

---

① 半工（农）半读教育制度是一种学校教育制度。半工（农）半读学校多由厂矿、企业、公社主办，或附设于中等技术学校、大专院校。学生一部分时间学习，一部分时间劳动。

制对于社会主义教育事业的重要意义和价值揭示出来，继而阐明多样化的教育对于政党伦理的普及及其向国家伦理上升的重要意义。

中国的文盲像中国的人口一样是世界上最多的。社会主义建设作为现代国家建构的一种类型，要依靠知识技术型的人才来完成。新中国成立初期，中国人口中有90%的文盲或半文盲。扫盲的工作任重而道远。1956年全国扫盲协会成立，扫盲运动在全国范围内广泛展开。在扫盲运动中，在尊重人民群众自主性的前提下，通过联系实际、学以致用的原则，发动民教民，在很短的时间取得了较大的成效。但是也存在着一些问题。由于对巩固工作的忽视，出现反复扫盲的局面。

在扫盲运动中，所教授的内容主要是关于中国人民革命和奋斗的历史和社会主义现代化建设的现实需要方面的内容。通过扫盲运动，一方面，对人民进行共产主义道德的教育；另一方面，结合时事政治方针政策和工农业生产需要进行相关的教育。两方面都反映了中国共产党的政党伦理向国家伦理上升的伦理延伸过程。

（2）半工（农）半读教育制度的实行

针对国家无力完全承担义务教育的重任，在1958年，刘少奇曾经有完整的设想。当时中国主要采取了两种学校教育制度：全日制学校和半工（农）半读的教育。在当时中国生产力发展水平和教育资源十分有限的情形下，这些举措都是科学合理的选择。通过全日制制度和半工半读教育制度的同时实行，既可以使学龄儿童和青少年学习到文化科学知识，成为有技术、有文化的建设者，也可以解决生产队、学生家庭缺乏劳动力的困难，而且还节约教育成本，上学也较为方便。半工半读教育制度的实行，得到了工人和农民的欢迎。

半工（农）半读学校在"文化大革命"之前，得到很大的发展。"文化大革命"发动后，这种教育制度被认为是"对抗毛主席革命路线的修正主义教育路线"，遭到批判而被迫停止。但是，在改革开放后的很长一段时期里，很多学校都在通过类似的方式，获得学校经费，学生也能够参加农忙。学校有自己的校田地和工厂，在农忙时节，学生也会被组织起来进行农业生产和工业生产。虽然这些生产大都是一些较为简单的劳动，但是，这些劳动也为学校的教学活动的展开提供了一定的经费。还有，在农忙时节，也会放农忙假，学生回家帮助除草、搞秋收等活计。到了20世纪 90 年代，在许多农村的中学教育制度中，还有勤工俭学的假期，鼓励学生自己去通过劳动获得收入，作为自己上学的费用。

就价值理念的塑造而言，共产主义伦理道德体系对劳动品质方面是高度强调的。半工半读的制度既是面对劳动人民的教育培养，也突出了劳动人民自身具有的价值品性的重要。

半工（农）半读教育制度在中国的教育发展中起到了重要的作用，有效地解决了农村厂矿的劳动力缺乏和学生上学之间的矛盾，并且有效地缓解了国家办学的压力。这种教育制度在偏僻农村和边远厂矿的延伸，使得我国的教育制度在国家承担能力之外，进行了制度性的扩大，而且没有对农业生产和工业生产造成不良影响。学生作为消费者和生产者在半工半读的学校建制中，得到劳动的锻炼和知识的学习。学生在学习知识和进行生产劳动中深切体验到劳动阶级劳作和生存的艰辛。所说的又红又专的人才培养原则，在这样的教育制度下，更得到充分体现。在新教育形式下，学生在学习中劳动，在劳动中学习，可以说，体现了共产主义道德体系中热爱劳动，勤俭节约，全心全意为人民服务的宗旨等伦理规范。

三　政党体制的教化功能

无论是传统社会还是现代社会都要承担政治治理（社会秩序）和价值安排（人心秩序）的功能。对于传统社会管理而言，政教合一的体制将这两种功能完全统合在一起。而进入现代社会，政治运行模式更多是通过政党政治来实现的。价值安排问题更多通过宗教以及习俗来解决。而中国的价值安排在传统社会自汉代以后主要是由儒家思想完成的。中国共产党人诉诸马克思主义理论对社会运行模式的构想要求政党也必须担负价值安排的功能。因此，中国共产党人通过政党建制的普及化、政党教化功能的扩展、政党伦理资源普及等方式进行新的价值塑造。

（一）政党建制的普及化：从单位与学生党支部的建立看政党教化功能的扩展

政党体制教化功能实现的基础在于社会主义单位制的建立。各部门依据国民经济发展和现实政治文化等要求纷纷建立了计划经济体制下的现代化单位建制。单位建制成为政党伦理上升为国家伦理的重要渠道。国家在各单位都建立了党支部，以领导现实的经济政治和文化建设。在大学还设立了学生党支部，这样的举措使得政党政治全面领导社会建设，并且在新中国成立初期起到了重大的作用。无论在单位还是在学校，党支部的建立，使得其中的优秀分子被吸收为党员，成为无产阶级先锋队中的一员，共产主义作为一代人的理想和目标，吸引人们在现实的各种运动中积极表现自身，以求得政治身份的进一步上升。如此，政党建制成为政党伦理对全体人民进行伦理规约的客观载体。

（1）单位党支部的建立

在革命根据地时期，中国共产党有自己专门的宣传工作队，对广大人民群众进行共产主义的宣传，并通过具体的革命活动使人民群众信任，使得共产主义的伦理规范成为新的伦理价值规范。在根据地时，在人民军队中实行的把党支部建立在连队上的制度，在新中国成立后，得到了延续和发展。在公有制的单位中，设立了党支部，这成为中国共产党教化体制的一般模式。新中国成立初期，在对资本主义民族工商业的改造、实现公私合营、国家资本主义的过程中，党支部的建制成为具体工作得以展开的领导力量。而在农村实行农业合作化的过程中，则是通过从上一级政府调拨党员到基层工作，同时培养大量农村党员，在农村成立党支部等做法，展开党对农村各项工作的领导。

（2）大学中学生党支部的建立

高等教育是新中国培养新知识分子的重要途径。在共产主义价值理念的指导下，做合格社会主义建设者，必须要满足红和专的双重要求。因此，发展大学生的优秀分子成为中国共产党党员，就是改变政党内部知识分子较少和知识理论水平较低现状的有效方式。通过这一举措，有助于使中国共产党人掌握现代社会建构需要的知识和技术，真正代表先进生产力前进的要求，代表先进文化的前进方向，从而真正地实现代表最广大人民群众的根本利益。在进入 21 世纪后，江泽民同志强调的"三个代表"重要思想的现实社会依据从这一举措的实行上以及取得的成效上也可以得到充分的说明。对新时期培养的大学生，也要从思想上、价值上对之进行价值引导和伦理规范。所以，在大学生中建立党支部是政党伦理向国家伦理普及的内在要求。

大学生要成为中国共产党党员，具有较高的标准，主要包括以下几条：思想上，积极要求进步，具体表现为深入学习马克思列宁主义和毛泽东思想，积极向党组织递交入党申请书、经常向党组织汇报思想，积极响应党的号召，支持和拥护中国共产党的各项路线方针和政策，并且在各种活动中表现积极；学习上，要勤奋刻苦，学习和掌握各种科学知识和本领，要树立共产主义的远大理想，树立全心全意为人民服务的宗旨。生活中，要具有良好的群众基础，要乐于助人，帮助有困难的同学，互相学习，共同进步。成为一名中国共产党党员，在当时的历史条件下，是一种至高无上的荣誉，那时的大学生在各方面都积极表现，富有理想热情和干劲，他们明白要为实现全人类解放的远大理想而努力奋斗。

与大学生中学生党支部的建立相对应的是中小学团支部的建立。事实上，在中小学设立团支部，是把中小学生作为共产主义事业接班人来培养的。发展其中优秀的学生成为团员，进行四有新人①的培养，使他们成为中国共产党员的后备军。这也体现了政党伦理向国家伦理上升过程的普及和整合作用。

在学生中，德智体全面发展者——又红又专者，师生关系良好，乐于助人者，品德高尚者，会成为大学生党员。那是一种极高的荣誉。通过党支部的建制，使学生在接受现代知识教育的同时，在价值形成和伦理观念塑造上，都深深受到政党伦理的规约和引导。

（二）政党体制教化功能的扩展：从加强对新闻界的管理到英雄模范的宣传看政党教化功能的强化

政党体制除了是以直接建立党支部的方式实现党对政治的领导之外，还以其他一些方式将其价值理念在全社会进行普及。新闻媒体等现代手段就是一种重要的理论宣传方式。结合各种现实活动需要的英雄模范人物的光辉事迹和高尚品德则成为重要的理论内容。

---

① 新中国成立初期，对学生提出的人才培养原则：有理想、有道德、有文化、有纪律。笔者就是在这样浓重的要培养共产主义接班人的革命氛围中成长起来的，并且在价值观和伦理观的塑造方面深受影响。

（1）加强对新闻界的管理

新闻界是党的理论喉舌，党的政策方针和对外形象都是依靠新闻媒体传播出去的。在现代社会，新闻媒体作为政党形象的宣介工具，对于塑造自身形象具有重要的意义，因此必须要加强管理。政党的意识形态、价值理念、伦理规约都在很大程度上，要依赖于新闻媒体的宣传和普及。在现代社会，任何一种价值理念，要想迅速地深入人心，离开各种媒体的作用是不可想象的。为了加强对新闻宣传工作的统一管理，中央人民政府新闻总署于1950年3月29日至4月16日，在北京召开了全国新闻工作会议。这次会议的议题包括改进报纸工作，统一新华通讯社的组织，建立全国广播收音网，等等。

此次会议提出，报纸要适应群众的需要，对劳动人民的工作和生活要加强关注；要报道生产劳动和经济建设，积极展开批评和自我批评等；新华社应当向国内外许多报纸供稿，但是当时的体制还不能适合中国已经统一的情况和要求。因此，新华社的管理体制也进行了调整。会议提出全国建立广播收音网，以便使其发挥宣传教育的最大作用。对于无法收听到广播节目的地方，设置专人负责抄收广播的新闻、政令和其他重要内容的要点，进行印发和张贴，以扩大影响。这一举措对各机关、团体、工厂、学校也作出了具体的要求和规范。现在各大学仍然存在广播站就是那时建立而延续至今的。会后不久，全国的大部分地区都相继建立起了广播新闻网。在电视机还没有普及之前，广播是人们生活中思想教育、生活娱乐、获得信息的重要来源。

报纸、广播作为联系人民群众的桥梁，在新中国成立初期就受到了高度的重视。在新中国成立初期，中国处在向社会主义过渡的历史进程中，新闻媒体发挥了重要作用。三大改造工作的积极展开，每天都有大量的先进事迹要报道，大量的英雄模范要学习；并对反面的典型给予曝光，加强警示；党的政策和方针的宣传，要求以最快的方式下达等。新闻媒体一方面是国家执政党在全国范围内统一思想和行动，对全国人民进行思想引导和消息报道的需要；另一方面也是反映人民群众的需要。新闻媒体从这两方面反映了中国共产党政党伦理中的群众观点。

（2）英雄模范宣传的典型示范作用

共产主义价值理念的宣传和普及仅仅通过媒体进行理论政策方针的宣

传还是不够的。中国共产党又采取了通过对现实生活中的人物典型进行宣传这种更贴近实际和行之有效的方式。各行各业的模范和英雄人物成了人们生活中的榜样。如何成为社会主义的建设者和接班人，以什么样的标准来塑造新人，他们成了很好的精神典范。

1950 年 9 月 25 日至 10 月 2 日，全国战斗英雄代表会议和全国工农兵劳动模范代表会议在北京举行。来自各地方、各岗位的战斗英雄和劳动模范 800 余人出席了大会。这两个代表大会的任务是总结并巩固中国人民在革命和建设中所取得的胜利，同时交流、推广经验，以推动全国军民保卫和建设新中国的伟大事业。

毛泽东号召全党党员和全国人民向英雄模范学习，同时号召英雄模范向广大人民群众学习。北京各工厂机关学校要求劳动模范代表讲话，组织演讲会。10 月 2 日，两个代表会议同时闭幕。全体代表发出《告全国军队和劳动人民书》，倡议全国军民发扬爱国主义和革命英雄主义精神，为建设独立、自主、繁荣、富强的祖国而加倍努力。自此，战斗英雄和劳动模范的崇高地位在人们心中树立起来，而且评选英模逐渐成为制度化的活动，学英模、当英模在相当长的一段时期中成为许多人的理想。

在新中国成立初期，中国经过抗美援朝战争涌现出一批战斗英雄模范。黄继光英勇堵枪眼、邱少云为隐蔽队伍在烈火中壮烈牺牲，都是这一时期宣传的典型。他们的事迹又被编入到中小学的语文教材，成为爱国主义教育的重要内容。

当时，各工厂学校纷纷邀请战斗英雄和劳动模范进行演讲，报告他们的英雄事迹和劳动经验。战斗英雄和劳动模范成为"文化大革命"以前的历史时期中人们效仿的楷模，他们对于劳动的贡献和对于劳动的态度，成为无产阶级对待劳动的样板，反映着无产阶级伦理道德的重要内容。战斗英雄反映着革命的英雄主义精神，尤其是在阶级斗争思维惯性延伸的年代，在国内外政治斗争比较激烈的时代，战斗英雄更是表明了某种伦理上的理想人格。无论是镇压反革命运动还是抗美援朝甚至到对越自卫反击战都强化了这一点。作为无产阶级伦理的规定，工农兵作为革命阶级具有先天合法身份，所以，他们当中的模范成为社会成员效仿的榜样。通过英雄模范人物的典范作用，无产阶级的劳动伦理、阶级伦理以及爱国主义、集体主义等价值观念得以深入人心。

（三）国家伦理资源的全面普及：从《毛泽东选集》学习热潮看政党伦理的普及

中华人民共和国的成立，是马克思主义和中国革命实践相结合的结果，而作为政党和阶级斗争理论指导的毛泽东思想无疑是重要的思想指南。在新中国成立之前，毛泽东的著作有多种版本。毛泽东思想作为中国共产党的指导思想，已经在根据地以及全党全军中达到了一定的普及。

政党伦理要上升为国家伦理，也就是如何将共产主义的理念和价值灌输到每一个人的心中。对于新中国成立后成长起来的新一代人来说，这种教育更是显得尤为重要。因此，马克思列宁主义和毛泽东思想的宣传和普及教育成为重中之重的问题。毛泽东思想作为中国马克思主义的理论结晶，更是成为理论和意识形态的前沿。毛泽东思想从理论上来说，是以毛泽东为代表的中国共产党人的集体智慧的结晶。但是，毛泽东本人的著作和思想无疑是最具有典范意义的理论学习样板。这并不仅仅与毛泽东本人作为国家最高领导人有关，更重要的是其思想是马克思主义中国化的产物，是在中国革命历程中形成并经过检验的。如果不是恰切地把握了中国的实际问题，而且用自己的语言表述出来，其普及性和深入性都会受到很大的局限。对中国实际问题的恰切把握和通俗化的表达和论述，是毛泽东理论著作的最大特点。

新中国成立前夕，中共中央就成立了毛泽东著作出版委员会，负责整理、编辑出版毛泽东选集。新中国成立后，毛泽东的著作以各种版本得以出版发行。① 共产党人的革命实践和在新中国成立初期取得的建设成就，

---

① 1949年5月中共中央成立毛泽东著作出版委员会，负责整理、编辑和出版《毛泽东选集》。1951年10月，《毛泽东选集》第一卷由人民出版社出版发行。1952年4月、1953年4月，《毛泽东选集》第二卷、第三卷相继出版。1960年，《毛泽东选集》第四卷出版。《毛泽东选集》第一卷收集了毛泽东在第一、二次国内革命战争时期的主要著作17篇；第二、三卷收集了毛泽东在抗日战争时期的主要著作72篇（第二卷41篇，第三卷31篇）；第四卷收集了毛泽东在第三次国内革命战争时期的著作70篇，其中有35篇是第一次公开发表。这套《毛泽东选集》有两种装订的本子。一种是各时期的著作合订的一卷本，另一种是四卷本，均为竖排本。1966年7月改为横排本。

使得作为中国共产党理论指导的毛泽东理论成为人们学习和信仰的理论。随着《毛泽东选集》一至四卷的陆续出版，各行各业以多种形式召开学习毛泽东著作大会，全国范围内出现了一个学习毛泽东思想、宣传毛泽东思想的热潮。

在新中国建立初期，人们学习毛泽东思想，是政党伦理进行普及过程中，最具有普遍性的思想实践。各行各业掀起的学习热潮，使得毛泽东的思想获得了普及，以至于现在健在的一些并不识字的老人，还能很熟练地背诵《毛泽东选集》中的部分语录。而且针对今天的现实，他们甚至还在怀念那个时代。这一切都说明政党伦理通过政党指导思想的传播而得到普及。

（四）国家伦理资源对现实的整合：第一次知识青年上山下乡

中国共产党通过民主统一战线和政治民主协商制度，从制度层面建立起了政党伦理向国家伦理上升的制度前提。但是政党伦理是否能成为国家伦理，还要看在现实政治经济生活中的政党伦理的现实规约的真实有效性。于是知识分子的改造运动以及知识青年上山下乡运动就成为那个时代反映政党伦理规约上升到国家伦理阶段的重要标志。

中国共产党在取得全国政权后，便立即致力于以马克思列宁主义、毛泽东思想改造全国知识分子思想的运动。所以在新中国成立初期开展的第一次知识青年上山下乡运动成为政党伦理向国家伦理上升的一个普及化过程。在纪念五四运动 20 周年的时候，毛泽东作了《青年运动的方向》的演讲。在讲话中，毛泽东认为当前的青年运动应当以五四运动为榜样，起到先锋队作用。但是他认为先锋队虽然站在了革命队伍的前头，也组成了数量庞大的一个方面军，但相对于广大工农大众来说，还不是主力军。因此知识青年和学生青年应当到工农群众中去，动员和组织占全国人口百分之九十五的工农大众这个主力军。毛泽东重提到其在《五四运动》一文中提出过的革命的唯一标准："革命的或不革命的或反革命的知识分子的最后的分界，看其是否愿意并且实行和工农群众相结合。"毛泽东在批判希特勒、墨索里尼和陈独秀、张国焘等人的过程中，指明判断一个人是否是真正的三民主义者和马克思主义者，"只要看他和广大的工农群众的关系如何，就完全清楚了"①。毛泽东认为延安青年运动团结统一而且和工农群众相结合，重视革命理论和生产运动的结合，因此政治方向正确，工作方法正确，应当是全国青年运动的模范。

在新中国建立之后，随着社会主义教育体制的建构和发展，党和政府培养了自己的知识分子——知识青年。从伦理身份的划定而言，知识青年是被作为共产主义事业接班人来培养的，但是由于他们自身没有经过革命的洗礼，没有经过无产阶级的艰苦奋斗历程，也没有经受过剥削和压迫的阶级苦难。因此如何获得无产阶级的意识和身份认同，成为重要的伦理身份问题和现实阶级归属问题。知识青年的上山下乡运动则是为了完成这一使命的方式。虽然在农村需要大量的知识分子。但是作为一种现实的政治运动，其中所包含的伦理身份和阶级属性的获得无疑是更为根本的问题。也只有从这一角度理解才会看到文化大革命中大规模的上山下乡运动的真实意义。

知识青年的上山下乡运动，实际上从 1955 年就已经开始了。由于"新中国成立的时间短，还不可能马上就完全解决城市中的就业问题。如果国家用分散经济力量的办法把每个人的职业都包下来，那么，工业的发展就要受到挫折。必须指出，家在城市的中、小学毕业生中有一部分人目前的就业问题是有一定困难的，而农业生产对于中、小学毕业生的容纳量是十分巨大的，现在需要量很大，以后的需要量更大。"② 国家开始动员城镇中、小学毕业生到农村工作。同年 9 月毛泽东在《中国农村的社会主义高潮》一书的按语中指出：全国合作化，需要百万人当会计，可以动员大批的中、小学毕业生去做这个工作。基于这种考虑，毛泽东发出了知识青年到农村去的号召："农村是一个广阔的天地，在那里是可以大有作为的。"

1956 年 1 月 23 日，中共中央政治局发布《1956 年到 1967 年全国农业发展纲要（草案）》，提出：城市的中、小学毕业的青年，除了在城市能够就业的以外，他们的就业途径，是到郊区、到农村、到农垦区或者山

---

① 参见《毛泽东选集》第 2 卷，人民出版社 1991 年版，第 561—569 页。
② 人民日报社论：《必须做好动员组织中小学毕业生从事生产劳动的工作》，《人民日报》1955 年 8 月 11 日。

区，参加农、林、牧、副、渔各种生产事业和农村的科学、文化、教育、卫生事业。1957 年 4 月 8 日，刘少奇明确提出："就全国说来，最能够容纳人的地方是农村，容纳人最多的方面是农业。所以，从事农业是今后安排中小学毕业生的主要方向，也是他们今后就业的主要途径。"① 从 1955 年起，在共青团中央的倡导下，北京、天津、上海等许多省、市都组织了青年远征队，奔赴穷乡僻壤。到 1957 年底，全国城市上山下乡的青年已达 7.9 万余人。1958 年，这一工作暂时停顿下来。

知识青年上山下乡工作的开展，是与中国人口多，城镇就业困难和广阔的农村边疆地区缺少有文化的建设人才等历史条件联系在一起的，它的出发点，是试图解决城镇部分青年就业问题，支援农村和边疆建设。

（五）政党伦理规约的制度性深化：从整风运动和反右斗争到民主党派的整风和交心运动

党内的队伍净化行为自从共产党建立之初就一直进行着，到了 1957 年中国共产党党内出现了一些问题。在党内又进行了一次整风运动。中共中央认为党内出现了简单依据行政办法处理问题，甚至脱离群众，打击压迫群众的行为，官僚主义、宗派主义、主观主义等党内不良作风有了新的增长。为此 1957 年 4 月 27 日开始在中国共产党内开展了整风运动。这次整风运动还邀请民主党派来提意见和建议。中共中央统战部通过与民主党派负责人座谈的形式广泛征求意见。因此民主党派也提出了许多中肯的意见。

然而党内整风运动开始不久，就发生了转向，转到反右斗争上去了。由毛泽东亲自写的文章作为指导纲领：认为在民主党派和高校中，右派表现猖獗。

1957 年 6 月 8 日，中共中央发出《党组织力量反击右派分子的猖狂进攻》的党内指示，反右斗争正式开始。同日，《人民日报》发表了毛泽东撰写的《这是为什么》的社论，认为右派分子"企图乘此时机把共产党和工人阶级打翻，把社会主义的伟大事业打翻，拉着历史向后倒退，退到资产阶级专政，实际是退到革命胜利以前的半殖民地地位，把中国人民

---

① 刘少奇：《关于中小学毕业生参加农业生产问题》，《人民日报》1956 年 4 月 8 日。

重新放在帝国主义及其走狗的反动统治之下。"7月1日，毛泽东又为《人民日报》写了《文汇报的资产阶级方向应当批判》的社论，对民盟和农工民主党等民主党派进行批判。9月20日至10月9日，中共中央在北京举行八届三中全会。会上，邓小平作了《关于整风运动的报告》，毛泽东作了《做革命促进派》的总结讲话。这次会议改变了中国知识分子绝大多数是劳动人民知识分子的看法，认为中国多数的知识分子是资产阶级的，而且是同"无产阶级较量的主要力量"。会议进一步肯定"四大"（大鸣、大放、大字报、大辩论）是一种革命形式，并要把这种形式传下去。

在1957年的反右斗争中，全国错划了许多右派分子，其中的一半以上的人失去了公职，很大一部分人被劳动教养或监督劳动，还有一部分人流离失所、家破人亡。反右斗争给知识分子带来了极大的伤害，同时也使国家的建设失去了一笔宝贵的财富。我们所熟知的一些文学家、历史学家都受到不同程度的打击[①]。从党内整风到反右斗争的进行，尤其是对知识分子的阶级属性的重新划定，使得知识分子的改造成为政党伦理规约的重要工作，我们党错误地估计了现实，人为地制造阶级对立，把知识分子定义为同无产阶级较量的主要力量。这一切活动都是执政党依据取得的社会法权对社会进行的全面整合。这种整合通过全国范围内触及各个阶层和人群的政治运动和思想改造运动，使政党伦理上升为国家伦理。在这种运动的强力作用下，全国上下渐渐用一种思想思考问题，用一种方式说话和行动。尤其是在反右斗争进行的时代更是如此。

1958年，中国共产党在反右斗争中滋长起来的"左"倾思想有了进一步的发展。1月，毛泽东在最高国务会议上发表讲话，强调社会主义革命要天天革，整风还要整，不能松劲；各民主党派也要整风，要整得适合人民的要求。根据毛泽东的指示，各民主党派开始整风。中国国民党革命委员会1月23日即召开中央常务委员会，要求"民革"各级组织要有领

---

① 有关"反右斗争"的具体事件，可参考汪国训《回顾与反思》，美域出版社2007年版；从维熙：《走向混沌：反右回忆录》，作家出版社1989年版；牛汉、邓九平主编：《荆棘路：记忆中的反右派运动》，经济日报出版社1998年版；牛汉、邓九平主编：《六月雪：记忆中的反右派运动》，经济日报出版社1998年版。

导、有计划、有步骤地开展这一运动，展开大鸣、大放、大辩论，进行批评与自我批评。中共中央统战部推动了整风运动。2月27日，统战部召开民主党派负责人座谈会，提出要通过整风掀起一个自我改造的运动，来一个自我改造的大竞赛，在立场上和思想上来一个大跃进。3月4日，统战部又发出《关于资产阶级分子、资产阶级知识分子和民主党派成员的自我改造问题的通知》，提出在制订和实现自我改造规划的过程中，在个人或集体之间可以进行挑战、竞赛和评比。同日，各民主党派中央通过《关于各民主党派内部进一步开展整风运动的决定》，表示"真诚跟着共产党走，交出心来"。从此整风不断加温。3月16日，各民主党派和无党派人士1万人在天安门广场举行社会主义自我改造促进大会，通过了《自我改造公约》和《上毛主席书》。会后举行盛大游行，游行队伍高举决心书、挑战书、应战书、个人跃进规划，抬着"比整风，比改造，比跃进"的巨大标语，决心"把心交出来"、"把力量献给社会主义"。当时他们提出的五交是：交对共产党的认识；交对社会主义的认识；交大鸣大放期间的言行和思想活动；交个人所受右派分子言行的影响；交反右斗争以后的思想认识。4月，统战部在天津召开交心运动的现场会，推广交心经验。从此，各民主党派、民主人士、知识分子、工商界人士的交心运动，在全国普遍开展起来。各民主党派中央在学习天津民主党派和工商界人士集中交心的经验后，提出要"交得快、交得真、交得深、交得透"，写出了成千上万交心的大字报和小字报，形成交心高潮。交心运动告一段落之后，即转入整风大辩论。整风大辩论，主要是将交心的材料"梳成辫子"，加以系列化，不少地方和单位又把一些民主党派成员打成右派分子。

经过对民主党派的整风和交心运动，广大民主党派人士在"外在的言行上"不得不完全和党中央保持高度一致，这样作为一种政党监督体制的政治民主协商在政党伦理国家化的过程中渐渐丧失了现实意义，尤其是将知识分子定义为同无产阶级进行较量的主要力量，更是将以知识分子为主体的民主党派划定为无产阶级的对立面。这使得政党伦理的规约在现实层面的改造走向自身的反面，其现实规约力，在达到顶峰之后渐趋走向式微。这一点在"文化大革命"的过程中得到了充分的说明，而伏笔却是在这一历史时期埋下的。

（六）政党伦理规约的下行运动：从文化"大跃进"看政党伦理国家化的异常

中国在 20 世纪 50 年代出现了文艺上的大跃进，它和当时经济上的大跃进是相呼应的。如何在社会政治、经济、文化各个方面全面超越西方，是那时人们的普遍心态，当然主要是政党政治教育的结果，使得政党伦理上升为国家伦理之后，国家伦理的规约力在现实的各个层面展开。其中，知识分子的态度，是反映社会制度的现实稳定程度和未来发展的可预见性的一个重要指标。

1958 年 3 月 7 日，中国作家协会书记处举行扩大会议，讨论了文学工作的大跃进问题，提出了《文学工作大跃进三十二条》（草案）。会上通过了给全国作家的一封信，号召作家鼓足干劲，创作更多更好的作品，使文学更好地为社会主义建设、为工农兵服务。9 月，中共中央宣传部召开文艺创作座谈会，提出创作和批评都必须发动群众，依靠全党全民办文艺，要像生产 1070 万吨钢一样，在文学、电影、音乐、美术、理论研究等方面都争取"大跃进"，放"卫星"。10 月，全国文化行政会议又提出，群众文化活动要做到：人人能读书，人人能写诗，人人看电影，人人能唱歌，人人能画画，人人能舞蹈，人人能表演，人人能创作。

这一结果使得文化变得大众化。过去人民群众一直是作为与文化精英相对立的阶层被定位的，而今天代表了先进生产力和先进阶级的无产阶级又掌握了政权，因此在文化上也必须要由无产阶级来领导。事实上文艺界的文化大跃进运动一开始，就逐渐转变为群众文化运动。江西省成为开展群众文化大跃进的典型，出现了以总结社会主义建设经验为中心的全民性的写作运动。有的县平均每一个农民写一篇文章。受"大跃进"形势和大规模群众文艺运动的影响，各研究机构和大专院校也相继提出了自己的跃进目标。

社会科学和自然科学研究单位掀起了文化跃进的狂潮——在文学创作上甚至提出 10 年内撰著编译书籍 1114 册的跃进计划。大学生更是善于狂想，有的设想 6 周写一部新的中国文学史，短时间完成尖端科学项目等类似的大跃进设想。在文化大跃进中，人们完全不顾现实的自然科学研究和社会科学的研究规律性，完全是在政党意识形态的管控下进行的一种盲目狂热的行为。知识分子被迫进行违心的科研跃进式研究。人民群众也被激发出文化热情，非要人人能诗词歌赋。这样的行为是在政党伦理向国家伦理上升的过程中，在超越西方发展模式的心态支配下出现的异常行动。经济上的赶超是需要时间的，要在一定基础上循序进行的，但是在当时的时代条件下，经济上放卫星，却是以一种自欺欺人的方式进行着超越西方经济的幻想。

四　民族区域自治与少数民族的伦理变迁

中国是一个多民族国家，如何处理与少数民族地区的关系一直构成历朝历代国家事务的重要部分。由于历史上一些时期少数民族地区的政治经济文化发展相对落后，中央政权本着夷夏之别的原则，对少数民族的政策或是采取武力征服或是实行怀柔政策。实际上，民族关系一直处于一种不平等的状态。

中国共产党人在革命时期，受共产国际的影响，在中国共产党第二次全国代表大会上，才提出解决民族问题的主张。由于当时中国共产党人对现代民族问题的处理没有成熟的经验，因此，对民族问题的解决主要是借鉴苏联的模式。中国共产党人在主张建立中华联邦共和国的同时，也强调民族自决。但是随着中国共产党人对民族问题认识的不断深入，在马克思主义理论的指导下，根据中国国情特点，提出了民族区域自治的构想。这一构想，在1947年解放内蒙古后得到了具体的实施。1947年，我国第一个省级民族自治区——内蒙古自治区正式成立。内蒙古的民族区域自治在实行两年多的时间里，就极大地促进了当地的社会发展和文化进步。新中国成立前夕，民族区域制度被正式写入《共同纲领》。新中国成立后，在少数民族聚居的地方，党和政府先后成立了自治区和自治州以及自治县。1955年，新疆维吾尔自治区成立；1958年，宁夏回族自治区成立；1965年，西藏自治区成立。民族区域自治在国家的统一领导下，在各少数民族聚居的地方设立自治机关，行使自治权。民族区域自治制度成为社会主义中国处理民族问题的基本政策。民族区域自治的实行，照顾到少数民族的特点，更加有利于保障少数民族的权益。在民族区域自治中，少数民族干部优先任用，并且保证有相当的比例；民族区域自治地区，具有民族立法权，变更执行权，财政经济自主权，文化、语言文字自主权,组织公安部队权,少数民族干部具有任用优先权等。

民族区域自治制度的建立发展①,在消灭阶级剥削,保障少数民族的各项权益方面发挥了巨大的作用。民族区域自治制度是社会主义制度建设的一部分,少数民族在社会主义制度下,实现了社会发展阶段的跨越式进步。因此,旧社会在少数民族中存在的不平等的阶级关系在新的制度下被消灭了。处在封建社会、奴隶社会乃至原始社会阶段的少数民族都融入社会主义制度的建设中。社会主义的确立,使人民群众从过去做牛做马的被剥削阶级转而成为社会的主人。旧社会统治阶级对他们的残酷剥削和无情的压榨,及其不平等的人伦关系被新型的人人平等的人伦关系取代。

在政党伦理向国家伦理上升的具体历史过程中,作为日常伦理规约的传统社会的礼俗和伦理资源,在强有力的意识形态的塑造过程中,渐次由此前的社会伦常的主导形态转变为在某些习俗和较狭小范围内存在的一种伦理心理和礼俗性的规约。在马克思主义伦理规约的主导下,共产主义伦理价值观通过一系列的运动和强势的改造,借助于经济政治的手段,逐渐成为人们日常生活的主导形态。这可以从两个方面来看,一方面,共产主义的伟大胜利,给人们带来的地位的变化,劳动人民第一次成了社会的主人,而且获得了现实的政治权力,他们在经济利益的各个方面都有所改变;但是从伦理观念和行为的深层来看,中国共产党的政党伦理向国家伦理的上升,也是有深刻的政治背景的,所以我们要考察社会主义的伦理变迁,必须要从大的时代背景下的人的现实行为的伦理层面入手,因为从来没有这样一个时代,所有的人都被卷入到国家制度的现实建构上,人和人之间的阶级关系被强调到无以复加的地步,社会底层的无产阶级第一次掌握了社会法权,真正地成了社会的主人。我们看到当时历史条件下,出现的许多激进乃至极端的行为,都是在高举

---

① 经过 60 多年的发展,目前中国共有 5 个省级自治区、30 个自治州、120 个自治县(自治旗),民族自治地面积占国土总面积的 64% 以上,实行区域自治的少数民族达到 44 个,实行民族区域自治的少数民族人口占全国少数民族人口的 76% 以上。根据少数民族的具体特点和要求,我国还成立 1000 多个少数民族乡作为民族区域自治制度的补充。这些制度的实施有力地保障了少数民族人民的各项权益,有力地推动了少数民族社会的全面发展,有力地促进了少数民族地区伦理道德建设的发展,改善着少数民族人际之间以及各民族间的关系。

无产阶级专政的旗帜下进行的。

政党伦理上升为国家伦理，首要的前提是政党获得执政权力，并要按照自身的意志和价值理念建立现代国家，要从政治制度上保证价值理念全面展开和整合，共产主义的价值理念旨在建立完美的现实社会制度，它充满了对西方自由理念的强烈的价值优先性比较。

执政党理念的制度化、国家化为政党伦理向国家伦理的上升提供了制度的依据。民主党派作为其他各个阶级、阶层的代表，在政治制度上通过人民民主协商的制度，参政议政，参与国是，为新中国的建设献策献力。中国共产党通过镇压反革命运动、三反五反运动、抗美援朝运动、知识界的自我改造运动等方式，对民主党派及其代表的阶层进行了整合。可以说，通过政党制度的国家化，使得中国共产党的政党伦理向国家伦理的上升具有了制度性的前提。

教育制度是旨在培养未来社会建设者的，这对于现代知识技术统治型社会更是如此。在新中国建立前，无产阶级在中国是没有机会得到充分教育的阶级，对于农民而言更是如此，教育从其阶级属性而言，从来没有属于过无产阶级。这一特殊性，决定了我们的教育要培养社会主义建设的知识分子，或者技术人员。新中国成立后，改造旧教育，就是要在价值理念上转变为社会主义的教育。对于政党伦理而言，是要通过教育把自身的伦理规约传到下一代；而对于接受教育的新一代人而言，他们是共产主义事业的接班人，本是不需要改造的人群。他们只是在出身上有所谓的阶级属性，在现实的行为上没有所谓的阶级行为。但是中国的教育者，又大多被定义为小资产阶级的知识分子。因此，对旧知识分子进行思想改造就成为现代教育制度的构建和现代伦理形塑的题中之义。所以，我们看到新中国的教育改造和发展带有政党伦理要上升为国家伦理的深远意义和深刻影响。

政党体制的教化功能，作为政治制度和理念层面对于社会伦理规约的整合性因素，无疑具有更为及时和普遍的现实作用。在政党制度和教育制度的社会主义化的过程中，现实的教化作用要通过具体的政治运动来完成。政党体制的教化功能的进一步深入是一个重要而迫切的理论问题和现实问题，同时也是政党伦理由制度上的认可变为现实存在的过程。单位建制的确立为中国共产党的政党政治提供了现实的场域。早在革命根据地时期，人民军队中就已经实行了党支部建立在连队上的制度，而且形成了一整套的工作方法和模式。加之在军事共产主义的条件下，中国共产党组织的领导在经济政治文化工作中也都积累了政党领导工作的经验，以至于在单位和农村建立党支部，在大学中设立学生党支部，在中小学设立少先队、共青团等举措，都是政党教化功能的具体实现，而且这些举措在现实的历史运动中都发挥了巨大的作用。媒体使得中国共产党的政党伦理有效地实现了自身逻辑的扩大。新闻、报纸、广播作为现代传媒的手段，得到中国共产党的高度重视，新中国成立之前，中国共产党的宣传工作在技术极其落后、环境极其艰苦的条件下，很好地宣传了自己的政治主张，很好地完成了对其他阶层的人进行的思想宣传和教育工作。新中国成立之后，通过对报纸和新华社的调整，通过全国广播网的建立，使得政党的教化功能具有了先进的技术手段。由此我们才会理解对于战斗英雄和劳动模范的宣传和教育何以如此之快地达到家喻户晓，并且对人们日常伦理规约产生了巨大的影响。与此同时，我们也发现从第一次知识青年上山下乡，到从整风到反右运动，在政党教化功能扩展过程中，渐渐出现了功能教化异常的现象，而且，在文化的大跃进中表现得更为极端。

第 三 章

移风易俗与传统伦理的清算

　　新中国现代伦理的构建，不仅体现为政党—国家伦理的建构，也体现为对日常生活层面的风俗的重新整合与塑造。日常生活领域的礼俗改变，是在政党—国家伦理的新伦理框架内进行的。早在革命根据地时期，中国共产党就已经开始领导人民进行移风易俗的斗争。在苏区中国共产党进行了旨在清理旧社会制度残余、建立新风尚的移风易俗的活动。在苏区和根据地建设的过程中，中国共产党发动民众进行了以破除宗教迷信；废除传统婚姻陋习，实行婚姻自由；改变殡葬习俗；肃清旧礼教、旧道德观念，实行放足、剪发；禁烟禁赌，废除娼妓；改革卫生习俗等方面为具体内容的移风易俗活动。在移风易俗的过程中，通过法律规范、加强文化教育、政府与群众团体合力推进、采取政治经济措施配合等方式取得了较大的成效。① 这些举措使得"宗教迷信受到了沉重打击，旧观念、旧道德让位于新观念、新道德，广大妇女从重重的束缚下解放出来，婚姻自由、一夫一妻制逐渐得到了确立，赌博、吃大烟等恶劣现象也大大减少了，卫生工作也取得了相当成效。苏维埃时期的移风易俗实践，极大地改变了根据地的社会风貌，促进了当地的社会变迁。"②

　　一定程度上，新中国的道德建设可以看作是此前形成的移风易俗的道德重建过程在全社会范围内的进一步推广和普及。新中国成立后，在制度化层面进行国家政治、经济、文化建设的同时，对于风俗的移易和传统伦

---

① 参见刘果元、李国忠《苏维埃时期移风易俗工作述论》，《赣南师范学院学报》2003 年第 4 期。

② 刘果元、李国忠：《苏维埃时期移风易俗工作述论》，《赣南师范学院学报》2003 年第 4 期。

理的清算也一直在进行。从对人的精神塑造的意义上说，这一任务更加任重而道远。新政权的建立和新制度的构建，并不意味着日常生活的各个方面，都会自动相应的变化。与旧社会制度相关的思想遗毒，仍会在巨大的历史惯性中延续。因此，对于旧社会的革命不仅仅体现在政治、经济、文化领域，也体现在具体的日常礼俗的生活领域。移风易俗虽然不是直接的阶级对立和斗争，其残酷性和激烈程度也不像军事、政治和经济斗争。但是，对共产主义价值理念的普及来说，其革命任务的严重性以及任务的艰巨程度也是相当巨大的。

在新中国的政治经济文化建设中国家对妓院、吸毒、黑社会反动会道门、封建迷信活动、旧式婚姻对妇女的压迫等旧社会的遗毒进行了清算。这一过程是建设社会主义社会的新风尚、新习俗的过程。在革命色彩浓厚、阶级斗争的惯性思维仍在起着巨大作用的年代，人人对政治觉悟中主导价值理念的东西极其敏感，无论是破旧还是立新，都深深打上了阶级斗争的烙印。对于共产主义伦理道德的建设而言，亦是如此。破旧立新在社会生活的各个方面都得到了充分的体现。从人们的服装到过节，孩子起名字，店铺挂匾，看什么文艺节目，听什么戏曲等等，事无巨细，均有深深的时代印记。本章拟定从以下六方面来看移风易俗与传统伦理的清算问题，并着重阐明这一历史时期伦理道德变化的运动轨迹。

一、传统伦理遗毒的清算；

二、国家伦理的普及：国家伦理掌控下文艺事业的新发展；

三、国家伦理化的新风俗和时尚；

四、国家伦理对身体的束缚和身体的革命化：从服装发型看国家伦理的泛化；

五、工农兵的榜样：从雷锋、陈永贵、王进喜看共产主义道德伦理塑造的加强；

六、"左"倾错误带来的伦理虚假与破坏：共产主义道德的虚假化和日常伦理的强力破损。

一　传统伦理遗毒的清算

妓院、毒品、赌博、黑社会反动会道门、封建迷信等是中国传统社会中延续三千年的社会毒瘤。这些社会毒瘤既是旧社会剥削阶级奢侈糜烂生活的象征，同时也是对被剥削阶级进行残酷剥削和压迫的极端表现。这些社会毒瘤得不到清除，传统伦理的遗毒就不能得到有效的清算。

（一）新伦理规约建立的前提：从封闭妓院到取缔一贯道看旧社会伦理根源的清理

以马克思主义为理论指导的中国共产党，把劳动第一的逻辑从理论批判转向社会实践层面。中国共产党人对整个社会实施了从制度到日常生产生活的改造。妓女作为被剥削的对象和剥削阶级享乐工具的双重身份，对之进行改造无疑具有双重意义和效果：一、解放其作为被剥削被压迫的无产阶级；二、消灭剥削阶级的享乐特权，实现新的社会平等。共产主义道德作为新的道德观念，在新社会必须具有主导性地位。因此，改变旧社会遗留下的毒瘤问题，就成为新伦理规约建立的前提。

（1）封闭妓院，改造妓女

妓院的存在已经有三千多年的历史，历经朝代的兴替和制度变迁，在新中国成立前的社会历史中从来没有根绝过。即使标榜自由民主的国民政府，也只是在名义上禁止暗娼，而对明娼则予以保护。尽管在当时也曾有人提议废除娼妓，但是由于缺少社会理论高度的论证支持，也缺少社会制度层面的保证，而没有真正落实。中国共产党执掌政权的社会主义新中国的成立，则在价值理念和社会制度运作两方面为彻底地废除娼妓提供了保证。这两方面的保证使得废除娼妓的条件真正成熟，进而为根本清除民怨所在的社会毒瘤提供了现实的根基。从这个意义说，反映人民群众的利益的历史任务只有在中国共产党建立了人民政府的条件下，才真正有了获得解决的可能。

新中国成立不久，中国共产党领导下的中国政府就开始全国性的取缔妓院、解放妓女，并对其进行改造的运动。首先，中国共产党人通过宣传教育使人们认识到妓院的危害。在此基础上，党和政府指出处理此类问题方法：集中妓女加以训练，改造思想，医治其性病，有家可归者送其回家，有结婚对象者助其成立家庭；无家可归，无偶可配者，组织学艺，从事生产，并没收妓院财产，作为救济妓女之用。① 中国共产党领导下的人民政府，对解救后的妇女进行了有效的改造工作和救助措施：组织医疗队为其医治性病；组织学习文化知识和生产技能，并对其进行思想政治教育；妇联和民政局代表政府看望，还有来自大学生的信函慰问和开导等。这些积极的举措效果比较明显，妓女们的思想觉悟、知识水平、劳动技能等均有所提高。改造后的妇女成为各行各业的劳动者。全国各大城市，相继展开活动，封闭妓院，取缔卖淫。并且依据北京的模式把新中国成立后的妓女改造成为社会劳动者。到 1952 年，妓院在党和人民领导的政权建设下绝迹。改造后的妇女对人民政府给予了很高的评价，并且对新社会的建设充满了信心。

取缔妓院，解放妇女，一是铲除反动阶级腐朽没落生活的集聚地。二是解救受压迫遭受极端不平等待遇的妇女，对其进行改造，使之成为新社会中的成员。三是改变社会风气。从三方面看都体现了中国共产党的政党伦理在向国家伦理上升的过程中，为了人民的解放和利益的实现而进行的新的伦理转换和普及。

（2）禁绝烟毒

鸦片作为帝国主义打开中国大门的敲门砖，对中国人民的身心和国力造成了极大的损害。民国政府虽然也曾经把禁烟作为一项内容，但是，民国政府的军政大员很多人本身就是烟鬼，他们官商勾结进行烟土经营，因而国民政府进行的禁烟运动造成了名禁实不禁的局面。在帝国主义列强的支持下，很多地方军阀还强迫农民种植鸦片，并且公开贩卖，烟毒在社会上泛滥的形势并没有得到根本改变。

中国共产党人在革命战争时期开始，就通过群众运动的方式进行禁烟。通过"焚烧鸦片烟、烟具，铲毁烟苗、处分烟民烟痞"等措施，对"制作、贩卖鸦片烟土、烟具、开烟馆、栽种和吸食鸦片的行为进行了严厉的限制"，通过规定相应的惩罚办法和法律制度，"苏区形成了禁绝烟毒的良好社会风气"。② 新中国成立后，新生的人民政权，为了巩固革命

---

① 1949 年 11 月 21 日，北京市第二届人民代表会议通过封闭妓院的决议。在该决议中，对于妓院的极大危害进行了全面的论述，并且为妓女的解放提供了具体的解决方案。

② 周伟主编：《标语口号——时代呐喊最强音》，光明日报出版社 2003 年版，第 61 页。

成果，为了清除帝国主义和封建残余的遗毒，通过禁烟，消灭了其建立在危害人民身心健康基础上的阶级利益。

　　禁毒运动首先是在地方展开的，后来中央对禁毒工作进行统一领导。① 各省市成立了由机关和工农青等人民团体和各界人士组成的禁毒委员会或办公室，制定具体的措施进行禁毒工作，制定了禁止种植，已种铲除，运销者没收，视情节依法惩处，吸食者戒除，开烟馆者改业等措施，通过禁种、禁运、禁贩、禁吸四方面禁绝烟毒。许多地方还采取组织公审大会，并且动员毒贩坦白、群众检举、当众烧毁鸦片等方式进行警示教育和禁毒宣传，使得禁毒工作取得相当的成效。由于毒品在中国的根深蒂固，加之毒品的高利润和易上瘾难戒除的特点，制毒贩毒和吸毒的现象还大量存在，禁毒工作仍然任重而道远。到 1952 年禁毒运动向纵深发展。1952 年 4 月 15 日，中共中央发出《关于肃清毒品流行的指示》，指出了禁毒的重要性，各地人民政府采取了积极的措施进行禁烟。② 12 月底，全国禁烟运动基本结束，制、贩毒品的主犯、惯犯、现行犯几乎全部被捕，一批罪行特别严重的毒犯被公审判决。这次禁烟运动，清除了百余年来的烟毒祸害，对稳定社会秩序，维护社会治安具有重大意义。

　　烟毒在旧中国成为一种社会毒瘤，由于毒品对吸食者的健康问题危害极大，而且带来了严重的社会问题。吸食毒品首先危害人的健康，再者需要消耗大量的财富，往往吸食者倾家荡产，由于毒瘾的易成难戒，吸食者甚至泯灭人性，卖妻儿以换得烟资的情形也时有发生，对现实的伦常关系的破坏是极其严重的。新中国建立后，尤其中国政府对禁烟采取了全民运动的方式，一方面发动全社会的力量取得了良好的禁烟实效；另一方面对吸食者和烟贩尽心改造和教育，使得他们认识到烟毒的危害。通过这样的

---

　　① 南京市和贵州省率先进行禁毒。南京市公安局于 1949 年 10 月发布了《禁止烟毒暂行办法》；贵州省人民政府 1950 年 1 月 30 日发出《为禁绝鸦片告全省人民书》；1950 年 2 月 24 日，中央人民政府政务院发出《严禁鸦片烟毒的通令》，进行指导全国的禁毒工作。

　　② 各地人民政府成立了由公安、卫生、民政、司法、宣传等部门负责人组成的禁烟禁毒指挥部，负责掌握政策，了解情况，统一指挥，开展宣传，进行登记、集训、逮捕、审讯、处理等工作。通过建立禁毒组织；设立登记处；集训大毒犯；传讯毒犯；召开公审大会；宣传发动群众；组织毒犯坦白交代，受害者控诉检举；召开烟民会，说明危害，督促自戒，动员检举；各级公安机关在禁烟运动中，抓紧侦破大案要案；做好烟民的戒毒工作等系统的禁毒措施，使得烟毒在中国基本禁绝。

运动，突出了共产主义价值理念对人民群众的真正关切，体现了人民群众作为社会主人翁的历史现实。

（3）反对封建迷信和取缔反动会道门

在新中国成立前，封建迷信团体和黑社会的反动会道门对社会的危害极大。封建迷信是旧社会统治者维护统治的思想工具，反动会道门是封建统治阶级的走狗和帮凶，对人民的利益伤害极大。

当时由于生产力和科技水平的发展程度较低，中国传统社会的民众大都有迷信的思想。他们信神信鬼信风水，烧香磕头，还愿，占卜算命，供奉释迦牟尼、送子观音、灶王爷、城隍、龙王、真君、赵公、关帝等众多神仙上帝。算卦、阴阳先生、僧道等都成为职业。狐黄大仙、跳大神等迷信活动在很多地区的影响很大。

不过从第一次国内革命战争时期开始，在农民运动中，就已经开始了比较彻底的反对封建迷信的运动。妇女、贫农进祠堂大吃大嚼，许多地方，"农民协会占了神的庙宇作会所"、"砍了木菩萨煮肉吃"、禁止家神老爷、打菩萨、摧毁烈女祠、节孝坊等①。在湖南农民运动中，还有各种针对传统习俗的小禁令，"如醴陵禁傩神游香，禁买南货斋果送情，禁中元烧衣包，禁新春贴瑞签。湘乡的古水地方水烟也禁了。二都禁放鞭炮和三眼铳，放鞭炮的罚洋一元二角，放铳的罚洋二元四角。期都和二十都禁做道场。十八都禁送奠仪。"② 在革命根据地苏区进行的移风易俗运动中，也对封建迷信活动进行了取缔。

新中国成立后，中国共产党在全国范围内进行了反对封建迷信的运动。新的人民政府对封建迷信团体——"一贯道"③ 予以了坚决取缔。"一贯道"利用群众的迷信，骗钱敛财、奸淫妇女在全国的发展具有相当规模，危害较大。反对封建迷信取缔"一贯道"的斗争，作为现代政党政治在思想上对旧社会和旧制度残余的清除；在现实阶级构成中对反动分子可资利用集团的清除，具有双重的历史意义和作用。到1950年，各

① 《毛泽东选集》第1卷，人民出版社1991年版，第31—33页。
② 同上书，第37—38页。
③ 也称"中华道德慈善会"，是封建迷信团体。初名"东震堂"。路中一承办道务时，取《论语》中"吾道一以贯之"，改名"一贯道"。利用群众的迷信，进行收敛、欺骗钱财、奸淫妇女等活动，而且在全国的发展具有相当规模，危害较大。

地"一贯道"基本被禁绝。

"一贯道"，对现实的伦常关系直接构成破坏，其理念是巫术迷信，而且作为旧社会的毒瘤，必须要予以清除。

而反动会道门作为黑社会团伙的组织，以暴力为手段，欺行霸市，欺男霸女，轻则夺人钱财，重则伤害人命，也是旧社会的大毒瘤。在国民党溃逃之前，大陆曾遗留了大量的土匪、敌特人员，混杂在反动会道门中，进行恐怖、暗杀等活动，影响极坏，人民政府在镇压反革命运动中，在打击封建迷信的同时，对反动会道门也一并进行了取缔。

总之，妓院、烟毒、反动封建迷信和反动会道门作为旧社会的毒瘤，对人民的危害极大，是劳动人民痛苦的深渊，也是旧社会剥削阶级的利益所在和奢侈享乐所。新的人民民主政权要建立自己的制度规约，必须对旧社会的毒瘤予以清除——一方面，为新的社会构建新的伦理规约建立必要的前提；另一方面，也使得正常的伦常关系得以恢复。

（二）婚姻伦理的新变化：从《中华人民共和国婚姻法》的施行看婚姻伦理的自由解放

共产主义伦理道德体系强调人人平等的价值理念。在阶级社会中，存在着人剥削人和人压迫人的不合理的社会现实。在中国的封建社会中，妇女更是深受政权、族权、神权和夫权的压迫。因此，男女关系上的真正平等问题是新社会制度必须要予以正视的。

五四运动时期，恋爱婚姻自由，是中国共产党人和资产阶级启蒙思想家们为之奋斗和追求的目标。陈独秀、李大钊等人对三从四德、男尊女卑对女性造成的歧视和迫害给予了深刻的揭示和批判，对以三纲为基础的男尊女卑的不合理现实进行了深刻的剖析。启蒙精英们倡导男女平等，贞操平等，教育平等，强调女性独立自主，提倡女性积极参政，社交公开化。马克思主义理论关于妇女解放的理论在这一时期得到大力宣传。文学革命对于婚姻伦理的破旧立新起到了重要作用，像《玩偶之家》、鲁迅的《我之节烈观》等，对于人们的婚姻伦理观都起到了重大的冲击作用。但是，这种影响更多是对城市知识分子和知识青年产生的。对于社会上的广大民众，尤其是农民及城市下层民众则影响不大，他们仍然是依靠旧式婚姻制度和观念生活。从社会整体看，这些关于婚姻自由的思想大多停留于城市知识分子中间的理论和实践中。甚至许多倡导自由思想的人其婚姻却仍是包办的——例如胡适。

在国内革命战争时期，中国共产党人在苏区进一步倡导婚姻自由。这一举措标志着，婚姻自由作为观念和生活方式从以城市知识分子为核心发展到城市市民和农民。在红区，成立了妇女解放协会、婚姻问题研究会等妇女团体。这些妇女团体进行新式婚姻的宣传，极大地改变人们的观念，加快了婚姻自由、男女平等的进程。在根据地时期，各地区相应颁布了法律对新的婚姻形式加以保护①，对旧婚姻予以批判，规定婚姻自由，初步确立了婚姻以爱情为基础，以共同的革命事业为奋斗目标。

新中国建立后，新生的政权十分重视保护妇女的权益，婚姻法的实施是一个很好的体现。婚姻自由是婚姻伦理中随着时代变迁的重要内容。旧社会的婚姻关系的诸多恶习中，买卖婚姻、包办婚姻，纳妾（一夫多妻），童养媳，对寡妇再嫁的干涉，"彩礼"（借婚姻关系索取财物）、男女不平等问题在解放初期严重。不少地区还依然存在着童养媳、等郎媳、早婚、典妻、租妻、抢寡妇等野蛮落后的婚姻恶习。1950 年 4 月 13 日中央人民政府委员会第 7 次会议通过了《中华人民共和国婚姻法》，同年 5 月 1 日起公布施行。《婚姻法》共 8 章 27 条，分为原则、结婚、夫妻间的权利义务、父母子女间的关系、离婚、离婚后子女的抚养和教育、离婚后的财产和生活、附则。通过对上述内容的详细规定，在吸取此前关于婚姻自由和解放运动取得的成绩的基础上，《婚姻法》废除了封建主义婚姻制度——以包办强迫、男尊女卑、漠视子女利益为主要特征，实行新民主主义婚姻制度——以婚姻自由，一夫一妻，权利平等，保护妇女和子女合法利益为主要特征；明令禁止重婚、纳妾、干涉寡妇婚姻自由、借婚姻关系问题索取财物等旧有婚姻陋俗，确立了结婚自愿、离婚自由，夫妻平等的原则，并且规定了父母对子女的抚养教育的义务和子女对父母赡养扶助的义务以及互相继承财产的权利。此外，还对男女结婚的年龄、禁止结婚的情况作了原则性规定，对离婚后子女的抚养和教育、离婚后的财产和生活作了具体规定。

---

① 1930 年 3 月 25 日，闽西革命根据地通过《闽西婚姻法》。对三从四德旧礼教进行了批判，取消聘礼，规定了以自愿为原则的平等婚姻，自由登记。但是在抗日战争时期，对军人的婚姻予以特殊保护。结婚审查严格，离婚受到限制，充分反映了军事共产主义条件下一切服从战争的特点。这一制度在建国后仍然基本延续。

　　《婚姻法》成为从不合理的婚姻中解放妇女、保护男女自由结婚的有力武器。《中华人民共和国婚姻法》是中华人民共和国成立后公布的第一部国家大法。它的公布实施，保护了广大妇女的权益，调动了她们参加生产建设的积极性，同时也为调整婚姻家庭关系提供了法律依据和保障。以婚姻自由为基础，贯彻实行一夫一妻制原则是1950年婚姻法的一大特征。在《关于中华人民共和国婚姻法起草经过和起草理由的报告》中指出："在这种新社会和新婚姻制度之下，当然应该实行一夫一妻制。为奴隶主和封建阶级所公然实行的一夫多妻制，为资本主义社会所必然产生的以通奸、卖淫作补充的虚伪的一夫一妻制，自来就为实行一夫一妻制的劳动人民所不取，当然更为实行新式的男女平等的一夫一妻制的现代无产阶级所敌对和鄙视。当工人阶级已处于社会国家领导地位而劳动人民又都成为国家社会主人的条件下，他们当然再不能不运用他们的国家法律的权力，来扫除这些旧社会的罪恶渣滓了。"① 婚姻法的实施使得新中国的婚姻伦理出现了新的变化。

　　但是，传统婚姻观念在社会中影响深远，尤其在某些偏远农村更是如此。贯彻《婚姻法》需要持之以恒的努力。在有些地区，旧的婚姻陋习还大量存在，自由婚姻仍是纸上的理想。在许多地区还出现了丈夫、公婆、干部或家庭杀害妇女，干涉婚姻自由的现象。为了根除旧的婚姻陋习，1951年9月政务院发布了《关于检查婚姻法执行情况的指示》，把贯彻《婚姻法》作为一项重大的社会改革来抓。为此，中共中央开展了一场大规模的宣传《婚姻法》和检查《婚姻法》执行情况的群众运动。1953年1月14日在北京成立了中央贯彻《婚姻法》运动委员会，通过在全国开展贯彻《婚姻法》运动月②的群众运动进行宣传和贯彻情况的

---

　　① 《关于中华人民共和国婚姻法起草经过和起草理由的报告》，引自王歌雅《中国现代婚姻立法研究》，黑龙江人民出版社2004年版，第134页。

　　② 为了使《婚姻法》家喻户晓，得到深入贯彻，达到改造旧风俗的目的，确立1953年3月为宣传贯彻《婚姻法》运动月。中央人民政府政务院还于2月2日发布了《关于贯彻婚姻法的指示》，以指导这次运动。随后，全国各地区相继成立了贯彻《婚姻法》运动委员会，并派干部深入县、乡和城市街道进行调查和试验工作，同时训练、培养贯彻《婚姻法》的骨干，做好宣传《婚姻法》的准备工作。文化部、全国总工会、中华全国民主妇女联合会等部门和组织也分别发出指示和通知，号召本系统和本行业积极参加到这场运动当中去。通过广播大会、游园大会、典型事例介绍、散发宣传小册子、放映电影等方式进行宣传，经过这次运动，全国四分之三的地区开展了贯彻《婚姻法》的宣传月活动。

检查。

　　此后，人们的婚姻关系更加平等，体现为结婚、离婚的自由自愿，夫妻之间男女平等，亲子关系的义务与权利的平等，旧有的婚姻陋习得到了逐步的破除。不可否认的是，对于广大偏远农村，还存在着换婚、借婚姻关系索取钱财，借钱财关系强制包办婚姻的状况。家庭暴力、父母通过打骂的方式教育子女等残存的陋俗还大量存在，无法在短时间内根除。

　　婚姻自由是现代社会伦理自由的一个重要标志。社会主义社会的婚姻家庭关系所确立的婚姻自由，一夫一妻，男女平等，保护妇女儿童老人的合法权益，计划生育等理念通过法律的方式进入并改变着人们的日常生活。旧社会的婚姻陋俗和不平等的婚姻关系，在社会主义社会发生了根本的改变。这是中国历史上前所未有的巨大变化。

　　新中国成立后，中国共产党人对旧式婚姻作了如下的处理，遵循女方自愿的原则对于童养媳、重婚、纳妾等旧式婚姻做了折中的处理："在婚姻法施行前未结婚的童养媳，自愿回家或令择配偶者，男家不得阻碍并不得索还婚礼和讨取在童养期间耗费的生活费。已经结婚的童养媳提出离婚或其他合法要求时，人民法院应依法处理。"① "对于婚姻法施行前的重婚、纳妾，一般的可以'不告不理'；但女方提出离婚或其他合法要求时，人民法院应依法处理。"② "婚姻法施行后，一子顶两门娶二妻，或为传后代再娶一妻，都是重婚，都是违反婚姻法的，是不能允许的。"③

　　在旧婚姻伦理的规约中，寡妇再婚是受到道义谴责的。鲁迅先生在小说《祝福》中塑造的祥林嫂形象，对寡妇再嫁在社会生活中遭受的歧视进行了刻画。新中国成立后，为了维护妇女的权利，新婚姻法对寡妇再婚的权利和行为从法律上给予了维护。"寡妇是可以自由结婚的。讥笑寡妇自由结婚是错误的，这是受了旧社会封建思想的影响，应该加以纠正。寡妇结婚，和妻死后男子结婚是一样的，都是正当的。但这并不是说：凡是

---

　　① 1950 年 6 月 26 日《中央人民政府法制委员会有关婚姻法施行的若干问题与解答》问题三，《人民日报》1953 年 3 月 19 日。

　　② 1950 年 6 月 26 日《中央人民政府法制委员会有关婚姻法施行的若干问题与解答》问题二，《人民日报》1953 年 3 月 19 日。

　　③《中央人民政府法制委员会有关婚姻法施行的若干问题解答》问题三，《人民日报》1953 年 3 月 19 日。

寡妇一律都要结婚，而是说：寡妇可以结婚，但是否愿意结婚，应由寡妇本人作主，任何人不得加以干涉。"① 并且"寡妇结婚时，可以把应该归她继承的遗产带走，任何人不能干涉。但如果她已生有子女，又不带走，应先保证留下子女足够的生活费用。"②

（三）共产主义生活伦理观的确立：从爱国卫生运动的兴起、"除四害"运动到厉行节约、反对浪费运动的积极展开

环境卫生和个人卫生是人民生活水平的重要标志，以往的社会从来没有对于关系到人民身心健康的事业给予过高度的重视。中国共产党领导下的人民政府通过全民性的爱国卫生运动，对于人民群众明确党的方针政策和真正维护广大人民群众的根本利益，具有十分重大的意义。它是政党伦理的现实塑造，也是对全社会人进行新的伦理意识的教育。

（1）爱国卫生运动

1952 年 3 月 14 日，中央人民政府政务院在北京成立了以周恩来为主任委员的中央防疫委员会，各地人民政府都成立了防疫委员会，发动群众订立防疫公约，在全国范围内展开了爱国卫生运动。

各级人民政府对此都极为重视。他们组织力量向群众进行广泛宣传动员，如组织医务人员和科学工作者，向群众进行有关卫生知识的宣传；印发各种文字和图画宣传品；举办卫生讲座；举办爱国卫生展览会等，很快把各阶层人民都组织到这一运动中来。

这一运动规模宏大，在中国历史上是空前的。全国各地的工厂、机关、学校、部队和广大农村，都普遍进行了清洁环境卫生的活动，清除了垃圾和杂物，清理和修建了下水道，改良和修建了厕所，填平了污水坑，疏通了沟渠，改良了水源，灭杀了大量苍蝇、老鼠等传播疾病的昆虫动物。各大城市的饮食、旅馆、浴池、理发等行业的卫生设备，在卫生机关的督促和管理下，也有了很大改进，一些不符合卫生要求的露天饮食摊点被取消。

---

① 《中央人民政府法制委员会有关婚姻法施行的若干问题解答》问题五，《人民日报》1953 年 3 月 19 日。

② 《中央人民政府法制委员会有关婚姻法施行的若干问题解答》问题六，《人民日报》1953 年 3 月 19 日。

由于这一运动的开展，全国范围内的环境卫生和个人卫生状况得到了空前改进。中央人民政府于 12 月 21 日作出决定，把爱国卫生运动作为中国人民卫生事业的重要组成部分，并将各级防疫委员会改称为爱国卫生运动委员会，统归各级人民政府直接领导。老舍的话剧《龙须沟》表现的就是这一时期的情况。从此，爱国卫生运动逐渐转为经常性的工作。

社会主义社会要树立新的形象，要真正把全心全意为人民服务这一党的宗旨落到实处必须要有实际的行动。人民群众的健康问题无疑是一个首先面临的问题。由于旧社会人们不懂得科学知识，许多旧的风俗和生活习惯危害着人们的健康。爱国卫生运动把党和政府对人民群众的关心落到了实处。

（2）"除四害"运动

"四害"指：苍蝇、蚊子、老鼠、麻雀。在旧社会"四害"是人们生活中常见的小生物。新中国成立后，随着医疗卫生事业的发展，人们逐步认识到苍蝇、蚊子、老鼠能传播疾病，而且老鼠和麻雀还吃粮食，为了达到消灭疾病、节约粮食和移风易俗的目的，中共中央和国务院于 1958 年 2 月 12 日发出《关于除四害讲卫生的指示》。《指示》要求在党的领导下，通过大规模的群众运动，消灭四害，移易风俗，使全民的士气振奋。此后全国掀起了除四害运动的高潮，各地还成立检查队，监督运动的进展和成果，而且出现了一批坚持常年灭四害的先进人物，被树立为典型，进行宣传鼓动。除四害运动使环境卫生得到了改善，人们受传染致病的几率降低，健康水平得到提高，但是由于这场运动认识上的限制，误将麻雀作为一害，导致麻雀大量被消灭，一定程度上破坏了生态平衡。

总之，爱国卫生运动和除四害运动，在新的制度下成为一种新的行为方式。人民群众被动员，不再是为了征兵或是服劳役，而是为了改变自身生存环境。在全新的理念指导下，他们从事着促进自身健康的运动，体验着在新的制度下的新生活，自然也对比着新旧制度的差异。现代伦理对行为者身体的管制，在新的社会制度下获得新的表达，它对人们日常生活的最基本的保护成为共产主义伦理诉求的现实表达。

（3）厉行节约，反对浪费运动

新中国是在一穷二白的基础上建立的。现实的生产力发展水平决定了少量的资源必须要合理节约地利用才能减少不必要的困难。面对重工业尤其是军事工业要优先发展的客观形势，1955 年全国开展了厉行节约、反对浪费的运动。结合粮食统购统销政策的推行，国家首先号召全国人民节约粮食。农民要严格服从国家的粮食统购统销政策，该卖的余粮一定卖足，不该卖的粮食坚决不要国家供应，以便帮助国家平衡粮食收支计划。城市居民和交通、工业部门，要力求消除在日常生活中浪费粮食和虚报冒领的行为和粮食保管、加工、运输，和供应工作中的损耗、积压和徇私舞弊、放纵套购的现象，改变以粮食为原料的各种工业、手工业中不合理地使用粮食的习惯。在全国的粮食系统内国家也动员教育广大群众，要严格执行各项制度，努力节约粮食，支援社会主义工业化。

1955 年 6 月 13 日，国务院副总理李富春在中央各机关、党派、团体负责工作人员等参加的报告会上作了《厉行节约，为完成社会主义建设而奋斗》的报告。

报告批评了基本建设、生产管理和工作人员生活方面的浪费现象，特别要求修改各类建筑工程的设计，降低造价。一切非生产性、消费性的建筑（学校、办公楼、宿舍、仓库、车站等），要根据经济水平和人民生活水平努力降低建筑标准和建筑造价。工厂建筑的生产部分凡苏联设计的一律不改，国内设计的要重新审查，苏联设计的非生产部分要降低造价，民用建筑造价一律要降低，办公室和高等学校的教室每平方米 45—70 元，铁路车站分大中小车站每平方米 30—70 元，其他民用建筑由各部按适用、节约原则规定标准，报经国务院批准。城市规划设计要重新审查，一般不得盖高层建筑；不是工业集中的城市不要进行旧城改造，尽量利用原有建筑物。全国各机关一律停止购买沙发、地毯，各地各部门现有沙发、地毯由当地政府管理机构统一调整。会议室一律用会议桌，不摆沙发、地毯。开会时一律不招待水果、纸烟、点心。除招待外宾外，一律不宴会、不会餐，机关工作人员参加一切晚会除招待外宾和外国剧团外都须买票等。

根据报告的要求，铁道部在 6 月中旬订出了 3 年节约方案，并订出 60 项技术组织措施加以保证。重工业部根据新指标将各项工程都订出降低造价的计划，第一机械工业部、燃料工业部、建筑工程部、纺织工业部、轻工业部、地方工业部、交通部、商业部等都制定了节约资金的方案。通过开展厉行节约，反对浪费运动，1955 年国家节约资金达 10 亿元以上，并利用这笔节约资金增加了限额以上的工程 60 多个。许多部门克服了铺张浪费、讲求排场的不良风气。不过，后来在削减基本建设投资时仍有缺乏全面安排，以致有的工程中途停工，造成窝工浪费的现象；也还有过多地削减非生产性建设投资，对职工住宅和工业基地辅助性建筑注意不够的问题；在降低建筑造价方面，存在某些不合理的地方，因而使有些建筑物标准过低、质量很差。

　　总之，在国家的大力提倡下，厉行节约反对浪费成为人们具体生活中的伦理规范。人们把浪费现象作为生活作风问题给予了高度的重视。勤俭节约作为社会主义生活伦理方面的一项具体规定，一方面和新中国成立初期的物质匮乏有直接的关系；另一方面也和共产主义道德的价值理念相关。艰苦朴素的生活作风，成为我们党提倡的伦理规约。它作为一种生活作风和党经历的艰苦奋斗历程是密不可分的。在新制度建立之初，开展这一运动既是由于现实物质条件的限制，也和政党—国家伦理规约的内容具体相关。

二　国家伦理的普及：国家伦理掌控下文艺事业的新发展

　　对于社会主义中国来说，要在思想上真正地让人民群众信任新的社会制度和新的价值理念，是一件任重而道远的工作。通过人民群众喜闻乐见的娱乐方式进行道德教化，历来是行之有效的方法。中国传统社会如此，现代社会亦然。政党政治要把自身的伦理规约上升为国家伦理规约，也要有效地利用这一点。通过这一特定的视角，我们会看到政党意识形态在新中国艺术发展中的深深烙印，并且在特定时期左右和主宰了艺术的走向。下面我们将通过具体的历史考察，深入了解政党伦理在艺术发展中的特殊样态，以及其对于中国人的现实伦理塑造。

（一）电影的国家伦理规约性被突出：从"人民电影"① 的构建看国家伦理的灌输

　　中国共产党十分看重电影等艺术形式所具有的思想政治功能。"早在

---

　　① 新中国成立至今的电影一般划分为三个时期：1949—1966 年为人民电影，1966—1976年为"文革"电影，改革开放之后为新时期电影。

夺取政权的战争期间，中国共产党就没有仅仅将电影看作是一种单一的文化娱乐形式，而是看作是一种政治斗争的重要武器，娱乐工业的资本主义的电影观被社会主义的电影观所代替，在中国共产党领导的电影历史上，电影已经是政治的一部分，甚至是最重要的一部分，这种观念，从领导左翼电影到发展解放区电影，到 1949 年建设社会主义新中国电影事业，再到'文化大革命'，甚至到经历了世纪转折的 21 世纪，都是一脉相承的"。① 新中国成立后，中国电影经过一系列从制作到发行放映体制的转变，建立起社会主义运作体制，开启了"十七年"② 的"人民电影"的构建。在政党伦理向国家伦理普及过程中，电影充当了重要的道德教化和精神培养载体。

新中国成立后，毛泽东思想深入到各个工作领域，成为具体的指导思想，在文艺界也是如此。毛泽东的《在延安文艺工作者座谈会上的讲话》成为指导文艺工作的标准和指南针。据此对电影进行了社会主义式的改造，主要体现在：对电影从业人员和电影管理体制的改造。在新中国成立之前，中国的电影工作者都是自由职业者，他们自己创作，自己发行；新中国成立后他们成为单位中的一员，享受国家的工资及福利等各项待遇。而且通过对知识分子的改造和文艺界的整风运动等活动使得电影从业人员的思想得到了转变，其创作观念和艺术表现手法都深深地打上了政党意识形态塑造的烙印。前文所述的知识分子的自我改造运动也扩展到文艺界，电影界也开展了整风运动。

新中国成立前，中国电影的经营方式是由市场订货、自主生产、自我发行（代理发行）、自由竞争、自负盈亏。私营电影公司和国营电影企业可以并存。新中国成立后，为了统一思想和管理，中国电影的制作和运营转变为全面一体化管理，实行国家订货，国家垄断，组织生产，政府统购包销的体制。政府设立了电影事业管理局，制定各种规范电影事业活动的政策规章。电影的制作先根据政治宣传的需要，制定电影摄制计划，再将摄制任务分配给各电影厂，由电影厂分配给编剧导演，电影的发行和放映

---

① 尹鸿、凌燕：《中国电影史》，湖南美术出版社 2002 年版，第 5 页。

② 1949 年新中国成立到 1966 年"文化大革命"发生之前的历史时期，官方习惯称为"十七年"。

在当时也是受到控制的。

1950年3月，开展了"新片展览月"①活动。播放的影片主要是反映阶级斗争中人民如何通过艰苦斗争翻身做主人的工农兵题材。诸如故事片《白毛女》、《高歌猛进》、《内蒙人民的胜利》、《民主青年进行曲》、《中华儿女》、《赵一曼》，纪录片《踏上生路》、《百万雄师下江南》、《大西南凯歌》、《东北三年解放战争》、《红旗漫卷西风》等就是其中的代表作，成为新中国那一代人主要的精神食粮和娱乐内容。但是"新片展览月"活动只是在城市开展。城市人得到了欣赏，受到了教育，而广大农村由于没有放映条件基本上没有得到教育。后来全国各地成立了600个电影放映队，集中训练了1800余名放映员，下乡到各农村放映。那时在农村还主要是露天电影，每到电影放映的时候，天刚黑，人们就早早地到现场占据好的位置。大家互相聊天，讨论看过的电影和将要放映的电影。附近的村民也会来看，场面十分热闹，在很大程度上满足了农民的精神文化生活的需要。像反映战斗英雄题材的电影《平原游击队》、《红色娘子军》、《洪湖赤卫队》、《中华儿女》、《赵一曼》、《渡江侦察记》、《铁道游击队》、《鸡毛信》等；反映农村现实生活题材的《李双双》、《五朵金花》等都是这一时期受人民欢迎的优秀的影片。这些受到欢迎的优秀影片，不仅具有相当的艺术性，而且有鲜明的价值性，具体表达了爱国主义、集体主义、革命英雄主义等价值理念。

从上述对影片放映内容的分析我们可以看到电影承载着国家伦理规约的价值诉求，并且通过艺术的方式将中国共产党的艰苦奋斗历程，新社会带来的人的地位的根本改变，群众作为历史主人翁的重大作用，中国共产党的英明领导等历史的革命业绩以及现实的巨大改变反映出来。广大人民群众受到有关伦理意识的熏陶。电影艺术作为国家伦理的资源载体，对人们在新的社会制度下如何做一个新人，具有塑造伦理价值的意义。

当时人们娱乐生活中的重要内容就是看电影和听广播。人们可以通过广播了解天气情况，时政要闻，新事大事，文艺节目，故事评书歌曲等

---

①　1950年3月7日起，新中国人民政府组织开展了"新片展览月"活动。全国20个城市60个电影院接连放映26部国产影片，对东北、北京、上海3个国营电影制片厂1950年出品的大部分影片进行集中展览。

等。人们可以用矿石、线圈、铁丝等简单的材料自行组装矿石收音机。电影由于艺术表现手法的特殊性，自中国有电影以来，就被作为一种塑造意识形态的手段在起作用。

作为一种伦理资源的载体，电影通过艺术的形式，使人们在欣赏影片的同时，感受到贯穿于其中的伦理意识和规范并受到教育。这对于人们的现实伦理生活产生了重要的影响。那十七年期间，文艺上的指导方针从理论上看是开放的，但是战争的逻辑思维仍然在惯性延伸，文化心理上保有战时痕迹，政治的实用精神和政治激情相结合，斗争哲学及二元对立思维方式普泛化，造成民族主义、爱国主义热情高涨，对西方文化及西方思想观念全面排斥。在政治斗争复杂化的那个时代，由于电影和意识形态的亲和性关联，电影往往成为政治斗争的工具。从电影作为国家伦理的载体这一角度来看，这样的政治化行为，一方面强化了国家伦理的意识形态性；另一方面使得国家伦理出现某种异化，继而带来现实生活伦常关系的某种程度的异化。

（二）社会主义文艺的普泛化影响：从苏联革命文艺的盛行看国家伦理规约资源的多样化

革命文艺作为意识形态在文化领域的表现，对于知识阶层而言，是其在精神方面接受社会主义改造的思想食粮。由于新中国的建立和建设与作为社会主义阵营老大哥的苏联的特殊关系，我们的建设和发展从各方面都是以苏联为榜样的。新中国的方方面面都深深打上了苏联的烙印。

小说《钢铁是怎样炼成的》、《牛虻》、《青年近卫军》、《卓娅和舒拉的故事》即是那个时代青年们的精神食粮；电影《列宁在十月》、《列宁在一九一八》在中国影响也较大；苏联著名作家普希金、托尔斯泰及马雅可夫斯基等人的作品也在中国广为流传。20世纪50年代初期中国的流行歌曲中苏联歌曲占据了大部分。像《莫斯科郊外的晚上》、《心儿在歌唱》、《山楂树》等歌曲，从那个时代走过的一代人仍能满怀激情地唱出。保尔、卓娅成为青年进步进取的偶像。

中国电影由于受苏联电影的影响，在其发展史上出现了一个红色电影的经典时期。与苏联文艺盛行的同时，中国革命题材的文艺也掀起一股热潮。1950年，东北电影制片厂摄制的《刘胡兰》、《赵一曼》、《钢铁战士》公映，引起巨大反响。赵一曼的扮演者石联星在捷克斯洛伐克举行的第五届国际电影节上获演员优等奖，石联星成了影迷崇拜的对象。此后，《红岩》、《青春之歌》、《红旗谱》、《创业史》、《林海雪原》、《欧阳海之歌》等革命题材的小说以及《霓虹灯下的哨兵》、《红色娘子军》、《李双双》等电影也风行一时。这些革命文艺塑造的人物成为那个时代青年模仿的榜样，他们被这些人物的先进事迹和表现出的共产主义精神鼓舞。在现实的生活中，他们积极学习，努力改造自己，他们富于激情和理想，至今他们仍是社会的中流砥柱。

（三）国家伦理对传统文艺的社会主义改造：从对地方戏曲改革到民间艺术的改造看国家伦理的塑造

地方戏曲作为民族艺术的表现形式，由于历史的原因，其自身的内容承载了特定时代的价值取向与文化心理。反映封建时代的传统伦理道德内容的戏曲，曾在中国具有广泛而深远的影响。因此在新中国建立之后，除了发展社会主义文艺之外，对传统戏曲的改造也成为重要的伦理塑造行为。

地方戏曲是不同地区的人在自身地理环境、生活习俗、特定文化等方面的特殊背景下发展起来的地方艺术形式，具有特定的艺术表现形式和表现内容。在一定意义上说，地方戏曲就是地方人民的精神娱乐食粮。社会主义的精神文明建设必须要通过艺术的手段来提高人民的娱乐生活和精神享受。利用已经广为流传，并且具有深远影响的艺术形式，无疑是可以达到事半功倍效果的捷径，并且也是传统艺术现代转型的有益尝试。

在1950年11月全国戏曲工作会议初步研究戏曲改革问题的基础上，政务院于1951年5月5日作了《关于戏曲改革工作的指示》，其具体内容可归结为以下几点：（1）突出歌颂革命斗争和生产劳动中的英雄主义。（2）从剧本上把好政治关，反对迷信。（3）革除旧有意识形态性的内容，改造和发展喜闻乐见的戏曲形式。（4）加强对戏曲艺人在政治文化和业务上的新培训，强调党的领导。（5）鼓励竞争，力求百花齐放。

此后，全国的戏曲改革工作蓬勃展开，并取得了一定的成果。1952年第一届全国戏曲观摩演出大会召开。这些优秀的传统剧目，是全国100多种地方戏的精华，在艺术方法上，它们善于抓住生活中的矛盾和冲突，对人情世态的描绘，往往达到异常细致准确的程度；同时还以十分简练的手法和合理的艺术夸张生动地表现出中国人民勤劳、勇敢、智慧、善良的性格。演出期间，各地区演员互相学习，取长补短，进一步丰富了各剧种的内容。

传统戏曲中表现现代生活的题材，反映了革命和生产中的英雄主义，人民喜闻乐见，其中还有反对迷信的要求，这些都反映出无产阶级伦理规约的现实影响力。

继 1952 年第一届地方戏曲观摩演出大会之后，一个值得纪念的事件是由昆剧《十五贯》在京汇演引发的地方戏热潮。1956 年为了庆祝社会主义改造基本完成，浙江省昆苏剧团带着他们重新精简编排的《十五贯》、《长生殿》、《游园惊梦》、《玉簪记》、《渔家乐》等传统剧目到北京做汇报演出。演出获得很大成功，尤其是《十五贯》，出现了"满城争说十五贯"的盛况。该剧的演出之所以具有轰动性的影响，是由于改编后的昆剧变得故事集中、主题突出、人物鲜明，而且主题表现了正义战胜邪恶的力量，具有相当的现实教育意义。对当时的新中国而言，这既是一种民族艺术的再现，也是一项现实的思想政治教育工作。编剧对传统剧本的拖沓冗长、唱词不够通俗等缺点，做了适当的改编，保留并发挥了其原有的音乐、舞蹈、表演方面的优势。这部昆剧获得的成功经验后来得到了推广。历史剧的现实教育作用和民族艺术的优良传统作为体现双百方针的成果受到重视。

在民间艺术方面，中国少数民族的民间音乐和舞蹈历史悠久、影响深远，是少数民族人民群众日常生活中的重要组成部分。中国民间音乐的曲调丰富多彩，有优美抒情的山歌、节奏强烈的劳动号子、流利畅达的小调等；民间舞蹈形式多样，大多载歌载舞，如汉族的身歌、腰鼓，蒙古族的"安代"，藏族的"弦子"，维吾尔族的"赛乃姆"，苗族的"芦笙舞"等。民间音乐、舞蹈在人民群众中广泛流传，由于各民族、各地区人民的生活、历史、风俗习惯以及自然条件的不同，形成了风格和特色的明显差异，具有鲜明的民族风格和地方特色。

新中国成立之后，原有的民间音乐和艺术逐渐转向为无产阶级服务，民歌的内容被限定在歌颂和表现婚姻法和保卫祖国等方面。原有的优美的民歌因其特殊的内容不允许歌唱。这一方面体现出政党的意识形态全面上升为国家意识形态的现实，表现人民新生政权的艰苦创立和艰难创业的奋斗历程；另一方面也存在一定的问题，对于流传几千年的民间音乐硬性地加入新的政治内容，为之服务，很大程度上给人以粗糙、生硬的感觉，破坏了民间音乐原有的优美、热情、朴素的表达。当舞蹈变成再现某种劳动的简单艺术模仿式，艺术的大众化就变成了艺术的庸俗化，这样的事件不单单体现在民间音乐和舞蹈上，在诗歌的领域同样存在这样的问题。而且后来的发展在历史上可以说是绝无仅有的。

在某些地区还出现了干涉甚至禁止民间艺术演出、粗暴对待民间艺人的现象。这一问题得到中央的重视。基于保护民族艺术文化的目的，文化部于1953年4月1日至14日在北京举办了第一届全国民间音乐、舞蹈会演大会。参加大会的民间艺人共300余人，表演了100多个民间音乐、舞蹈节目，他们以精湛的表演技艺，展现了民间音乐和舞蹈特有的热情洋溢、活力充沛的健康朴素风格。民间艺术与生活的关系成为专业艺人的学习关注点，如何艺术地再现新生活时期的时代内容，而又不失去艺术特色，民间音乐如何借鉴专业的表演技巧和艺术理论，成为这次演出大会参加者的收获。

实际上，民间艺术受到的现实改造固然有其不合艺术规律的一面，但是它却充分反映出政党伦理向国家伦理上升的过程中，力图抹平旧有伦理纲常对文艺的利用和限制，而代之以反映新的伦理道德规约的急进意识。后来，这样一种心理和行为更为极端地表现在相继而起的新民歌运动中。

（四）国家伦理对新文艺的塑造：从广东音乐的讨论、流行音乐的禁绝到新民歌潮运动看国家伦理的普及

（1）关于广东音乐的讨论

广东音乐由于更多是表现"花鸟虫鱼"的主题，手法是轻音乐为主，因此其内容一度被认定为不适合表现我们正在经历的伟大时代，其形式不适合表现重大主题和重大题材。尤其是1957年以后，广东音乐的改编问题成为争论的焦点。有的人认为这类作品给人一种享受和慰藉，有的人则认为在气势磅礴的时代里这样的作品无多大意义。争论主要集中在艺术的形式和内容的关系。

（2）关于流行歌曲的禁绝

流行歌曲是城市文化的重要内容，市民对轻快通俗的唱法、熟悉的表现内容都非常喜爱。以黎锦晖在 1927 年创作的歌曲《毛毛雨》为标志，现代中国的流行音乐登上历史舞台，进入人们的日常生活。随后创作的《桃花江》、《特别快车》等歌曲，成为中国第一批流行歌曲。20 世纪三四十年代，流行歌曲的发展取得了辉煌的成绩。《玫瑰玫瑰我爱你》还被译成英语，成为在全世界流行的中国第一首流行歌曲。

新中国成立后，文化领域建构出新的艺术形式。群众歌曲作为和流行歌曲相对应的艺术形式，成为广大人民群众创作的新的艺术形式。而由于流行音乐的创作者大都是音乐人和文人，在新中国成立后，他们被认定为小资产阶级，在政治上处于无权的被改造的地位，在艺术的舞台上就出现了群众艺术的极端繁荣。反右运动开始，流行音乐被冠以黄色歌曲的恶名，要加以消灭。其中《何日君再来》成为批判的典型，批判者认为这是一首汉奸文艺的代表作。当时，人们认为"黄色歌曲是旧社会的一种反动文化，是为腐化没落的资产阶级、洋奴买办和敌伪汉奸服务的，它反映了他们反动淫秽的感情，并被利用来麻醉劳动人民的斗争意志。"① 于是流行音乐被作为旧时代有产者才能享受的艺术形式。在政治运动的背景下，流行音乐在中国的发展一直到改革开放后才在新的起点上重新起步。可以说今天的人能够听到的流行歌曲，在特定时代是一件被上升到政治高度来看的事件，流行音乐曾经作为黄色歌曲被禁绝，只有革命歌曲才是时代的主旋律。

（3）群众歌曲的发展

群众歌曲②是一个政治性比较强的概念，它不同于所谓的民间音乐。在以往的时代，人民创作的歌曲，只能以民间音乐来称谓，当然还得是那种流传广泛，历时较长，影响较大的。群众歌曲是中国进入救亡图存的近

---

① 《新民晚报》1958 年 1 月 10 日，周伟主编：《事态万象——社会时尚万花筒》，光明日报出版社 2003 年版，第 163 页。

② 群众歌曲与民间音乐的区别在于，它除了与民间音乐一样具有广泛的大众性、流行性之外，还具有迥异于民间音乐的强烈的政治意识形态，如果说民间音乐主要是表现传统社会中的普通民众日常生活中的爱恨情仇，男欢女爱等。而群众歌曲则是力图反映时代主题，用音乐形式诠释政治意识形态。

代社会以后才有的特定艺术形式和理念的表达。群众歌曲作为在战争年代发展起来的一种艺术形式，有着深刻的群众基础，它结合了民间音乐的优长，乐于为人民群众所接受，而且往往流传极快且范围极广、影响极大。比如歌曲《中国人不打中国人》，对士兵和民众认同共产党提出的抗日民族统一战线起到了重大的推动和促进作用。比如歌曲《松花江上》表达了东北人抵抗侵略的共同心声。

新中国成立后，群众歌曲得到很大的发展空间，甚至在一定程度上成为民间艺术形式的代表。伴随各种政治运动，群众歌曲的发展出现了前所未有的繁荣。但是由于一些群众歌曲内容政治性过强，使艺术的表现手法和方式受到极大的影响，群众歌曲反而不能为人民群众所喜爱，尤其是政治内容极为浓厚的群众歌曲，其过于生硬的政治说教和过于粗糙的艺术表达形式，既影响了人民群众的精神生活的享受，也使其承载的思想政治内容的引导受到限制。为了提高创作的水平和真正地实现群众歌曲的社会作用，文化部、中国文学艺术界联合会于 1954 年举办了 1949 年 10 月 1 日至 1952 年 10 月 1 日群众歌曲（包括军队歌曲）评奖活动。歌颂祖国，歌颂伟大领袖，反映保卫和平主题的歌曲"我是一个兵"、"草原上升起不落的太阳"、"歌唱二郎山"等获得了一等奖。这些歌曲在群众中影响广泛，较好地塑造了人们在新社会制度下的伦理观念和行为。还有一些歌颂社会主义政治制度和劳动歌曲的杰作，像"歌唱民族区域自治"、"纺织歌"等就是其中的代表，获得了二等奖。评奖结果公布后，这些获奖歌曲得到出版，在各地传唱开来，产生了较大的影响。

（4）新民歌运动

新民歌是社会主义制度下人民生活的现实表现。它在新中国第一届民歌、舞蹈演出大会之后，在全国上下文化大跃进的推动下，开始兴起。

中国的大跃进运动是社会主义建设过程中出现的一个特殊现象，通过政党政治的全面动员，人民的建设热情空前高涨，尤其是社会主义三大改造的提前完成，人们开始想象着跑步进入共产主义，楼上楼下电灯电话，电影院、图书馆、理发馆、俱乐部、音乐厅等，人们按照自身的需求设想着未来的现实。中央倡导的人民群众作为历史主人翁要有自己在文化艺术上的表达，促使新民歌运动应运而生。著名诗人郭沫若认为新民歌是"今天的新国风"、"明天的新楚辞"，"中国的新国风，将来的首数恐怕要以亿为单位计算。这同时是文艺生产上的大跃进。"① 新民歌运动事实上反映了社会主义国家的建设者和主人翁在文化上也要成为先进分子的愿望。尤其是大跃进运动使劳动人民的浪漫和想象力空前高涨，在各种运动铺天盖地而来的时代，劳动人民要抒发自己的胸臆和抱负，表达无限的感慨。所以民歌运动一经提倡，便成为声势浩大的运动。这一运动集中的表现是赛诗会的出现，全民进行诗歌竞赛。但是诗作大多是朴素有余，文采和艺术性不强，表达了人民群众对共产主义的美好憧憬和与天地斗争的豪言壮语，以及进行各项运动的决心。新民歌的创作以多快好省为指导方针，而且在全国范围进行了搜集，于是亿万首新民歌涌现出来。

不过，新民歌完全是政治意识形态的一元化在群众层面的朴素表达，直接为政治任务和群众运动服务，反映的是党的各项方针和指示。当然，对于文化水平普遍不高的群众了解我党的方针政策是现实可行的。在人人关心政治的年代，许多新民歌被广泛传唱。新民歌被作为革命浪漫主义的典范得到了过高的评价。诚然，新民歌在一定程度上体现了艺术来自生活的美学观念。其政治性的内容本身是生活的重要方面。但是，当政治性的内容以强势介入，以之为内容，以之为标准，民歌本身具有的自然素朴的生活风格不见了，其影响力随着政治极端化的程度而减弱。

艺术在特定的时代和政治制度下有它特定的政治含义，对于表现现实生活的艺术来说，政治意识形态本身就是现实生活的重要面相，"新民歌、民谣，是新时代的产物，是生活在社会主义社会中的人民，对新社会的赞歌，对共产党和毛主席的赞美，对生活和劳动的赞歌。"② 但是艺术创作本身又有相对的独立性，不是通过政治上的指导就能够带来艺术的繁荣，就能够真正创作出人民群众满意的作品；也不是通过政治标准对艺术的肆意评判就能够分出艺术的品位高下。"新民歌是大跃进的产物，由于政治因素的介入，新民歌很难体现朴实自然的风格，千百年来人们在生活上艺术上的美学观念被冲毁了。"③ 由此，我们看到政治意识形态全面介入艺术时，对艺术造成的损害是巨大的。当意识形态性有所缓和时，艺术

①　郭沫若：《为今天的新国风，明天的新楚辞欢呼》，《中国青年报》1958 年 4 月 17 日。
②　焦润明等编著：《当代中国社会文化变迁录》，沈阳出版社 2001 年版，第 199 页。
③　同上书，第 201 页。

却会出现短暂的繁荣。从这个意义上说，要想真正满足人民群众的精神生活需要，还要真正以艺术本身为标准，以人民群众的喜爱与否为标准，而不能简单地以政党意识形态一元介入为准绳。

三　国家伦理化的新风俗和时尚

（一）传统风尚的国家伦理化：从婚礼、葬礼、庙会、春节的新变化看传统风尚的共产主义伦理化

新中国成立初期人民的生活水平还很低，加之中国共产党的政党伦理在日常生活中的强有力的规制作用，那时人们崇尚勤俭节约，艰苦奋斗的生活作风。

（1）婚礼的新变化

结婚仪式的简化既是共产主义生活伦理观强调艰苦朴素的生活作风使然，也是国家伦理的塑造使然。婚礼浸润政治意识形态气象，如在婚礼上谈学习"毛选"（即《毛泽东选集》）的体会，还有订立增产节约约定等行为都反映了国家伦理化的程度。在传统庙会上进行的新文艺的演绎也具有同样的性质。春节虽然形式上的变化不多，但是在大跃进时期还是出现了春节人们在劳动中度过的新做法，反映了政治伦理化对人们日常生活的全面影响。

新中国成立后，通过了新的婚姻法，对于新民主主义社会下的婚姻自由给予了保护，并且通过移风易俗等活动，倡导人们对旧有婚俗进行变革。当时的婚姻在城市和农村都比较简单，一般是到单位开介绍信，然后办理结婚证，请单位领导证婚，通常送"毛选"作为礼物，备糖果瓜子，亲朋好友在一起，结合特定的时事政治任务进行结婚后的表态，例如那时有的在结婚时订立增产公约，体现夫妻是在共同的为了无产阶级事业奋斗基础上结成的革命伴侣。农村的婚礼也较为简单，一般就是新衣新房，好一点条件的有自行车、缝纫机、手表。这些在当时已经就是奢侈品了。作为旧婚俗的闹洞房还是照旧的。到1952年在婚姻礼俗上出现了集体结婚的新形式。这种形式因其简单朴素、符合增产节约精神而被大力提倡。

婚姻伦理是生活伦常的基本内容。在新中国成立后，共产主义伦理道德的价值理念成为社会伦常关系的主导。在婚礼上，出现了很多新的变

化。新政权通过倡导新的婚礼形式等方式，在全社会贯彻和普及新的价值理念。新政权对婚礼习俗的改变，主要就是改变原来铺张浪费的习惯做法，反映出它对勤俭节约的重视，以及对无产阶级美德的倡导。领导证婚，婚礼中出现的订立生产合同的典型事件，都反映出强烈的价值理念的激进意味。这也表明，伦理道德建设在日常生活领域全面展开。

（2）葬礼的新变化

中国是一个十分重视葬礼的国家，在传统社会中，葬礼的场面是衡量子女孝心程度的标准，即便是穷人的葬礼也要弄得较为排场和隆重。否则被人们认为是不孝，在现实的生活关系中也会处于被孤立的境地。在新中国成立前的革命根据地的建设中，曾经对葬礼进行过简化，基于马克思主义的唯物论和无神论，本着朴素节俭的原则，简化葬礼利于人们的生活负担减轻。但是简化葬礼并没有在全国范围内成为共同遵守的规范。

由于葬礼造成的社会财富的极大浪费，以及反映了封建迷信思想和作为封建伦理残余，1952 年，中央政府开始在大中城市中提倡火葬，并推广普及。1956 年经毛泽东提倡，火葬渐多。

（3）庙会的新变化

在旧社会，人们在庙会活动中，既有烧香上供、磕头还愿的迷信活动，同时也有集市购物的经济活动。新中国成立后，封建迷信活动被取缔，而代之以新的内容。结合时事任务的新戏剧和文艺节目成为庙会上的新景，其中的表演内容有宣传镇压反革命的，宣传反对封建迷信的，抗美援朝的，增产节约的，"三反"、"五反"的，农业合作化，"大跃进"运动等。庙会上的文艺活动已经与旧社会有很大的差别，其具体内容更多是反映时事以及宣传各项路线方针和政策。

（4）春节的新变化

春节作为中国人的传统节日是最受重视和最隆重的节日，在这天人们都要祭祖，或进行烧香拜佛等迷信活动。人们会把一年中最好吃的食物，最好看的衣服都留在这个时候。给小孩子压岁钱、小孩子磕头拜年、贴春联、包饺子、串亲戚等习俗在新中国成立后还保留着，就是人们在拜年时，不能再说"恭喜发财，大富大贵"一类反映封建思想的话。春节也是人们的假期或是农闲时节。旧时，闲着无事的人总是爱赌博。新中国成立后作为反对封建陋俗的内容，赌博被禁止。在农村一般称为"抓赌"①。

春节是中国人的传统节日，是家人团聚，祭祀祖先的日子。亲朋好友在此时也相互拜年祝福。此时也是人们一年最为清闲的时刻。由于共产主义伦理的塑造在全面介入日常生活的过程中，这一最具传统色彩的节日也发生了变化。很多人为了响应党和政府的号召，在春节这一天，仍坚持在工作岗位上。在国家艰苦奋斗的时刻，他们认为过一个革命化的春节才更有价值，更有意义。在新中国成立后，庆祝春节的形式发生了很大的变化。很多领导人会在这一天去看望留在工作岗位上的工作人员，去慰问为革命事业和建设事业作出巨大贡献的人。春节活动出现这些新变化都反映了共产主义道德建设的发展。因此，我们看到婚礼、葬礼、庙会、春节等传统习俗在共产主义理念的塑造下，都出现了一定程度的改变。并且，从中我们也能看到共产主义伦理道德在这一过程中得到宣传和发展。

（二）国家伦理规约下的新娱乐生活：从广播的建立到全民文体活动的普及看国家伦理管控的增强

在旧中国的大中城市，都有规模大小不等的戏园子。可以说中国是最喜欢听戏的民族。传统社会的达官贵人、地主老财或普通民众都喜欢"听戏"、"看戏"，只不过是听戏看戏的闲暇时间和场所不同罢了。新中国建立后，取缔了旧式戏园和茶馆，人们欣赏节目主要通过广播。改造后的戏曲节目，更多是反映革命题材的。比如《红岩》、《霓虹灯下的哨兵》、《林海雪原》、《野火春风斗古城》等，还有反映新形势新问题的《朝阳沟》等戏曲。② 广播作为一种传播技术手段，简便易行，很快在中国的城乡普及。运用广播最初的目的是为了使我党的各项方针政策迅速下达到任何一个地方。由于国家伦理的管控增强，使得文艺节目的娱乐性中有着较强的思想政治性，广播就成为人们在现实中伦理观念变迁的有效影响和引导方式。

---

① 公安机关抓捕正在赌博的人的活动，一般是群众举报，突击抓捕。在20世纪70年代到90年代还是禁止赌博的一种常规而有效的方式。

② 刘建美编著：《从传统消遣到现代娱乐》，四川人民出版社2003年版，第122页。

除了听广播以外，小人书（小型连环画册）作为一种图文并茂的书籍，更加适合儿童和知识不多的人看。小人书的出现，适合中国的具体国情。小人书作为一种寓教于乐的有效手段，有着积极的教育和休闲娱乐的作用。小人书成为那一时代人童年时的启蒙读物，小人书中的革命故事和革命英雄深深嵌入整整一代人的记忆中。许多传统题材，还有当时的革命题材的电影，像《白毛女》、《新儿女英雄传》、《中华儿女》、《闪闪的红星》、《铁道游击队》、《地道战》、《地雷战》等都被改编成了小人书，许多人对革命英雄的理解也基本是在那时奠定的。

在城市居民的娱乐生活中，舞蹈成为新中国成立后重要的娱乐方式。旧中国 20 世纪二三十年代，在以上海和北京为代表的大中城市中，作为上层社会的交际和娱乐方式，交际舞比较流行。新中国成立后，中国政府取缔了旧式的舞场和舞女。在舞蹈上的破旧立新主要体现在，学习社会主义舞蹈。中国人向苏联学习了华尔兹和探戈等舞蹈。根据苏联歌曲改编的舞蹈和根据中国民乐改编的舞蹈，在建国初期相当长的一段历史时期内成为城市人们娱乐生活的重要内容。

那时的舞蹈带有很强的政治味道，许多学校是把交际舞的学习作为学生的必修课，许多单位是把举办舞会作为生产任务来抓的。那时有句口号很能说明问题。人人要唱歌，人人会跳舞。许多舞蹈被编成与时势相结合的形式，带有直接的政治宣传目的。如曾经在全国流行一时的《抓老鼠舞》和《除四害舞》等等。①

群众性的体育运动和改变旧的礼俗与伦理规约相关，即通过有共性的公共活动使人们具有相应的纪律意识和现代意识。而且在国家伦理日渐全面管控日常生活的时代，体育也被赋予更多的伦理象征意义。广播体操②成为那个时代的流行体育运动方式。广播体操作为现代生活方式的一种象征，尤其是在社会主义中国特定的历史时期，又衍生出模仿各

---

① 参见刘建美编著《从传统消遣到现代娱乐》，四川人民出版社 2003 年版，第 126、127页。

② 1951 年，中华全国体育总会筹备委员会和中央广播事业局共同决定在中央人民广播电台和各地广播电台举办广播体操节目，并于同年 11 月公布了第一套成人广播体操，受到广大人民群众的热烈欢迎。1954 年、1955 年又先后公布了第一套少年和儿童广播体操。参见刘建美编著《从传统消遣到现代娱乐》，四川人民出版社 2003 年版，第 130 页。

行各业的体操①。成为人们生活中必须要进行的运动。每天上班时，喇叭一响，千百万人随着乐曲做操；下班晚饭后，众多人群聚在街头巷尾练习体操，这在中国历史上是破天荒的新鲜事。做广播操成为影响面最为广泛的一种群众性体育娱乐活动，也反映出国家伦理规约的深度和广度。

作为娱乐活动的传统项目，比如象棋、围棋、桥牌、扑克等仍然是人们的重要的日常娱乐内容。人们的娱乐生活在政党伦理上升为国家伦理之后，均深深地打上了国家伦理的烙印，而且在各个方面都表现出国家伦理全面管控的增强。后来，这一趋势到"文化大革命"时期达到极端状态。

四　国家伦理对身体的束缚和身体的革命化：从服装发型看国家伦理的泛化

服装和发型在特定的历史时期具有特定的政治意义。中国传统文化中本身就有改服饰的传统。在外国也有以服装来表明自身身份和意识的传统，比如套裤腿党等称谓。清代以来，经过剃发的斗争之后，在近现代人们都是以剪掉辫子来表明革命志向。服装作为特定意识形态的身份意识表达，在中国共产党的政党理念中，具有一定的阶级含义。因此，对服装发型的规范体现的是一定的伦理价值取向。

（一）作为革命伦理价值符号象征的服装：从干部服和毛式制服到列宁装与布拉吉看国家伦理的泛化

中山装和毛氏制服的穿着，不仅涉及穿衣的审美方式问题，也是表达特定的政治意愿和政治身份的特殊方式。毛泽东是孙中山先生革命事业的继承者，在精神理念上表现为新民主主义对旧民主主义的继承与超越。所以，我们看毛式制服和中山装的差别很小，既不同于传统的中装也不同于现代的西装。对于伟大领袖和导师的服装的政治含义有所了解，我们会了解为什么许多人喜爱毛式制服和中山装，因为那是表明价值认靠和身份意

---

① 在第一套广播体操的基础上，衍生出钢铁工人操、纺织工人操、煤矿工人操、售货员操等。

识的依据。解放军在解放各大城市的同时，也以服装重新装点了人们的外
在形象。

解放战争胜利后，中山装作为革命的象征随着解放军进驻各大城市以
及扫除国民党残余的斗争的展开，得以迅速普及。象征有伤风化的旗袍，
具有小资情调的长衫、礼服和带有崇洋倾向的西装逐渐退出历史舞台。在
这场服装革命中满怀革命激情的青年学生是先锋和主力，他们率先穿起了
象征革命身份的干部服。许多人或是迫于政治压力或是心甘情愿地脱下旧
时代的长袍和马褂，以及象征旧社会资产阶级的西装，穿起了干部服，以
此表明自身拥护革命。我们发现这场服饰的变革不是通过政治强制命令完
成，完全是政治革命意识随着军事胜利的渗透和一种蔓延达成的。① 西装
马褂曾经是象征中国知识分子和东方商人形象的服装，在一些民族资本家
的身上还能偶尔看到，经过"三反""五反"运动之后，人们很难在公共
场合看到了。②

典型的革命服装主要有两种，一是以解放军军装为蓝本，只是在选用
布料颜色上略加变化的青年装、学生装和军便装；二是对传统的中山装略
有改变的新式中山装。前者为男女不分之服装，后者为男子服装，而实际
上两种服装都是传统中山装的变种。

新中国成立初期的新式中山装对传统的中山装的主要改变是：原来的
圆角翻领改为尖角翻领，胸前仍是两个带盖的暗兜，但左边的暗兜上方多
了一个小豁口，可插钢笔。这种改变中，左边暗兜可插钢笔是受苏联革命
领袖列宁所穿列宁装的影响。毛式服装③一出，其他领导人的服装也参照
制作。在伟大领袖和革命高于一切的时代，这种改良中山装立即受到人们
热烈欢迎。青年学生首先效仿，紧接着各行各业的人们也争先效法。20
世纪 50 年代毛式制服逐渐流行于世。毛式制服的革命性色彩主要体现在：
一是它对传统中山装的改良是受苏联革命领袖服装的影响，二是体现了革

---

① 刘建美编著：《从传统消遣到现代娱乐》，四川人民出版社 2003 年版，第 164 页。

② 同上书，第 165 页。

③ 在新中国成立之初专为毛泽东制作服装的是一位名叫田家桐的老技师。在给毛泽东制作
中山装时，为了衬托毛泽东高大的体形和非凡的领袖气质，将传统的略小的圆领改为阔而长的尖
领，并将衣服的前阔、后背做得宽松一些，中腰稍微收敛，后片比前片略长一点，袖笼稍提。这
样，使毛泽东更显得伟岸高大。国外媒体把这种改进的中山装称为毛式服装。

命的节俭原则。特别需要指出的是，胸前左兜可插钢笔，这是适应革命工作和学习、学习、再学习的需要而设计的。

由于新中国一成立就遭到了敌对国家的经济封锁，中国与欧美许多国家交流的链条断开了，欧美时尚再也不能流传到上海。更主要的是崇尚革命领袖和革命运动，代替了其他的一切一切。由于无产阶级的革命任务压倒一切，也由于不断地与资产阶级斗争，人们对穿着的要求越来越简单，讲究穿着成为资产阶级生活方式的表现，是资产阶级思想的反映，这导致整个社会只有单调的服装。

由于新中国的成立初期，中国社会在许多层面都深深地打上了苏联模式的烙印，当时的服装除了干部服和中山装比较流行外，列宁装[①]也比较流行。与苏联的差异在于，列宁装在苏联是男性喜爱的时装，在中国则受到了女性的青睐。新中国成立初期女性的服装和男性的差别不大，后来苏联国家领导人到中国后感受到中国服装过于单调，建议女性可以穿俄式连衣裙——布拉吉[②]。"一时间，妇女穿花色布拉吉成为时尚。"[③] 毛式服装、中山装、列宁装、布拉吉的流行，反映了时代的国家伦理意识的强势作用，当时人们确实心甘情愿地穿起革命装。

（二）国家伦理规约强制下的时尚：从发型到奇装异服遭受批判看国家伦理的强制

20世纪50年代妇女的发型比较简单，深受浓厚的革命意识影响。在解放军进驻各大城市，妇女的齐耳短发和齐眉刘海的发式较多，在农村梳大辫的比较多。那时城市和农村的女性发型差不多。[④] "20世纪60年代，在男青年中出现了梳背头、蓄小胡子、搽头油的现象，在女青年中出现了用火钳子烫发、裁小裤脚、做尖鞋头的现象。"但是这种现象遭到了干部和长辈乃至理论界的批判。有的青年在报上为自己的爱美行

---

① 与中山装相似，不同在于列宁服胸前有两排扣，腰间有条带子，由于电影《列宁在十月》的影响比较大，成为服装的流行，一般是向往革命的女学生和干革命的女干部穿着较多。

② 布拉吉是俄语连衣裙的音译，款式简单：宽松的短袖，泡泡的褶皱裙，简单的圆领，腰系一条布带。

③ 刘建美编著：《从传统消遣到现代娱乐》，四川人民出版社2003年版，第175页。

④ 同上书，第177页。

为申辩，认为自己的发型和时装是人民生活水平提高的具体表现，对将爱打扮视为资产阶级生活方式的人提出了反对意见。当时一份报纸还对顾客要改小裤管遭到反对的事件做了报道。反对者的理由是"社会主义商业不能制作有害社会风尚的商品"。《解放军报》发表了《满足什么样的需求》的批判文章，对这件小事进行了上纲上线的夸大。文章认为裤管窄一点、皮鞋尖一点的变化实质上是无产阶级和资产阶级生活方式的对立，我们必须要明确社会主义商业要为无产阶级服务的宗旨。稍后的 1964 年 11 月 19 日的《羊城晚报》，就发表了署名"陈医生"的《奇装异服之害》的讲科学道理的文章，认为小裤脚不利于身体健康，而且不利于社会主义建设。①

随着人们经济水平的逐渐提高，在一些青年中间，出现了一些买手表、自行车、电风扇等物件的现象。在强调节约和艰苦奋斗的氛围下，这一行为也招来批判。比较典型的是 1963 年出现的关于三件头②的争论，有的老年人认为青年人"如果在物质生活上追求过多，贪图享受，就会在生活上自寻烦恼，意志消沉，不求上进，影响生产，甚至有被资产阶级腐蚀的危险。"③ 而青年人则认为，"我们是花自己劳动挣来的钱，既不偷也不抢，又不是剥削，追求三件头有什么不对呢"。④ 老工人忆苦思甜对他们进行教育，强调勤俭持家，勤俭建国。越来越多的青年工人以雷锋为榜样，全心全意搞生产。以雷锋的"一个革命者就应该把革命利益放在第一位，为党的事业贡献出自己的一切，这才是最幸福的"⑤ 作为激励自己的格言。

处于"文革"前夕的中国，已经处处显示了阶级斗争普遍化和极端化的征兆。服装发型这样的生活小事都会成为阶级斗争发动的口实。这从

---

① 刘建美编著：《从传统消遣到现代娱乐》，四川人民出版社 2003 年版，第 182、183 页。

② 20 世纪 60 年代中期，人们的生活水平有所提高，物质条件改善，有的指手表、自行车、收音机，有的指别墅式住宅、电风扇、漂亮家具；女青年认为缝纫机，丝绸呢绒服装，和款式不同的鞋子等等，说法不一。

③ 陈日晶、林羽：《怎样看待"三件头"》，《羊城晚报》1963 年 10 月 11 日。转引自周伟主编《世态万象——社会时尚万花筒》，光明日报出版社 2003 年版，第 135 页。

④ 同上书，第 136 页。

⑤ 同上书，第 137 页。

一个方面反映出国家伦理规约对现实生活的影响。最初人们穿着服装还是在革命意识的蔓延下自动完成的。而到了60年代初期发生奇装异服遭受批判则表明国家伦理的合法性在全面深入日常生活之后，对于现实中出现的异常就要进行强有力的规约。发型、服饰就从主体的个人偏好上升为国家意识形态价值的载体，国家政党理念对日常生活的强行介入，使人的日常行为受到严格的规约。在这一时期，规约的方式主要是通过价值批判与理论说教进行的。到了"文化大革命"时期，管控行为变得更为极端化，几乎完全是通过强制的方式进行。

五　工农兵的榜样：从雷锋、陈永贵、王进喜看共产主义道德伦理塑造的加强

圣贤崇拜是中国传统政治与道德教化的主要形式。所谓圣贤乃是特定伦理价值的具体而充分的实现者。在中国历史上，孔孟程朱都是所谓的圣贤。普通民众对特定价值的内在领悟，主要不是通过经典阅读而是圣贤的感染而实现的。

新中国成立后，党和政府一直通过宣传先进人物的英雄事迹，树立正面典型进行道德理想教育，培养人们的共产主义道德品质。通过对战斗英雄和劳动模范的宣传和学习，使共产主义道德成为新中国的核心价值。到了20世纪60年代，随着各项运动的不断展开，英雄模范不断涌现，出现了以王进喜、陈永贵、雷锋为代表的工农兵战线上的先进人物。他们的艰苦奋斗、勤俭节约的精神集中地体现了共产主义的道德品质，成为时代的楷模，影响深远。雷锋、王进喜成为影响近半个世纪的模范，至今人们仍然还熟悉"螺丝钉精神"和"铁人精神"，而且把每年3月5日定为学雷锋日。

雷锋1940年12月18日生于湖南望城县一个贫农家庭。7岁成为孤儿，由中国共产党和人民政府养大并读书参加工作，后参军入伍，表现突出，多次被评为劳动模范和先进生产者。从军后，立功三次，被评为模范共青团员和节约标兵，1962年8月15日因公殉职。雷锋的精神和行为体现了共产主义道德，成为全党全军全国人民学习的榜样。雷锋同志因公殉职后，毛泽东为其题词"向雷锋同志学习"。后来，刘少奇、周恩来、朱

德、邓小平纷纷题词①，全国掀起了学习雷锋的高潮。雷锋的日记整理出版，成为影响一代又一代人的精神榜样。歌曲《学习雷锋好榜样》，成为学校教育中的重要内容。从那时起，青年们也仿效雷锋，记日记，记录自身成长的精神历程，反思自己的缺点。到了80年代和90年代，雷锋的事迹展和雷锋日记②以及学雷锋日等活动仍然是思想道德教育的重要内容。

位于山西省昔阳县的大寨村，自然环境条件极其恶劣。在农业合作化过程中，陈永贵是大寨村的党支部书记，带领大寨人，治山治水，建设梯田。1964年，经报纸报道，毛主席发出"农业学大寨"的号召，自此"农业学大寨"成为农业生产的口号，人们的主动性被高度激发，成为克服自然环境恶劣条件，进行艰苦奋斗的精神代表。

在开采大庆石油的过程中，中国培养出一支具有相当的技术素质，有组织纪律，吃苦耐劳，能打硬仗的石油工人队伍。王进喜就是这一时期石油工人的杰出代表，他以技术过硬，吃苦肯干、艰苦奋斗著称。在一次紧急意外出现时，王进喜带领石油工人跳进水泥浆池，用身体进行搅拌，这一形象成为"铁人"的象征。1964年2月5日，中共中央发出了"工业学大庆"的号召。提倡社会主义建设的革命化，高度的革命精神和科学态度相结合；现代企业要搞好群众运动；"有条件要上，没有条件创造条件也要上"成为当时流行的口号，甚至到了21世纪人们仍然会以此来鼓舞精神士气。现在大庆仍然用"铁人"来称呼新时代的劳动模范——王启民。

---

① 很多领导人都为雷锋同志作了题词：朱德1963年3月1日题词："学习雷锋，做毛主席的好战士。"周恩来1963年3月题词："向雷锋同志学习，爱憎分明的阶级立场，言行一致的革命精神，公而忘私的共产主义风格，奋不顾身的无产阶级斗志。"刘少奇1963年3月题词："学习雷锋同志平凡而伟大的共产主义精神。"邓小平1963年3月题词："谁愿当一个真正的共产主义者，就应该向雷锋同志的品德和风格学习。"陈云1963年7月8日题词："雷锋同志是中国人民的好儿子，大家向他学习。"后来，学习雷锋成为社会主义精神文明建设中的重要实践，改革开放后，这一活动仍然具有重要的代表意义。江泽民1990年2月21日题词："学习雷锋同志，弘扬雷锋精神。"

② 《雷锋日记》收集整理了雷锋同志1958—1962年的日记。在日记中雷锋同志结合自己的所见所闻，记述自己的思想发展历程。反映了作者忠于共产主义事业，毫不利己专门利人，在各种不同的工作岗位上干一行爱一行，把有限的生命投入到无限的为人民服务之中去的思想，和做一个社会主义建设者所具有的"挤"和"钻"的"螺丝钉"精神。参见《雷锋日记》，吉林文史出版社2005年版。

雷锋精神、铁人精神、大寨精神①，成为艰苦奋斗的代名词，对人们的道德观念和行为产生了重要影响。共产主义道德不再是抽象的理念，而是具体榜样的言行体现。工农兵的榜样，成为新中国现实的价值指引者。这些榜样是由共产主义价值观造就的，他们对现实伦理的塑造发挥了重要作用。

六　"左"倾错误带来的伦理虚假与破坏：共产主义道德的虚假化和日常伦理的强力破损

在移风易俗与对传统伦理的清算过程中，军事共产主义的社会体制和思维方式，使得新中国成立后各项事业的进行大都是以运动的方式展开的，政治经济活动和文化活动都深深打上了政党、国家伦理的烙印。

在对民主党派、知识分子、民族工商业、地主阶级进行改造的过程中，出现了一些"左"倾错误。在反对地主的具体工作展开过程中，对于划分地主标准的掌握上存在误差，一部分地主在土地改革中受到不应有的斗争。对民主党派的改造也存在着类似的问题。在针对知识分子的反右斗争中，出现了扩大化的错误，使得大量知识分子受到不公正不平等的待遇。在大跃进运动中，由于农业放卫星，加上三年自然灾害，导致大量农民饿死。在对人进行改造的过程中，对人进行的精神侮辱和肉体惩罚现象比较多。以至于后来在"文化大革命"中发展到极端，甚至出现"武斗"的现象。实际上已经造成了共产主义道德的虚假化，人们对共产主义道德体系已经开始反思。现实的历史运动，沿着"左"倾的道路越滑越远，到了"文革"时期，共产主义道德体系被扭曲得更为极端。

在公共食堂运动中，具有充分吃喝自由的农民一反其在艰苦生活中形成的节约的优良品德，反而是大吃大喝，结果设想为节约劳动力和物质资源的公共食堂不久就无法实行。在饥饿时期出现夫妻、父子为争夺粮食而大打出手，不顾他人生死的现象。这一切都说明当时出现了日常伦理的极端扭曲。

政党伦理通过取得的社会法权以政党制度、教育制度为中介上升为国

---

① 毛主席题词："工业学大庆、农业学大寨、全国人民学习解放军。"

家伦理。至于国家伦理对于现实的影响和规约要从更为具体的生活事例中去看。政党伦理向国家伦理的上升是一个建构的过程。社会主义中国是建立在一个具有几千年悠久文明传统的基础之上的国家，传统文化对中国人的影响是深远的，尤其是生活习俗方面，传统伦理还有深刻的影响。所以新的伦理构建，必须要对传统伦理进行清算，同时要将传统伦理中仍然对现时代具有积极作用的因素加以弘扬，对旧社会中的遗毒进行铲除。像妓院、烟毒、封建迷信和反动会道门等，在旧社会是剥削阶级享乐和为恶的附庸，必须予以铲除。新的生活习俗要在符合共产主义道德规范的要求下建立。所以，艰苦朴素厉行节约，以及爱国卫生运动，都成为新的制度下人民群众的新生活在伦理方面的规约。这也是政党伦理上升为国家伦理之后，在具体生活方面的伦理约束和要求。就人民享受到的文艺方面的服务而言，电影作为一种国家伦理的载体，在新中国得到高度的重视，而且强化了其意识形态的管控，电影的内容成为反映革命英雄主义和生产者劳动生活的载体，人民群众在欣赏电影的同时对于其中的伦理价值给予了高度的认同。从当时人们受到电影的深刻影响可以看到国家伦理的思想资源的多样化。传统戏曲被改造成反映新时期价值观的新文艺。对流行歌曲的禁绝，则反映出新的伦理规约在构建自身法权统治时的激进和敏感。群众歌曲和新民歌潮，则完全是无产阶级要创作自己的文艺，劳动人民不仅要成为社会的主人，也要在文艺上成为主人。

社会主义新风尚的一个重要表现在于，人们进行身体锻炼，而且还由此衍生出模仿各行各业劳动的体操，无不反映出特定时代对新风俗的建构。人们的穿着和发型，也深深留有国家伦理规约的烙印，以至于有一些奇装异服会遭到激烈的批判，而且是被认为资产阶级的思想和生活作风。

新中国成立初期，在社会伦理道德的变迁中，战斗英雄和劳动模范成为各条战线上的榜样，对人们的伦理道德观念和行为产生巨大的影响。进入到60年代，学习工农兵模范人物再次掀起高潮，"向雷锋同志学习"、"工业学大庆"、"农业学大寨"、"没有条件创造条件也要上"等口号成为贯穿那个时代的精神坐标。

在日常生活伦理观上，厉行节约反对浪费，把卫生运动和爱国联系在一起，塑造新的精神风貌。在婚姻伦理方面，很大程度上实现了婚姻自由，妇女得到极大的解放，其社会地位得到提高。在劳动方面的伦理道德变迁体现为：艰苦奋斗被突出，强调发挥能动的革命精神。社会主义新的伦理规约要深入到现实生活的方方面面才能真正实现国家伦理的全面管控。以集体主义价值理念为核心的共产主义道德，通过现实生活方面的伦理规约深入人心，并且在这一历史时期，成为人们思想和行为的主导。

必须强调指出的是，新中国成立后十七年的伦理道德建设的确取得了巨大的成就，其具体表现：

第一，中国共产党利用手中的社会法权，领导人民群众，通过运动的方式，在政治、经济、文化日常生活各方面实现了伦理整合，使政党伦理上升为国家伦理。

第二，人民群众的伦理道德观念发生了质的飞跃，从旧社会的"顺民"成为具有一定自主精神的社会主义道德主体。

第三，人们的日常伦理关系，发生了新的变化，实现了人和人之间的平等互助。

但是在移风易俗和传统伦理清算的过程中，一些道德观念在现实生活中出现偏差，使得政治经济文化以及日常生活中由于"左"倾的错误，造成了共产主义道德自身虚假和日常伦理遭到强力破损。一些存在的问题也不容忽视：具体表现为：第一，伦理塑造过程中的强制性，导致了伦理转型过程中出现一定程度上的伦理创伤；第二，社会多元伦理价值资源的一元化整合，固然扫除了许多旧伦理的积弊，但也不可避免地遗弃了一些珍贵的伦理遗产；第三，"左"倾错误对共产主义道德的扭曲，导致了伦理观念与伦常现实的脱节，致使新的伦理价值在一定程度上流于形式，以及道德的虚假化。

第 四 章

文化革命与政党国家伦理的式微

在毛泽东的思想论述中，文化革命不仅是政治经济革命在上层建筑上的反映，也是政治经济革命的精神先导和归宿。这一理论成为中国共产党所进行的社会文化层面的制度性整合的理论基础。五四新文化运动，实际上已经开启了中国现代以来的文化革命。中国共产党从那时起就已经意识到文化革命的重要作用。对于政党伦理的塑造而言，文化革命起到了不可替代的作用。正是在一次次的针对封建主义、帝国主义的文化革命中，中国共产党成功地宣传了自身的政党理念，并通过政治、经济、教育等方式，将之灌输到人民的头脑中，实现了政党伦理的现实规约和塑造。

本章拟通过文化革命与政党伦理构建的强化与消解、国家伦理规约对教育的全面控制、国家伦理极端化对现实伦常关系的破坏、国家伦理规约下的娱乐和生活时尚、政党伦理的异化：从革命话语和革命方式看政党伦理的扭曲与日常伦理的畸形、国家伦理的式微与"文革"后期的复苏等六方面展开具体的历史考察。

一　文化革命与政党伦理构建的强化与消解

（一）"文革"前的中国近现代文化革命与政党伦理的构建与加强

文化革命在毛泽东思想中具有重要的意义和价值，在新中国成立前，毛泽东对文化革命的论述主要集中在《新民主主义论》中。在这篇文章中，毛泽东对于文化革命的性质进行了认定，认为"文化革命是在观念

形态上反映政治革命和经济革命并为它们服务的。"① 当时，中国共产党
人领导建设的文化是新民主主义的文化，"所谓新民主主义的文化就是无
产阶级领导的人民大众的反帝反封建的文化。"② 毛泽东依据这样的标准
对 1940 年以前的中国现代文化革命划分为四个阶段：

第一个时期（1919—1921 年），主要是五四运动。文化革命的主体是
革命知识分子，早期是共产主义的知识分子、革命的小资产阶级知识分子
和资产阶级知识分子。后期有广大的无产阶级、小资产阶级和资产阶级参
加。文化革命的内容是反帝国主义和反封建主义，通过反对旧道德和旧文
学，提倡新道德和新文学。

第二个时期（1921—1927 年），国共第一次合作。文化革命的主体是
无产阶级、农民阶级、城市小资产阶级、资产阶级，革命的理论基础是联
俄联共扶助农工的三大政策的新三民主义。文化革命的内容：反帝国主义
和封建教育，反对旧文学和文言文，提倡以反帝反封建为内容的新文学和
白话文。在军队中，灌输了反帝反封建的思想；在农民群众中，提出了打
倒贪官污吏打倒土豪劣绅的口号。

第三个时期（1927—1937 年），新的革命时期。由于中国大资产阶级转
到了帝国主义和封建势力的反革命营垒，文化革命主体是：无产阶级、农
民阶级和其他小资产阶级（包括革命知识分子）。这一时期，面对反革命的
"军事围剿"和"文化围剿"，中国共产党单独领导了"农村革命"和"文
化革命"。最终造成的结果是，两种"围剿"的惨败。毛泽东指出："作为
文化'围剿'的结果的东西，是一九三五年'一二九'青年革命运动的爆
发。而作为这两种'围剿'之共同结果的东西，则是全国人民的觉悟。"③

第四个时期（1937—1940 年），抗日战争时期。文化革命的主体是四个
阶级的联合，有所扩大，主要内容就是反对帝国主义。④ 这一时期的文化革
命以武汉失陷为标志分为两个阶段。在武汉陷落之前，是文化上的普遍动
员阶段；在武汉陷落之后，由于"政治情况发生了许多变化，大资产阶级
的一部分投降了敌人，其中另一部分也想早日结束抗战。在文化方面，反

---

① 《毛泽东选集》第 2 卷，人民出版社 1991 年版，第 699 页。
② 同上书，第 698 页。
③ 同上书，第 702—703 页。
④ 参见《毛泽东选集》第 2 卷，人民出版社 1991 年版，第 703—704 页。

映了这种情况，就出现了叶青、张君劢等人的反动和言论出版的不自由"。①
因此，文化革命必须与这些反动思想作斗争，否则抗战胜利无望。

在1940年毛泽东已经提出了要建设具有社会主义因素的国民文化，由于"现在还没有形成这种整个的社会主义的政治和经济，所以还不能有这种整个的社会主义的国民文化。"② 毛泽东十分注重文化建设，他提出新民主主义的文化是民族的——反对帝国主义，强调民族尊严和独立；科学的——反对封建和迷信思想，主张实事求是，追求客观真理；大众的——为工农劳苦民众服务的。新中国成立初期一直到社会主义的改造完成之前的文化建设，都是在这个框架之内的。

在取得政权后，中国共产党进行的文化革命仍在继续，并且逐渐走向极端化，尤其是针对知识分子的改造运动，主要是针对没有自始至终参加革命以及党外的知识分子。从知识分子的自我改造运动到反右运动，1958年在建设社会主义总路线中，已经把技术革命和文化革命列为中国共产党进行社会主义建设的主要任务。从大跃进的"插红旗"、"拔白旗"③ 运动，到文化建设上的大跃进，包括各科研单位和大学放卫星，以及出现的新民歌潮，在民间涌现的赛诗会等方面的内容，都反映了这一时期文化革命以其特有的方式与政治革命、经济革命结伴而行，成为时代运动的主题。

（二）"文化大革命"④ 与政党伦理的混乱

到"文化大革命"时期，执政党认为"资产阶级进行反封建的文化革命，到夺得政权的时候就结束了"⑤，真正的无产阶级革命还没有开始。"反

---

① 《毛泽东选集》第2卷，人民出版社1991年版，第703页。
② 同上书，第705页。
③ "红旗"和"白旗"是大跃进时期发明的形象化的政治概念。"红旗"指无产阶级和共产主义，"白旗"指资产阶级和资本主义。"拔白旗，插红旗"，也就是"灭资兴无"的意思。参见罗平汉《当代历史问题札记》，广西师范大学出版社2003年版，第127页。
④ 有关"文化大革命"研究的文献：金春明：《"文化大革命"论析》，上海人民出版社1985年版，《"文化大革命"史稿》，四川人民出版社1995年版；麦克法夸尔、魏海生：《文化大革命的起源：1956—1957. 人民内部矛盾，第一卷》，求实出版社1989年版；[英]麦克法夸尔：《文化大革命的起源：1958—1960. 大跃进，第二卷》，求实出版社1990年版；高皋、严家其编：《"文化大革命"十年史：1966—1976》，天津人民出版社1986年版；周全华：《"文化大革命"中的"教育革命"》，广东教育出版社1999年版；中共中央组织部等编：《中国共产党组织史资料："文化大革命"时期（1966.5～1976.10），第六卷》，中共党史出版社2000年版。
⑤ 《人民日报》社论：《横扫一切牛鬼蛇神》，《人民日报》1966年6月1日。

对一切剥削阶级意识形态的文化革命"的性质"同资产阶级的文化革命是截然不同的",并且"这种文化革命,只有在无产阶级夺得政权以后,取得了政治的、经济的、文化的先决条件,才能为这种文化革命开辟最广阔的道路。"①"文化大革命"时期,中国共产党党内存在着无产阶级政权不掌握在无产阶级手里的认知与判断,无产阶级的文化革命就是要从党内资产阶级代言人手里夺权。"文化大革命"中,青少年学生和工人成为运动的主力军,在农村中展开的斗争也是如火如荼。农民在文化革命运动中更多的是处于被领导地位。由于农民的文化水平以及自身的局限性,绝大多数人对于无产阶级文化革命的理念没有理解,这一点在当时以及今天的知识分子中也广泛存在。农民在文化革命中,大多是在斗地主、中农以及富农的过程中,展现了政党理念规约下的极端行为。在贫下中农管理教育、掌握农村政权的过程中,出现了依据政党伦理提供的伦理正当性将已经经受过政治、经济改造的地主和中农以及富农视为地主阶级。在"文化大革命"中,人们的出身与是否为革命群众挂钩,甚至某些简单行为都会被上纲上线的批判。例如有的农民吸烟,由于不认识字,用《毛泽东选集》的书纸作为卷烟纸,就被作为破坏毛泽东思想的典型;有的农民因为家庭经济条件太困难,到集市上卖自家的鸡蛋,就被作为"资本主义尾巴"进行批判,类似的事件不胜枚举。在全国范围内进行文化思想上的改造,"狠斗私字一闪念",反对封资修的活动在农村也同样积极展开。

当代中国的文化革命经历了一个历史演进的过程。在这个过程中,革命的广度与力度都不断加深。五四运动通过创办刊物,以建立自己的理论阵地的方式进行的对旧文化的批判和其他文化思潮的论战和批判,都是文化革命的具体表现。在五四时期的文化批判中,文化革命的主体主要还是知识分子,广大群众则是身在其外的。尽管后期无产阶级加入但是仍然没有深入。到了第一次国内革命战争时期,国共两党宣传的反帝反封建的思想,得到深入发展,军队和农民受到教育。到了革命根据地时,苏维埃政权建立的列宁小学,以及发动农民开展文化学习,进行的移风易俗的建设,都属于文化革命的范畴。在前文提到的新中国成立后,进行的"人

---

① 《人民日报》社论:《横扫一切牛鬼蛇神》,《人民日报》1966年6月1日。

民电影"的建设，在教育中对于教育机构、教育宗旨、教育方向等方面进行的符合政党意识形态及其伦理规约的社会主义改造，以及对文艺工作者进行的思想改造运动，在中国学术研究史上出现了以马克思主义为指导的学术体系的全面建构等内容都是文化革命的具体表现。正是在这样的过程中，塑造了中国共产党的政党伦理。随着政治经济制度的不断变革，文化作为上层建筑的重要内容，也在不断地变革之中。到了1966年，由评新编历史剧《海瑞罢官》为导火索引发了"文化大革命"，"文化大革命"的初期还是在文艺界进行，以后很快就涉及政治，并且是政治运动成为主导的核心内容。"文化大革命"变成旨在清理社会主义内部的走资本主义道路当权派的政治斗争，之后很快波及全社会，在全社会进入"斗"、"批"、"改"阶段，成了一切人针对一切人的斗争。

　　"文化大革命"主要是由毛泽东发动的。新中国成立之后，为了统一思想，在中国共产党党内通过整党整风运动进行党内的统一思想工作，并且通过对民主党派、无党派人士、知识分子等进行的制度整合和思想改造，以及在对工人、农民、民族资产阶级等进行的三大改造过程中，进行了在经济政治文化上的全面改造。在中国共产党党内，在"三面红旗"①的运动中，一些高层领导人针对毛泽东的错误决策进行过积极的指正。但是由于长期以来形成的个人崇拜，使得毛泽东听不进其他人对他的批评，在各项工作取得重大进展的过程中，"左"倾的错误越来越严重。在政治经济工作中的大跃进以及人民公社化运动，能够在短时间内形成一种狂热，都说明中国共产党的指导理念在整体上已经越来越激进。中国共产党自身内部原本蕴涵着的政党自身内部的理念、路线的分歧与利益之争，已成为社会矛盾的主导性根源。在现代国家的建构中，如何处理和平衡在新中国成立中立下汗马功劳的政治精英阶层和在建设中形成的技术精英阶层的政治经济地位，是现实权力分配中必须面对的问题。价值理念性的东西成为这些矛盾展开的旗帜和口号。对于毛泽东而言也同样如此。在革命年代，毛泽东在军事斗争、政治斗争中，表现了卓越的天才，并且成功地指导了中国革命的胜利，但是在新中国成立后，在经济建设中，刘少奇、邓小平、陈云等人的建设方面的才能显露。在具体的经济建设过程中，毛泽

---

　　①　这里指社会主义建设总路线、大跃进运动和人民公社化运动。

东的错误决定越来越多地暴露出来。赫鲁晓夫上台以后，对斯大林进行的彻底否定，使毛泽东有所警觉，所以在"文革"当中提出要提防"睡在身边的赫鲁晓夫"的口号。党内的许多高层领导就在这样的大帽子下被无情的打倒。

"文革"的早期，中共中央的高层领导受到打击和迫害。以1966年5月16日《五·一六通知》和《关于无产阶级文化革命的决定》的发布为标志，一场为了变"资产阶级专政为无产阶级专政"，对所谓的"彭真、罗瑞卿、陆定一、杨尚昆"的反党集团和"刘少奇、邓小平司令部"的批判开始，并且在摧毁所谓"资产阶级司令部"，向"走资派"（走资本主义道路的当权派）"夺权"的口号下，开始了"文化大革命"运动。1966年5月成立中央革命文化小组，领导"文革"。1966年8月红卫兵运动在全国突起，进行"大串联"运动，1966年10月全国掀起了"踢开党委闹革命"的浪潮。1966年12月，发动了以"四大"①的方式进行"文化大革命"。1967年上海出现了"一月风暴"②，工人被发动起来进行"文化大革命"，全国的教育界、文艺界、党政、工农业生产陷入混乱局面，经历过"二月抗争"③之后，全国掀起了所谓"揪叛徒"运动、"革命大批判"运动、清理阶级队伍等运动，制造了刘少奇、陶铸、彭德怀、贺龙等高层领导人被批判、被开除党籍甚至含冤死去的悲剧。到1968年9月，全国29个省、市、自治区先后建立了革命委员会，实现了所谓"全国一片红"。1969年4月，中国共产党第九次全国代表大会召开。林彪在会上作了"无产阶级专政下继续革命理论"的政治报告，党的九大以后，全国进入"斗、批、改"阶段。这一阶段的中心任务是要彻底否定所谓"修正主义路线"，贯彻九大方针，把全国各方面工作纳入"文化大革命"的轨道。这一阶段继续开展"革命大批判"和"清队"④，

---

① 大鸣、大放、大辩论、大字报。

② 一月风暴实际上是江青集团、林彪集团在上海发起的夺权运动，也标志着全国夺权运动开始。

③ 当时被定为"二月逆流"，是指在1967年1月19日至1月20日中央军委会议和2月中旬在怀仁堂召开的两次政治局碰头会议上，谭震林、陈毅、叶剑英、李富春、李先念、徐向前、聂荣臻等（因陈、叶、徐、聂为元帅，谭和二李为副总理，因此又被称为"四帅三副"）同林彪、康生、陈伯达、江青、张春桥、谢富治等进行的斗争，当时被称为"二月逆流"，实际是"文革"初期一次党内公开的抗争。

④ "清理阶级队伍"之意，为"文化大革命"中的运动之一。

进行"一打三反"①，清查"五·一六"分子②，使清队工作扩大化。而精简机构、下放干部，走所谓"五·七"道路③，使大批干部、知识分子受到迫害。"教育革命"又造成了教育质量普遍下降和教学秩序的混乱。"林彪事件"以后，1973 年 7 月，毛泽东为维护权力，提倡批林批孔。1974 年 1 月初，江青、王洪文提出开展"批林批孔"运动，得到毛泽东的批准。但是江青等人为了篡党夺权，将斗争的矛头指向周恩来，毛泽东对"四人帮"进行批评并揭露其野心。1975 年初，全国四届人大确定了以周恩来为总理，邓小平等为副总理的国务院人选。邓小平开始主持中央日常工作，着手对工业、农业、交通、科技等方面工作进行整顿，系统地纠正"文化大革命"的错误，形势有所好转。毛泽东对此不能容忍，先是号召学习"无产阶级专政理论"，继而发动了"批邓、反击右倾翻案风"运动。使得邓小平再次成为受批判对象。周恩来逝世后，人民群众开始反思"文化大革命"，举行悼念活动，"四人帮"竭力压制，并继续"批邓、反击右倾翻案风"运动，激起了民愤，最终形成反对"四人帮"的"四·五运动"（"天安门事件"），但当时被定性为"反革命事件"。1976 年 9 月 9 日，毛泽东逝世，"四人帮"活动更加猖獗，以华国锋、叶剑英、李先念等为核心的中央政治局，粉碎了江青反革命集团，结束了"文化大革命"。1977 年 8 月，在中国共产党第十一次全国代表大会上，党中央正式宣布"文化大革命"结束。但是华国锋主政期间仍然延续"文化大革命"的提法，因此，这一时期可以看做没有"四人帮"的"文革"。经过真理标准问题大讨论，邓小平成为新一代领导集体的核心，通过十一届三中全会，确立了经济建设为中心，实行改革开放的发展方针，并通过干部制度的恢复以及对新中国成立以来运动中的错误批判和政策进行纠正和扭转，"文革"才真正结束。

对于政党伦理自身而言，"文化大革命"不同于以往的"文化革命"之处在于革命是在自己的阵营，在无产阶级掌握国家政权的情形下开展

---

①　1970 年开始的打击现行反革命活动、反对贪污盗窃、投机倒把、铺张浪费的运动。运动中出现错杀，错捕的过激行为。

②　1970 年 3 月 27 日，中共中央认为存在着一个以肖华、杨成武、于立金、傅崇碧、王力、戚本禹为首的"五·一六"反革命阴谋集团，发出清查通知，掀起新的斗争迫害。

③　毛泽东在 1967 年发出《五·七》指示后，干部和知识分子下放，进行劳动改造，是广义上的"牛棚"。在"文化大革命"中，对被列为专政对象的人进行关押的场所，如学校工厂，或办公室等地方，被专政的人员在里面一般会遭受体罚、审讯和进行劳动。

的。这造成当时党内人人自危，并使政党伦理的现实规约力完全屈从于领袖的个人意志，甚至成为一种打击异己分子的武器。"文化大革命"导致几十年革命中形成的政党伦理秩序几近自我颠覆。政党伦理对国家伦理的示范作用出现震荡与扭曲。

伦理秩序在现实上是一种身份意识。而身份的正当性问题最终落实为权力与利益的正当性问题。"文化大革命"时期的血统论和出身论争论的本质是争夺革命身份。这反映出不同出身的革命干部之间的差异和存在的矛盾，借着"文化大革命"这样一种形式得到全面爆发。同为共产党员和革命功臣，他们之间也存在从军事斗争起家、革命理论起家、党务工作起家、地下工作起家，到成为管理政治经济军事等专门人才之间的冲突。新中国成立后，通过单位制的实行，确定了级别制度，各种革命干部在行政级别、待遇上存在着差别，这些差别都为一种生存价值的比较提供了社会实在性基础。问题的矛盾性在于：在夺取政权阶段，军事斗争为重要革命任务的历史条件下，自然是军事人才应当在社会中得到更高的位置。而现代国家的构建在和平建设时期更多是需要技术型的人才。

总之，无论是在战争时期还是在建设时期，都存在着革命身份的问题。在党内的政治斗争和路线斗争也是以争夺革命身份的方式展开的。如"文革"中，在红卫兵中出现了不唯出身重在表现的倾向。随着党内部分老干部被打倒，其子女作为红卫兵要么在批判自己的父母时表现激进，要么就是丧失革命的身份和资格，成为专政的对象。"文化大革命"离开了政党理念的指导是不可想象的。当时毛泽东的想法和意志左右了"文革"的发展方向和具体进程。在现实的斗争中，毛泽东成了"文革"中势不两立的双方共同倚仗的理论权威。正是在这样的伦理正当性的使命承担中，展开了合法性来源的斗争。在"文革"中，对于封建迷信和资本主义、修正主义的批判都激烈地展开，凡是不够激进的就会被冠以修正主义的帽子。在教育中，利用贫下中农对学校学生进行教育，老农走进课堂，学生到田间地头进行学习农业生产知识，都带上了浓厚的要磨平一切阶级差别，追求绝对平等的色彩。知识青年到农村，首先进行的是忆苦思甜的教育，在农村进行阶级斗争。农村的艰苦也使知青们到后来想方设法通过招工、考大学的方式回到城里。我们现在已不难理解为什么那时的知识青年们在那样艰苦的条件下，仍然能够坚持学习成为大学生，可以说经受过无产阶级革命洗礼的人们不愿在广大农村艰苦一生。改变自身命运的唯一出路，只有考学的道路可走。学生们有一种深刻的生存体验，要改变命运，最可行的方式是通过升学。从这个意义上说，这才是真正的知识改变命运。"文化大革命"开始是旨在清理党内走资产阶级道路当权派的文化界的斗争，后来却很快引发成一场史无前例的政治革命，由批斗党内的右派，逐渐发展到波及人人的相互斗争。"文化大革命"在伦理道德上是要对具有资产阶级思想意识的人进行共产主义的伦理规约。所以我们看"文化大革命"中人们争辩得更多的是伦理道德身份的优先性。尤其是在血统论和出身论的对立中，对于作为革命者伦理身份的争夺，无不反映出作为无产阶级的道义优先性。对于没有亲身经历革命的新一代人而言，在"文化大革命"中出现的红卫兵的行为和心理是值得关注的事件。作为"文化大革命"在教育界引发的革命狂潮更是出人意料。"文化大革命"进行过程当中，红卫兵成为革命的主体。红卫兵作为在校的学生，他们的行为本身的革命意义在于指向共产主义未来接班人，关乎社会主义建设事业的发展，永葆江山不变色成为革命意志忠诚的标志。教育界的发展关系到未来接班人的培养的重大问题。无产阶级的政党伦理上升为国家伦理之后，其现实的规约力，在当时的极"左"路线看来，尚没有达到完全普及的地步。在反右已经反到很"左"的时候，还在继续反右，并且认定教育界没有无产阶级化，还是资产阶级知识分子一统天下，因而必须进行无产阶级化。在"文化大革命"时期，教育界受到国家伦理的全面规约的严格控制，师道尊严作为封建旧道德受到冲击，知识青年要通过上山下乡运动实现无产阶级化。在"文化大革命"中，家庭出身成为政治忠诚的价值符号。总之，在"文化大革命"中，一切旧时代的遗留物作为旧阶级的象征遭到破坏。

二　国家伦理规约对教育的全面控制

（一）从高校招生停止到对学校进行管控看国家伦理的纯净化

"又红又专"作为社会主义教育的原则，在"文化大革命"时期处于扭曲的诠释和解读中。"红"的原则成为教育现实中的主要合法性原则。在"四人帮"的控制之下，为了满足其政治需求，要突出学生的政治出身，以便为其改造教育的现实目的服务。这些都从一个侧面反映出国家伦理规约的前提下的要纯净革命接班人的伦理规约意识。如何处理教育中的"红"与"专"的关系，是教育实践中的关键问题，而凸显"红"对"专"的优越性，是新中国教育实践中一个普遍趋势，而这也体现在招生制度中。

招生制度作为教育改革的重要内容，在"文革"期间受到了极大的冲击。在此有必要回顾一下新中国的招生制度。中华人民共和国成立之后，人民政府陆续接管了旧大学，对旧的教育制度进行了根本改造。1949年，各级学校采取单独招生方式；1950年到1951年采取联合招生方式（联合考试/单独录取）；1952—1953年采取统一招生、统一考试、统一录取的方式；1959年后开始采取统一招生、统一考试、分段录取方式。1964年，随着政治领域的阶级斗争的愈演愈烈，毛泽东认为教育要改革，要强调阶级斗争的重要性。他认为教育界是旧知识分子一统天下，要改变这种状况。到1966年招生制度和政策向具有高中学历的工农出身的青年倾斜，甚至有保送的制度，后来则采取突出无产阶级政治挂帅的推荐预选的招生办法。由于高校停课闹革命，招生工作未能正常进行。实际上从1966年到1969年，全国高等学校停止了招生。[①] 这些招生政策反映出在"文化大革命"时期，学生的政治出身被放在越来越重要的位置，一度成为决定学生能否进入大学继续深造的前提。其中反映出的问题在于，党对于当时的教育界进行了错误的估量，认为知识分子作为小资产阶级的代表，统治了无产阶级的教育舞台。社会主义要培养自己的人才必须要对学生的思想进行阶级伦理意识的纯净化。政治出身被突出和强化，作为国家伦理在教育面向未来时的全权控制。

高校招生制度的改变，从1970年到1977年，对我国的教育产生了重要影响。高校的无产阶级改造的重要表征是要使教育无产阶级化，在"知识分子一统天下"的领域要完成教育革命，除了对教师进行改造外，还得在选择接班人以及培养目标上下工夫，因此生源的出身问题成为中国教育的关注重点。高考废止后，招生工作以群众推荐、领导批准、学校复审的方式进行，学生工农兵出身的身份，被优先考虑，此前的根据分数择优录取的原则废止。

仅仅是招收工农兵学员还不足以保证教育阵地成为无产阶级的文化阵

---

① 参见焦润明等编著《当代中国社会文化变迁录》，沈阳出版社2001年版，第341页。

地，在"文化大革命"中，比较具有代表性的事件是工宣队和军宣队进驻大学。在县一级的中学，是贫管会管理学校。为了保证国家伦理的纯净化，要在教育阵地完成无产阶级国家伦理的全面普及和整合。学校作为教育的场所，在"文革"中成为重点，许多运动是通过学生运动进行的。红卫兵运动的开展，使"文化大革命"的狂热情绪升温。到1968年中共中央提出要引导学生运动的正确方向，要让未来接班人（主要指学生）继续接受工农兵再教育。在进行"教育要革命"的学校出现了一定的问题，尤其是学生流向社会，以及复课闹革命后，学校出现了武斗失控的现象，这些问题都需要国家行为进行控制。所以，工人、军人、农民（贫下中农）作为国家伦理的主体和阶级代表，要领导教育的革命。从1968年夏季开始，在全国大、中学校中，领导斗、批、改的领导组织是进驻这些学校的"工宣队"、"贫管会"和"军宣队"。

在县镇以下的农村中小学则由"贫下中农管理学校委员会"（简称管委会）管理。1968年8月26日《人民日报》转载姚文元的文章《工人阶级必须领导一切》，文章中公布了毛泽东的最新指示："在农村，则应由工人阶级的最可靠同盟者——贫下中农管理学校。""管委会"全面掌握中初等教育。他们废除了原有的学校制度，改变了学制和教学内容，中学由6年改为4年，小学由6年改为5年，废除考试、留级等制度。小学设政治、语文、算术、革命文艺、军事体育、劳动5门课；中学设毛泽东思想教育、农业基础、革命文艺、军事体育、劳动5门课。学校采取学生坚持劳动和学习两手抓的教育方针，而且请贫下中农担任教师，讲述旧社会的苦难经历，对学生进行面对面的忆苦思甜教育。老农站在讲台上，学生出现在田间地头，学校教育和社会实践紧密相关。1969年1月14日《人民日报》刊载了《老农上算术课》这样的教育样板。

（二）政党国家伦理规约的现实化：从知识青年大规模上山下乡和四个面向看无产阶级伦理的普遍化

现代国家的建构需要越来越多的知识技术型人才，人才的来源更多是要通过现代大学来培养。共产主义接班人必须要有为无产阶级服务的价值理念，因此，受到政党伦理的规约的社会主义教育，就必须协调好红和专的原则。

新时代的知识青年没有经受过革命实践的洗礼，没有经受过无产阶级的贫苦劳作。在追求城乡一体化的时代，要想真正实现中国的全面发展，要让全国人民过上社会主义的幸福生活，必须要让未来的接班人具有在农村艰苦奋斗的经历。而且农村又恰恰是最缺少知识的地方。所谓知识分子工农化，工农知识分子化，正是无产阶级国家伦理要在现实层面进行普及化的结果。

知识要应用于实践，无产阶级的阶级意识的培养也要在实践中得到锻炼。有的研究认为知识青年下乡的经济方面的因素是城市劳动力剩余，此观点虽有一定的现实考量，却不尽全面。当时农业合作化确实需要大批知识分子。但是"文革"中上山下乡无疑有现实需求之外更为深远的原因。"文革"中的上山下乡不仅是简单的国民经济调整的需要，更是一次为获得革命身份资格进行的意识形态运动。在运动的倡导者那里，知识青年到农村去，在农村的广阔天地里，是大有作为的。问题的实质是在无产阶级专政的基础上如何继续革命的问题。青年学生自然要到最为艰苦的地方去实现自己的无产阶级化。所以 20 世纪 60 年代的知识青年的上山下乡在更大意义上是一种革命的意符化的伦理规约行为。

"文革"中的知识青年"上山下乡"主要有两种形式：一种是去内蒙古、新疆、东北、云南等地的生产建设兵团。这里有较低的工资、公费医疗和探亲假，人们过着有组织的集体生活；另一种是更多的人去偏远、落后、贫穷的农村，分散建立知青点，以自食其力。[1] 如果离开革委会的宣传工作，大规模的上山下乡运动是难以想象的。由此我们看到政党意识的主导作用在社会生活层面的决定性影响。"文革"中，许多干部带头把自己的子女送下乡，但是许多人去的地方是有差异性的，干部子弟还是有选择地去某些地方下乡，不是都去了最为艰苦的地方。不了解这一点，我们就容易把上山下乡想象为一种完全的革命理想化的行为，而忽视其现实的政治动机和利益驱动。

知识青年上山下乡和毕业生的指导方针是有密切关联的，如果不考察毕业方针对上山下乡的影响，则无法看到青年学生是如何在国家伦理规约的影响和指导下到广阔天地中将自己无产阶级化的。

---

① 参见焦润明等编著《当代中国社会文化变迁录》，沈阳出版社 2001 年版，第 366 页。

"四个面向"① 成为"文化大革命"前的在校大学生毕业分配的方针。"文化大革命"的迅速展开使大学生的毕业工作陷于无组织的状态，在知识青年上山下乡的运动潮流中，人们无可选择地面向了农村和边疆。知识青年上山下乡运动就是要实现知识分子工农化和工农分子知识化的双重目的。这既是农村的知识启蒙的过程，也是知识青年接受贫下中农再教育的过程。

知识青年本人身上无疑肩负着更为光荣的使命——保卫红色江山。在当时的叙事系统中，上山下乡也是自身获得无产阶级政治资格的行动。作为革命精英的后辈，存在着来源的差异。血统论和出身论的争辩背后的政治资源的争夺，在知识青年上山下乡运动中成为政治竞争的意符。在"文革"中，对大学生的毕业分配作了调整，改变了毕业生直接出任干部的制度，提出：（一）毕业分配工作必须打破一出校门只能分配当干部，不能当工人、农民的制度；（二）毕业生分配坚持面向农村、面向边疆、面向工矿、面向基层，与工农兵相结合的方针；（三）1966 年、1967 年大专院校毕业生（包括研究生）一般必须限定当普通农民、普通工人；根据国家需要，分配当中小学教师和担任医疗工作的毕业生，也要一面工作，一面劳动。这些措施，从分配制度上已经为知识青年上山下乡进行思想宣传，同时也是进行制度性的强制和强化。

接下来的分配原则，给学生们的选择方向进行了具体的现实安排：去农场要按部队组织形式编成连队，去农村的要结合实际情况参加劳动，还要参加改造盐碱地，兴修水利等改造大自然的斗争。

"红"的过度凸显，导致"专"被轻视，"红"和"专"问题的矛盾没有得到很好的协调。那时提出了"不一定要分配到自己所学的专业部门去"的就业口号，在很大程度上否定了"文化大革命"前长期实行的专业对口、学用一致的原则，造成了大量的人才浪费。事实上，所谓的"不一定要分配到所学的专业部门中去"，就是红的原则成为决定性的主导原则，表明在学生的分配去向上，反映着要为什么人服务的问题的国家伦理在现实中左右着学生的现实选择。

---

① "四个面向"具体为：面向农村、面向边疆、面向工矿、面向基层，在 1967 年大专院校毕业生分配时首次提出，1968 年 6 月中共中央、国务院、中央军委、中央"文革"小组定为知识青年上山下乡的原则。

三 国家伦理极端化对现实伦常关系的破坏

政党伦理在向国家化的急剧转变过程中，出现了伦理失范现象。革命化的激进行为，往往在政党—国家伦理赋予其正当性之后，成为一种价值合法化的行为。为了在破四旧的基础上建立新思想、新文化、新风俗、新习惯，使全社会的人成为社会主义新人。由文化界开始的"文化大革命"以政治运动的方式席卷到社会各个方面。家庭、学校、工厂、民间文化、寺庙、教堂等，均受到革命的洗礼。其结果则是各种传统伦常关系的破坏。在"文化大革命"中，国家伦理在政治运动中的极端化，给社会各方面的伦常关系带来了破坏性的冲击。"文化大革命"就是要在全社会进行一场深入思想的革命，使得无产阶级的伦理道德意识深入人心，使得无论是知识分子还是没有知识的农民都意识到无产阶级革命的普遍性和重要性。

中国物质上赶超西方的经济行为没有按照预定的设想实现，就转化为文化精神的赶超。"文化大革命"中的激进行为更可以看做精神的大跃进，并试图以此来实现精神的一体化。但是问题在于，人的精神生活不是通过一场运动就可以实现完全的无产阶级化的。国家伦理在现实层面的规约到达顶峰的时候，也走向了自身的反面，其现实规约力变得减弱。无产阶级的道德理想在"文化大革命"之后，因"文革"的自我戕害不再有此前的吸引力和影响力。

（一）国家伦理的极端化对家庭伦理的破坏：血统论和出身论的对立

"文革"中的血统论和出身论的争辩是带有现实政治斗争和阶层分化的社会基础的。新中国成立初期，党和政府依据经济标准和政治态度对全国国民进行了阶级划分，因而有所谓地主、富农、中农、贫农等，城市还有小资产阶级、工人等的划分。其直接影响是在后来的革命进程中，受到出身影响，许多年轻人被剥夺了作为共产主义接班人的资格。"文化大革命"由初期的文化领域的革命开始逐渐演变为政治动乱。革命干部成为首先受到冲击的对象。血统论的背景是老干部受到冲击，其家属和子女受到牵连。干部子女在最初是不能成为红卫兵的。这些干部子弟为了获得革命资格搬出了血统论，他们突出了革命传统的继承性，以此作为获得社会行动法权的理论武器。这样的行为获得了成功，一时间，所有学校的红卫兵的资格认定上，只有红五类是根红苗正，其他非红五类分子被排除在革命队伍之外，而且大多被列为专政的对象。这样一种思维方式和行动模式，很快传播到社会上，并且造成了极大的影响。那时，乘车、住店、买东西、就医都要报出身，出身不好，被拒之门外。对"出身论"的观点的批判与分析以遇罗克①的《出身论》文章的观点为代表。遇罗克出生在知识分子家庭，成了血统论的直接受害者，对于新生的一代而言，其出身是自己无法选择的，但是家庭出身的束缚，使得他们先天地被作为专政的对象看待。虽然当时的政策规定，重视成分出身，而不唯出身论。但是，在实际的生活中，出身还是成为是否具有革命资格的主要标志。

　　血统论和出身论的不良影响是，许多出身为非红五类家庭的青年人，为了获得革命的资格，采取极端的行为以证明自身和自己家庭脱离关系。在"文革"中有人带头揭发自己父母的"罪行"、把母亲结婚时压箱底的珍贵物品作为四旧来批判，写自己父母反动"罪行"的揭发材料，甚至有的还在批判自己父母的批斗会上喊口号，动用肉身刑罚等等，不一而论。这为当时的家庭伦理关系蒙上了阴影。父慈子孝的传统伦理受到国家伦理规约的冲击和破坏。

　　在"文化大革命"中，还有的父母为了免于连累子女的政治前途，主动和家庭断绝关系。这是在"文化大革命"的极端年代中的极为残酷的现实。亲子关系在国家伦理的极端一元化之下，受到严重的破坏。

　　家庭一度成为人生的不可承受的重负，许多年轻人在背叛自己的家庭出身还是维系自身亲情伦理关系的夹缝中徘徊不前。出身非红五类家庭的子女一度获得了革命的身份和资格成为红卫兵，以激进的乃至暴力的方式对现实

---

　　① 遇罗克，生于1942年。父亲是水利工程师，曾留日学习，回国后从事工商业。1957年被打成"右派"。"文化大革命"时期，遇罗克由于家庭出身的原因，不能加入红卫兵。1966年7月遇罗克写作《出身论》，在1967年1月18日《中学文革报》第1期上刊载，驳斥了当时甚嚣尘上的"老子英雄儿好汉，老子反动儿混蛋"的血统论。在社会上产生了广泛的影响。1967年4月17日，当时的"中央文革"小组表了态，说《出身论》是反动的。1968年1月1日，遇罗克被捕。1970年3月5日，被杀害。从逮捕到杀害，他们对遇罗克进行了八十多次的"预审"，想从他口中找到所谓"恶毒攻击"以及"组织反革命集团"的事实，以作为对其进行迫害口实。但是他们没有找到半点证据。最后竟以"思想反动透顶"、"反革命气焰十分嚣张"等莫须有罪名判处遇罗克死刑。1979年11月21日，北京市中级人民法院宣告遇罗克无罪。

伦常关系加以改造。无产阶级专政下继续革命的理论，是以暴力的方式在现实生活中加以落实。"文革"中血淋淋的暴力，施加在家庭关系中，由于以阶级道德的合法性论述为支撑，似乎由此获得了暴力革命的真诚感觉，具有了革命的合法身份和资格。"文革"结束之后，许多家庭和邻里同事之间、朋友之间的伦常关系出现了一定的裂缝。在出身问题上引发的彼此间的揭发和相互的斗争，为现实的伦常关系蒙上了一层久久未能散去的阴影。①

（二）国家伦理的极端化对师生伦常的破坏：从白卷英雄到考教授事件

教育界的"文化大革命"在红卫兵运动兴起之后，以破坏学校设施，批倒老师的手段展开。"四人帮"和林彪集团利用了学生想成为革命接班人的愿望，在教育领域的各个环节，诸如教学、招生、学制、学校建制等方面进行破坏性的活动。以政党伦理为价值指导的激进行为是以革命为旗帜口号的。在这样的政治行动运动下，师生关系、同学关系，多被阶级斗争化，师生之间正常的伦常关系被冠之以旧教育制度的师道尊严而加以批判。

要想明了那个政治主导的一元化时期的教育界的伦理关系的新变化，通过对那个时代的典型事件的管窥可见师生关系之一斑。由此，我们也可以看到师生伦常关系的变化与政党伦理提供的正当性之间的关联。

1973年7月10日，河南省唐河县马振扶公社的一名中学生在英语考试中交了白卷并写了一首打油诗，"我是中国人，何必要学外文。不会ABCD，还能当接班人。接好革命班，还埋葬帝修反"。班主任批评了她，并强调外语的重要性，并让她写检查，她不愿意，老师在全班批评了她。上报学校后，要对此学生在全校进行批评，导致该生后来自杀。后来省教育局将此事上报了国务院科教组。1974年1月江青利用这一事件，把个别教师的管理失误拔高为"修正主义教育路线回潮"、"复辟"的典型；老师和校长被当作迫害学生的凶手。这就是"四人帮"借题发挥的"马振扶公社中学"事件，其针对目标是周恩来总理。"文革"中周恩来自1972年主持教育工作，提出加强基本知识、基本理论的教学，提高教育

---

① 血缘伦理与阶级伦理之间的优位性与普遍性是当代伦理论争中的核心问题。中国共产党一般地并不反对血缘伦理，而是反对血缘伦理的绝对性、普遍性、优先性，强调阶级伦理的正当性。如何处理血缘伦理与现代伦理的关系问题是现代伦理学必须面对的问题。

质量等教育工作指示，受到广大教育工作者的拥护。"四人帮"想把稳定的局面破坏掉，所以要打着反复辟势力的旗号，借以打倒国家领导干部，为篡党夺权的阴谋服务。①

1973 年的高考招生除了坚持工农兵招生的标准外，加强了文化考察。这无疑将影响"四人帮"干预教育、破坏教育的阴谋。在 1973 年的高考中，白卷考生张铁生的出现，成了"四人帮"可资利用的工具。作为知识青年，张铁生的政治条件比较过硬，但是由于生产劳动的原因，文化课方面比较弱，所以在考试中 4 门功课总成绩 105 分。张铁生在录取无望之余，在试卷上写了一封信，反映自己坚持劳动生产，响应党和国家号召的红心，把自身的文化课不好归结为没有时间学习。②

张铁生上了大学而且被"四人帮"作为"反潮流"的英雄大加宣传，引起知识界不满。为此，"四人帮"制造了以突然袭击的方式把教授集中起来进行考试的事件。在考试中，不分专业、特长，因此许多教授在其不熟悉领域的成绩也很低。"四人帮"以此为由来说明张铁生上大学之合理。随后，考教授之风在全国展开。许多"反潮流"的典型被树立，许多教育界和文化界的知名人物，许多领导干部被批判揪斗。在"四人帮"

①　参见焦润明等编著《当代中国社会文化变迁录》，沈阳出版社 2001 年版，第 450 页。

②　张铁生：《一份发人深省的答卷》，《辽宁日报》1973 年 7 月 19 日。张铁生在信中写道：尊敬的领导：书面考试就这么过去了，对此，我有点感受，愿意向领导上谈一谈。本人自 1968 年下乡以来，始终热衷于农业生产，全力于自己的本职工作。每天近 18 个小时的繁重劳动和工作，不允许我搞业务复习。我的时间只在 27 日接到通知后，在考试期间忙碌地翻读了一遍数学教材，对于几何题和今天此卷上的理化题眼睁睁的，真是心有余而力不足。我不愿没有书本根据的胡答一气，免得领导判卷费时间。所以自己愿意遵守纪律，坚持始终，老老实实地退场。说实话，对于那些多年来不务正业、逍遥浪荡的书呆子们，我是不服气的，而有极大的反感，考试被他们这群大学迷给垄断了。在这夏锄生产的当务之急，我不忍心放弃生产而不顾，为着自己钻到小屋子里面去，那是过于利己了吧。如果那样，将受到自己与贫下中农的革命事业心和自我革命的良心所谴责。有一点我可以自我安慰，我没有为此而耽误集体的工作，我在队里是负全面、完全责任的。喜降春雨，人们实在忙，在这个人与集体利益直接矛盾的情况下，这是一场斗争（可以说）。我所苦闷的是，几小时的书面考试，可能将把我的入学资格取消。我也不再谈些什么，总觉得实在有说不出的感觉，我自幼的理想将全然被自己的工作所排斥了，代替了，这是我唯一强调的理由。我是按新的招生制度和条件来参加学习班。至于我的基础知识，考场就是我的母校，这里的老师们会知道的，记得还总算可以。今天的物理化学考题，虽然很浅，但我印象也很浅，有两天的复习时间，我是能有保证把它答满分的。自己的政治面貌和家庭、社会关系等都清白。对于我这个城市长大的孩子几年来真是锻炼极大，尤其是思想感情上和世界观的改造方面，可以说是一个飞跃。在这里，我没有按要求和制度答卷（算不得什么基础知识和能力），我感觉并非可耻，可以勉强地应付一下嘛，翻书也能得它几十分嘛！（没有意思）但那样做，我的心是不太愉快的。我所感到荣幸的，只是能在新的教育制度之下，在贫下中农和领导干部们的满意地推荐之下，参加了这次学习班。白塔公社考生　张铁生　1973 年 6 月 30 日

的煽动指挥下，教育界、文化界的许多知名人物都被批判，又有不少领导干部被揪斗。[①] 从白卷英雄的出现到考教授事件的出现反映了教育界混乱的现状。文化知识教育不再成为学校教育的重点。对于教师而言，培养学生具有过硬的思想政治素质才是唯一合法的教育活动。而在现实的师生伦常关系中，学生却经常可以利用思想政治问题，对教师进行所谓的专政。师生伦常关系被破坏的一个事件是黄帅日记事件[②]，之后这一事件

---

① 参见焦润明等编著《当代中国社会文化变迁录》，沈阳出版社 2001 年版，第 450 页。

② 黄帅事件："文化大革命"中，由报社发表北京市小学生黄帅的来信和日记为起因的政治骗局。1973 年 12 月 12 日，《北京日报》以《一个小学生的来信和日记摘抄》为题，发表北京市中关村第一小学五年级学生黄帅的来信和日记摘抄。黄帅的信是她和班主任之间发生了一些矛盾之后，家长让她写的，日记摘抄是《北京日报》按反"师道尊严"的需要摘编的。这些材料先是刊登在《北京日报》的一个内部刊物上。迟群、谢静宜见后，即接见黄帅，并由谢静宜指令《北京日报》加编者按语发表。编者按语说，"这个十二岁的小学生以反潮流的革命精神，提出了教育革命中的一个大问题，就是在教育战线上修正主义路线的流毒还远没有肃清，旧的传统观念还是很顽强的"。"黄帅同学提出的问题虽然涉及的主要是'师道尊严'的问题，但在教育战线上修正主义路线的流毒远不止此，在政治与业务的关系、上山下乡、工农兵上大学、'五七道路'、开门办学、考试制度、教师的思想改造、工人阶级领导学校等问题上，也都存在尖锐的斗争，需要我们努力作战。""要警惕修正主义的回潮"。12 月 28 日，《人民日报》全文转载了《北京日报》发表的《一个小学生的来信和日记摘抄》，并在编者按语中赞扬"黄帅敢于向修正主义教育路线开火"，并提出"要注意抓现实的两个阶级、两条路线、两种思想的斗争"。此后，各地报刊、电台、电视台广为传播。国务院科教组用电话通知各省、市、自治区教育局，组织学校师生学习这些材料。于是，在全国各地的中小学掀起一股破"师道尊严"，"横扫资产阶级复辟势力"，"批判修正主义教育路线回潮"的浪潮。有些地方还树立了本地的所谓反潮流人物。学校为建立正常教学秩序所采取的措施，教师对学生的教育管理和严格要求，被指责为搞"师道尊严"、"复辟"、"回潮"。许多教师被迫受批判，作检查。一些学校出现了"干部管不了、教师教不了、学生学不了"的混乱局面。一些学校的桌椅被拆毁、门窗被打碎、学校财产遭到破坏。1974 年 2 月 21 日，《人民日报》在"反潮流是马列主义的一个原则"的通栏标题下，发表了黄帅复内蒙古生产建设兵团 19 团政治处王亚卓的一封公开信。并加编者按语说：黄帅的信和日记摘抄发表后，有人很看不惯，出来指责。"这件事反映出教育战线上两条路线、两种思想的斗争，仍然十分尖锐"。"是支持革命还是折衷调和？是扶植和发展革命的新生事物还是对它横加指责，这是进一步发展教育革命大好形势必须解决的重要问题。"黄帅的这封信发表前，曾经迟群、姚文元、王洪文、张春桥、江青先后看过。迟群在王亚卓的信上批道："完全是反革命复辟势力的语言。""要革命就有反革命，革命就是要革反革命的命"。王亚卓是内蒙古生产建设兵团 19 团政治处宣传干事王文尧、放映员恩亚立、新闻报道员邢卓三人的笔名。黄帅的公开信发表后，三人被诬为"资产阶级复辟势力的代表"，遭到批斗、隔离审查，下放连队劳动，家属也被株连。1977 年 3 月 29 日，中共内蒙古自治区委员会批判组在《人民日报》发表文章，揭露 1974 年"四人帮"制造"王亚卓事件"的阴谋活动。1978 年 5 月 21 日，《人民日报》发表该报记者写的文章《揭穿一个政治骗局——〈一个小学生的来信和日记摘抄〉真相》，并加"编者按"说，"调查结果证明，所谓《一个小学生的来信和日记摘抄》，完全是适应'四人帮'篡党夺权的反革命政治需要，蓄意编造出来的，是一个政治骗局。"马克思主义研究网：《黄帅事件》，http://myy.cass.cn/file/2006010918728.html。

的影响范围扩大到小学领域。黄帅日记事件是一名小学生对老师的批评不满，把自己的想法写到日记里，被"四人帮"利用。日记中她认为老师的作风是旧教育制度的师道尊严，要奴役毛泽东时代的青少年。经过考证，黄帅日记中，有作假的行为，其中的语句不是一个小学生的知识水平所能达到的。但是在当时对于师生伦常造成的破坏无疑是巨大的。

白卷英雄和考教授事件反映出师生伦常关系遭到了前所未有的破坏，尤其是在黄帅日记事件中，师生关系的破坏和政治运动的密切结合，使得小学生都被过早地卷入到政治斗争当中来。一时间，教师成为了学生专政的对象，教师批评学生的行为经常被作为封建的师道尊严被加以批判。

（三）国家伦理的极端化对社会伦常的破坏：从破四旧狂潮看日常伦理关系的全面混乱

"文革"中，毛泽东发明了文化专政，将"封""资""修"作为专政对象。1966 年 8 月开始用"四旧"概括了三者，并列出了"四旧"进行批判：旧思想、旧文化、旧风俗、旧习惯，用以反对传统文化，清算外来文化。

红卫兵掀起的破四旧运动是文化专政的实践。一切外来的和古代的文化，成为破坏的目标。重新砸烂颐和园，把战争幸免的佛像全面破坏。长廊亭台楼阁、雕梁画栋上的精细人物山水，被破坏殆尽。壁画用油漆和黄泥浆涂抹。千佛洞的壁画在浩劫中被毁。抄家成为红卫兵运动疯狂的破坏方式，全国范围内类似的事件不计其数。全国上下总共约有一千万户人家被抄，散存在各地民间的珍贵字画、书刊、器皿、饰物、古籍无法统计，这些珍贵的文化遗产几乎随着抄家运动全部被毁灭。红卫兵们在抄家之后还搞大展览，展示破四旧的成绩。抄家过程中，金银作为资产阶级的象征，搜到便要对主人进行"专政"。这种"专政"往往带有极其野蛮的肉体惩罚。后来，红卫兵把书籍打成纸浆，破坏的方式有所变化。

自天安门接见红卫兵后，红卫兵小将宋彬彬改名为宋要武，随后在全国范围内掀起了改名字的比赛。商店的名字凡是能和封资修沾上边的一律改掉，有历史的老字号商店一律改名，牌匾被砸被毁的不计其数。人名、街道凡是能改的都在改造之列。比较极端的事例是革命样板戏京剧《智取威虎山》中有个土匪，因脸上有撮毛，人称"一撮毛"。江青为避讳故，强制改称"野狼嚎"。

少数民族服饰大都带有金属装饰，并绣有本民族特色的图案，生活器皿上也有民族特色的图案，这些都成了革命的对象。胡子、长辫、尖鞋头、窄裤管、香水、花俏服饰都是革命的对象，街上专门有带着剪子和锤子的红卫兵，长发剪掉，裤管剪开，鞋头砸扁、高鞋跟被锯掉。西装旗袍高跟鞋等均被列为资本主义的东西。龙凤作为传统文化的象征物，一切与之有关的东西都在被破坏之列。九龙壁在"文革"中被砸成一堵颓壁。凡是有龙凤的浮雕几乎被毁。商品上印有龙凤图案的没收销毁。龙袍戏衣、凤冠、玉带、朝靴等戏装和各式道具都被红卫兵焚烧，从北京到僻远的黑龙江省中苏边境上的嘉荫县文化馆都概莫能外。

石刻狮子被列为文化专政的对象，新华门的狮子也未能幸免。养花养鸟被作为封建士大夫和资产阶级公子哥的腐朽生活方式受到批判。

各地疯狂破坏孔庙，被毁的文物古迹不计其数。古建筑惨遭扒拆、徐渭故居、绍兴兰亭、吴承恩故居、吴敬梓故居、安徽醉翁亭、蒲松龄故居等均遭到不同程度的损坏。红卫兵们焚烧家族宗谱、"横扫"民间文学。在红卫兵看来，民间音乐属"封"。这一切破坏活动也造成文稿史料的大灾劫，许多珍贵书稿、始料未及出版就被焚毁，损失无法计量。很多作者为了免于迫害，自己关门焚毁资料。金子是资本家或地主或反动派的象征，许多人因抄家被抄出金银首饰而被活活打死。宗教被视为封建思想要全面的消灭，"文革"中伊斯兰教、佛教、道教受到严重的破坏。①

在红卫兵疯狂破四旧的同时，对于社会上相关的人进行了教育和灌输，对民众身上旧思想、旧风俗、旧文化、旧习惯要加以强行破除。在砸毁老店的招牌和象征旧事物的同时对相关的从业人员也进行了人身

---

① 参见丁抒《几多文物付之一炬？一九六六年"破四旧"简记》。智识学术网：http：//www.zisi.net/htm/xhjy/2005—04—04—10903.htm。

的改造。比如在破四旧时期，红卫兵在大街上将行人的窄裤管剪坏，长发剪短，皮鞋尖头砸掉，等等。在寺庙和教会的建筑被破坏的同时，对信教人员强行令其还俗。各地的文物也遭到前所未有的破坏。在抄家的过程当中，除了毁坏文物古籍之外，对人身进行暴力惩罚也是司空见惯的事情。从上述几个方面，我们看到日常伦理关系遭到全面的冲击和破坏。人和人之间被迫的相互检举和揭发，甚至编造谎言来陷害他人以求保卫自己，这些在"文化大革命"中都达到了极致。人和人的相互斗争，作为"文化大革命"要完成自身目的的手段，对人们的伦常关系造成全面的破坏。在"文化大革命"中，政党国家伦理成为悬在人们头上的利剑，更有人利用这一利剑，达到整人和实现政治阴谋的目的。由此造成国家伦理全面介入日常伦理对之造成了相当程度的破坏，同时也使自身的地位和作用日渐式微。

（四）国家伦理极端化的反道德性：从斗争方式的残酷和女性的不幸看伦理关系的大破坏

"文化大革命"开始后，国家伦理全面深入到日常生活，并且成为人们相互斗争的工具。在争夺革命资格的过程中，极端化的国家伦理为革命的残酷方式提供了价值支撑。对待阶级敌人是要进行残酷无情的斗争的。虽然很多领导人也曾强调"文化大革命"只是要触及灵魂，而不是要进行肉身惩罚。但是"文革"的开展，很快就超出了可控制的范围。在社会性的斗争中，斗争方式从精神到肉体全方位地展开，很多人在"文革"中因为承受不住精神的侮辱和肉体的惩罚而死去。在这场社会大动乱中，很多女性失去了社会应有的保护，她们也遭受了很多不幸。这些事情都反映出，当一种道德走向极端化之后，往往会造成灾难性后果，造成对社会伦常关系的大破坏。

（1）斗争方式的残酷性：精神和肉体的双重打击

对被列为改造对象的人进行精神和肉体的双重打击早在反右运动以及整风运动中就已经出现了。到了"文化大革命"时期对所谓的封资修分子进行的斗争，也是通过这种方式进行。在"夺权"运动中，对被列为专政对象的干部进行肉体惩罚，连刘少奇等国家高级领导人都未能幸免，而且通过开批判大会的方式进行"批倒批臭"的斗争。给所谓的"反动分子"戴上"高帽"①，还有的给人剪"阴阳头"②，胸前挂着一块大牌子，一般是写所谓的"罪名"以及批斗对象的名字，并且在名字上打一个大大的"×"的符号。通过这些方式，人们展开了对"斗争对象"的污辱和嘲弄。

在批斗会上，斗争对象要站在台上，以"喷气式"③ 的方式站着，斗争者对斗争对象的反革命行为进行揭发，被斗者进行自我批判，然后群众批斗、声讨和扭打，甚至有打死人的现象。所有的这些行为都要从毛泽东语录中引经据典。事实上这些只是一个斗争的口号。在当事人的理念当中，还无法辨别出社会主义和资本主义的差别。有的更是成为发泄私愤的良机，类似的现象在"文化大革命"中屡见不鲜。

在"文化大革命"中，在首都高校出现了派系之间的武斗现象，学生到部队的军火库以抢或偷的方式获得武器，进行小范围小规模的武斗，并迅速在全国蔓延，大街上常常发生巷战，而且在全国发生了许多起大规模的武斗，加剧了社会秩序的混乱。后来对城市中的学校实行"军管"④之后，武斗的局面得到一定的遏制。

（2）从"文革"中女性的不幸看日常伦理的畸形

"文化大革命"中，新中国十七年的妇女解放运动的成就被否定，各地的妇联被砸烂，档案被毁，刊物被迫停刊，妇联干部被揪斗，女干部和女知识分子也一样被作为白专道路和反动学术权威被打倒甚至打死。勤俭建国、勤俭持家的妇女工作方针，被作为发家致富，复辟资本主义，关心妇女被作为福利主义被批判。

农村妇女由于家庭原因受到打击牵连，造成生活艰难，而且经常被迫从事繁重的生产突击任务，长时间的劳动，使其身心受到极大损害。在工矿企业，不顾妇女的生理特点，在所谓"强调男女平等"的理念支配下，从事有害有毒的作业和重体力劳动，对妇女造成极大的伤害。而坚持生产

---

① 用纸扎成的又高又尖的帽子，上边还用纸作出类似帽缨的东西。原本是民间迷信中小鬼戴的帽子，早在第一次大革命的农民运动时期，在反对土豪劣绅和地主阶级的斗争中，就已经出现了。在"文化大革命"中，被广泛采用。

② 一半的头发剪光，一半保留，是一种带有精神侮辱性的做法。

③ 在批斗会中，斗争对象要弯腰至至少90度，双手向后向上，一般左右各有一人把住胳膊向上拧，以增加斗争对象的疼痛。

④ 军队派出工作人员，对学生进行军训和军事化管理，二者合称"两军"。

工作的劳动者，被诬蔑为"只拉车，不看路"的"黑标兵"。

婚姻家庭方面，由于社会陷入混乱，致使包办买卖婚姻、金钱婚姻、凌辱虐待妇女、拐卖妇女和儿童、妇女集体自杀等陈陋旧俗增长。在知识青年中，沉重的劳动改变了女知识青年的爱情观，一些人选择了和当地农民结婚。然而"文化大革命"结束后，伴随着回城的高潮，又相应掀起一股离婚浪潮。在阶级斗争为纲的年代，由于妇女出身关系和派系斗争等原因，其子女与丈夫为了保护女性会与其脱离关系，在这种极端不正常的社会环境中，爱情和亲情消失隐退。扭曲变形的"阶级伦理"对人们的现实血缘伦理关系造成了极大的冲击。

四　国家伦理规约下的娱乐和生活时尚

"文革"中人们的娱乐生活如果没有体现出为无产阶级革命的政治服务，就会被定义为资产阶级作风。歌颂领袖毛主席的舞蹈和歌曲成为时代最强音。在人们穿着和发型方面均深深打上了国家伦理规约的烙印。"文化大革命"时期，最具有代表性的服饰就是红卫兵的服饰。人们的穿着和某种价值理念直接相关，并且是作为某种革命身份的象征。作为伦理资源载体的电影等各种艺术形式，也成为国家伦理规约的控制对象。从新中国成立起，我们党就将电影等文艺手段作为重要的思想政治教育载体，给予了高度的重视和管控。对于伦理塑造而言，电影作为政党伦理资源的载体，在"文化大革命"中更是达到极端的地步。八个样板戏几乎成为戏剧舞台唯一的合法演出者，就是国家伦理绝对一元化的现实表现。

（一）国家伦理对娱乐生活的全权管控

（1）从忠字舞和语录歌看文艺的伦理化与政治化

无产阶级文艺自然要作为无产阶级价值理念的载体，但艺术也有自身的独立性。新中国成立初关于电影的讨论反映了艺术的独立性和思想价值的关系上存在着两种不同的观点。但是在"文化大革命"中，艺术的独立性被放在极其微弱的地位，极端地突出了艺术的思想性、阶级性和政治性。最为典型地表现在交际舞、拉丁舞等舞蹈上。这些舞蹈原本是被提倡的文化样式，但由于和苏联关系的恶化，被作为苏修的反动文艺予以禁止。而中国无产阶级自身的娱乐生活要通过自己的舞蹈和音乐来表达。于是，忠字舞①和语录歌伴随着"文化大革命"的发展应运而生。

"忠字舞"作为对伟大领袖的崇拜仪式，一经产生很快成为一种全民运动。农村的田间地头，城市的工厂单位，大街上学校里，乃至在中国共产党的大型会议现场都集体跳"忠字舞"。作为对无产阶级革命领袖的崇拜活动，象征着对无产阶级革命的忠诚程度，是国家伦理的最高道德象征。那时人人都要学会跳忠字舞。毛泽东思想宣传队是"文化大革命"中文化宣传的主力军，红卫兵组织也都成立了"毛泽东思想宣传队"。在剧院舞台、街头广场、厂矿企业、村镇城乡等场合演出革命文艺。

毛主席语录经过林彪的率先鼓动和宣传，很快成为全国人民在各种场合和地点必须要诵读和学习的无产阶级圣经。在此背景之下，语录歌②的产生也就不难理解。红卫兵也有自己的歌曲——红卫兵歌曲③，成为当时流行的歌曲。其中的内容以宣传造反，赞颂伟大领袖毛主席为主。这些歌曲都是反映如何在无产阶级伟大领袖的带领下，完成解放受苦受难的全人类的历史重任，如何完成现阶段的阶级斗争任务的。作为流传最广的文艺，对于那一时期的青少年而言，无疑是其思想启蒙的来源。充满革命暴

---

① "文化大革命"中出现的一个现象就是"无限忠于毛主席"，并且被人们概括成"三忠于、四无限"。"三忠于"具体是指"忠于毛主席、忠于毛泽东思想、忠于毛主席的无产阶级革命路线"，"四无限"是指"对毛主席，毛泽东思想，毛主席的无产阶级革命路线，要无限崇拜、无限热爱、无限信仰、无限忠诚。"忠不忠，看行动。1969年前后，从空军开始传出"忠字舞"，很快全国人民狂热地跳起了"忠字舞"。跳"忠字舞"时，每人手捧《毛主席语录》本，胸佩毛主席像章，围成一个象征"忠"字的圆圈，一边唱当时最流行的《心中的红太阳》、《万寿无疆》、《万岁！万万岁》等几首歌颂毛泽东的歌曲，一边反复转圈，同时做出与歌词相仿的舞步、手势、表情等简单的动作。例如，唱"敬爱的毛主席"一句时，要手举《毛主席语录》本，右腿半蹲，左腿半跪，抬头眼望语录本上的毛主席像；唱"我们心中的红太阳"一句时，要把语录本收回到自己的胸口处紧贴，象征着"在心中"，然后两手分开，有节奏地来回摆动，抬头仰望天上的太阳，表情幸福，做接受阳光照射状。参见刘建美编著《从传统消遣到现代娱乐》，四川人民出版社2003年版，第135页。

② "文化大革命"中，出现的一种歌曲形式，将毛泽东语录谱成歌曲。《下定决心》歌词简短，旋律简单，广为传唱。歌词为："下定决心，不怕牺牲，排除万难，去争取胜利。"

③ 最早的一首是《革命造反歌》，由北大附中"红旗"战斗组创作，歌词为"拿起笔，做刀枪，集中火力打黑帮。革命师生齐造反，文化革命做闯将。"后来是《大海航行靠舵手》较为流行，歌词为"大海航行靠舵手，万物生长靠太阳，雨露滋润禾苗壮，干革命靠的是毛泽东思想。鱼儿离不开水呀，瓜儿离不开秧，革命群众离不开共产党，毛泽东思想是不落的太阳。"

力的歌曲内容，成为人们现实行动的指南。对此我们关注的是：一方面，作为国家伦理的载体，这些歌舞在现实中充当了无产阶级伦理教化的教师；另一方面，作为人们现实行动的指南，这些歌舞成为现实伦常关系破旧立新的直接方针。

（2）从样板戏的独霸舞台和电影的管控加强看政党伦理的极端化

随着对十七年电影和戏剧等文艺事业的否定，"文化大革命"对越来越多的文艺作品进行上纲上线的批判，使得文艺工作者的创作受到极大的限制。"文化大革命"后期，只剩下了八个样板戏可以观看，成为"文革"期间中国人娱乐的主要内容。样板戏起源于20世纪50年代中期开始的传统京剧向现代戏的转变，到60年代初期开始了样板戏的规范过程。1966年首次确定八个革命现代样板戏①作为全国文艺的样板在全国进行传播，通过舞台、电影、广播、报刊等传播渠道，样板戏作为革命文艺的样板，在全国范围内推广。并且排演样板戏成为各地剧团和文工团的中心任务。全民都在学习革命文艺样板戏，现在公园或是社区的老年文艺活动中，样板戏中的场景、台词、唱腔、动作，有许多人还十分熟悉，并且经常唱起。

新中国成立初，我党对于电影事业就高度重视。但到了"文革"期间，电影受到意识形态越来越严重的控制。"文革"早期允许放映的故事片有"老三战"，即《地道战》、《南征北战》、《地雷战》，加上《平原游击队》、《英雄儿女》。随着样板戏的推广，陆续推出了样板戏影片。同时，还放映大量的新闻纪录片，如《毛主席接见百万群众》、《新闻简报》等。后来苏联影片《列宁在十月》、《列宁在一九一八》，阿尔巴尼亚的《宁死不屈》，越南的《琛姑娘的森林》，朝鲜的《卖花姑娘》也准许放映。② 只有这些反映战争和阶级斗争题材的电影在"文化大革命"期间反复播放，也成为"文革"中单调文化生活的调剂。

---

① 《贯彻毛主席文艺路线的光辉样板》，《人民日报》1966年2月26日，首次将京剧现代戏《沙家浜》、《红灯记》、《智取威虎山》、《海港》、《奇袭白虎团》，芭蕾舞蹈《白毛女》、《红色娘子军》和交响乐《沙家浜》，并称为江青亲自培育的八个革命现代样板戏。后来，又出现了京剧《杜鹃山》、《龙江颂》、《平原作战》、《磐石湾》和舞剧《草原英雄小姐妹》等第二批样板戏。

② 参见刘建美编著《从传统消遣到现代娱乐》，四川人民出版社2003年版，第142页。

忠字舞、语录歌、样板戏、社会主义电影，成为那个时代人们思想启蒙的内容。国家伦理通过政治运动的方式得到极端化表现，在文化革命中成为那一时代人进行伦理道德思考和道德行为的内在精神资源。

（二）国家伦理规约下的时尚：从服装发型看革命伦理规约的束缚

在中国的文化传统中，服装作为某种政治象征的符号，总是和某种意识形态相关联，在"文化大革命"中的中国更是如此。作为一种革命身份的象征和某种理想的寄托，服装成了人们革命意识的外化，它与其说是身体的语言，不如说是思想的表达。在"文化大革命"中，特定样式服装作为革命伦理身份的象征，不是任何人都可以随意穿着的。由于政党—国家伦理全面进入日常生活，所以穿衣打扮不再是简单的日常生活，而是与一定的政治伦理身份相关联的政治活动。

在"文革"中，绿军装成为一种伦理意识的表达和伦理身份的象征。草绿色军装是"文革"中的流行服装。红卫兵运动初期，他们身穿军装，表示继承父辈的革命事业，继续前进。毛泽东第一次接见红卫兵时，就身着绿军装，之后，绿军装成为全国红卫兵的流行服装。但是，黑五类出身的学生则大多作为专政的对象，没有穿军装的资格。后来毛泽东批判了血统论，随着大量的干部被揪斗，其子女也相应丧失革命身份，成为被专政的对象，军装作为政治忠诚度和革命身份的象征，也成为"黑五类"[①]出身的红卫兵的最爱。当时红卫兵的标准装束是：身穿绿色军便装，头戴军帽，臂戴红袖章，脚登解放鞋，腰系皮带，肩背印有为人民服务字样的军用挎包，胸前别着毛主席像章。一般将袖子挽起，露出胳膊显示力量，当时的宣传画常常是这样的形象，往往胳膊的肌肉和紧握的拳头显得比较有力，象征无产阶级的"铁拳"，用以粉碎一切敌人的阴谋。

军装的流行反映出的是国家伦理在革命身份的设定上，认为军人是最符合革命身份的。许多北京的高干子弟穿上父辈的军装之后，全国的红五类分子纷纷仿效，并且很快成为全国的风潮。这一现实反映出服装政治化的背后是伦理身份意识的争夺。青年人在政治运动的自我角色定位中，把

---

① "黑五类"，指地主、富农、反革命分子、坏分子、右派分子等人，在阶级斗争高涨时期，其范围泛化到其子女及亲属。

自身设定为未来社会主义事业的接班人，认为世界上的无产阶级等着自己去解放，而眼前要解决中国出现的走资本主义道路的当权派的阶级斗争问题。

"文革"时期，除草绿军装外，劳动布的服装工作服也很流行。由于在"文化大革命"中工人处于"必须领导一切"的地位，工人的服装成了最为新潮的服装，而且工人在社会上享有经济福利、参军招工方面的优势。其他不是红卫兵的人大多穿着学生装和中山装，颜色以蓝灰绿为主。学生蓝布长裤，白色衬衫是那个年代的好服装了。长裙和化妆，对于女学生而言只能是节日庆祝等活动可以装扮的，否则就会被作为资产阶级思想受到批判。皮鞋也不是随便可以穿的，鞋太亮也会被认为是资产阶级味道太浓。

发型作为生活中日常行为的一种选择，在"文化大革命"时期，也同样受到政党伦理的严格限制。新中国成立初期的短发成为人们的单一发型，女士的发型也较为单调，如前文提到的只是那样简单的几种，就是红卫兵运动当中，仿效宋彬彬①的短发头型。"当时的理发店只给理寸头和光头，要想把头发做得好一些，需要单位开介绍信，如证明你需要出国、为外宾演出或有其他特殊任务等等，理发店一般在检查完你的介绍信后，才会给你做头发。"②

由于城乡差别的存在，加之新中国成立最初走的一直是优先发展重工业的道路，农业支援工业建设等具体的历史因素导致农村经济发展相对滞后。在大跃进期间农业生产放卫星，国家征购粮食过多，又导致农民生活极其困难。再加上大炼钢铁运动对农村经济的破坏，遇到三年自然灾害后，农村经济更是雪上加霜，到"文革"时期农民的生活条件更为困苦。"建国30年来，农民的服装没有什么变化，男的冬天仍然是对襟黑棉袄黑棉裤，夏天是或蓝或白的土布衫和不开口的大肥裆裤。妇女则是大襟花布或蓝土布上衣，下身一般也都是或黑或

---

① 毛泽东第一次接见红卫兵时，红卫兵小将宋彬彬为毛戴上红卫兵袖标。毛泽东认为"彬彬"不能体现革命斗争的精神，说了"要武"之后，改名为宋要武，此后全国掀起了改名热潮，表示革命斗志。

② 参见刘建美编著《从传统消遣到现代娱乐》，四川人民出版社2003年版，第195页。

蓝的肥裆裤。在极度贫穷的地区，更有一家数口轮流穿破衣烂衫的。"①
当时由于各种物资极其有限，国家通过发行购物票的方式来进行物资
市场的稳定和平衡。

人们在服装发式等日常生活行为中，都深深地打上了政党伦理的烙
印，服装的穿着更多的是在表明一种革命的身份意识，到了"文化大革
命"时期，尤其是红卫兵身着军便装，更是成为一种革命话语修辞下的
身份象征，成为青年人的一种价值追求。在"文化大革命"时期，人们
的审美观念深受国家伦理规约，认为只有符合革命和阶级斗争的原则才是
美的，至于窄裤管、长头发、尖皮鞋等有一点美化的地方，便会被认为是
脱离了艰苦朴素、艰苦奋斗的生活作风，是小资产阶级的思想作怪，要对
之进行政治批判和道德谴责，而且在"文革"期间出现了理发都要开介
绍信，买东西还要背毛主席语录的怪事。

（三）国家伦理规约下的自由空间：从禁歌的地下流行和知青文艺看生活伦理的冲动

随着中苏关系恶化，苏联文艺被重新审视。但是苏联的许多歌曲如
《喀秋莎》、《莫斯科郊外的晚上》、《一条小路》、《三套车》等仍然深
受群众喜爱并在地下流行。随着文化革命的深入，相应的许多歌曲被列
为禁歌。反映爱情生活的，闲适生活情调的歌曲都被禁唱，如《红梅花
儿开》、《让我们荡起双桨》、《红梅赞》、《洪湖水浪打浪》、《康定情
歌》、《草原之夜》等。知青翻改的歌曲，在社会上也比较流行。② 这说
明人们自身的审美没有完全淹没在革命伦理的虚夸变型之中，有些反映
自身生活情感和审美需求的文艺作品依然获得应有的生活空间。从国家
伦理和生活伦理的关系看，表明了某种生活伦理对于意识形态化的国家
伦理一元管控的某种反抗冲动，反映出人们对于爱情和现实生活的
向往。

"文革"后期，知识青年中流传着一些反映自身处境和情感的艺术作
品。暗中流传着一些手抄的诗、歌和小说。这些诗、歌和小说统称为

---

① 参见刘建美编著《从传统消遣到现代娱乐》，四川人民出版社 2003 年版，第 197 页。
② 同上书，第 138 页。

"手抄本"①。知识青年在"文化大革命"后期，渐渐从"文化大革命"制造的政治神话中解放出来，对于自身的价值定位和现实要求有了更为理性和现实的认识。这些反映知青情感和处境的文艺作品在知青中具有较大影响。这些作品以现实的方式，主要是通过爱情与革命的关系，来反映自身的情感和思想。相对于此前国家伦理塑造的知识青年工农化，要为未来社会实现全人类解放的远大理想，这些作品更多的是关心如何回城、回到学校、回到工作岗位上、回到日常生活中。国家伦理规约下的取得现实革命身份资格的改造，对他们的影响力正在日益减弱。这一方面反映出生活现实对于政党国家伦理的某种反抗冲动，另一方面也反映出青年人的革命理想已经渐渐让位于现实的选择和俗世生活的追求。年轻人不再全部沉醉在保尔式的理想主义之中，而开始向往冬妮娅式的日常生活的温馨。

　　林彪事件过后，文艺政策有所松动。"从 1974 年开始，一些较有艺术性的'文革'影片陆续问世，著名的有《闪闪的红星》、《火红的年代》、《海霞》、《创业》、《春苗》、《金光大道》、《渡江侦察记》等"，"这些影片虽取材于当代，但政治味太浓，缺乏现实主义的真实性。不过，这对于长期陷于精神饥荒的中国百姓来说，已是美味佳肴了。"② 尽管这些艺术片仍然缺乏现实性，还是在"文化大革命"的逻辑框架内进行的艺术创作，但是一定程度上突破了样板戏电影的僵化模式。这一方面反映出在文艺创作上，国家伦理一元化管控的某种松动，另一方面则表明人们对于政

---

①　在知青中传抄的"知青歌曲"，包括《四季歌》、《75 天》、《地角天边》、《雨声传情》、《南京知青之歌》、《精神病患者》、《松花江上》、《疯狂的世界》、《我的眼泪》、《姑娘八唱》、《请你记住我》、《小小油灯》、《钞票》，等等。这些歌曲大多抒发世态的悲凉、漂泊无依的孤寂和爱情无望的伤感，是知青们在缺乏文化娱乐的寂寞岁月中，创造出来进行自娱的。它们是知青上山下乡艰难生活的真实写照。其中著名的《南京知青之歌》被定为"反动歌曲"，这首歌的作者，南京知青任毅于 1970 年被捕入狱。当时，手抄小说也很多，包括《站在最前线》、《九级浪》、《芙蓉树花开》、《雏鹰奋飞》、《梅花党的故事》、《归来》等。其中长篇小说《归来》，后更名为《第二次握手》，主要描写了两位科学工作者长达数十年的纯洁爱情。1970 年前后，开始以手抄本形式流传，不久即形成了一股全国性大规模的传抄热潮。1975 年，作者张扬因"利用小说反党"的罪名被捕。"文革"结束后，小说得以出版发行。此外，还有一些手抄小说描写青春期少女的躁动心理，如《曼娜回忆录》、《少女之心》等，情节离奇，写作粗糙，格调低下，充斥色情描写。手抄本的流行，反映了"文革"年代在禁欲主义和蒙昧主义的枷锁下，青少年被压抑、扭曲的情感和心灵。参见刘建美编著《从传统消遣到现代娱乐》，四川人民出版社 2003年版，第 143 页。

②　参见刘建美编著《从传统消遣到现代娱乐》，四川人民出版社 2003 年版，第 142 页。

治化的国家伦理的承受力已经达到极限。

在"文化大革命"中，人们的娱乐生活以及日常活动受到许多束缚。在林彪事件过后，政治狂热的虚伪性彰显无遗。因此，精神追求和娱乐追求重新成为人们生活领域的重要内容。

五　国家伦理的式微与"文革"后期的复苏

（一）师道尊严的恢复与国家伦理全面掌控的减弱：从工宣队撤出到学校教师地位的提高

"文化大革命"十年，对于知识分子来说，是噩梦般的十年，他们作为被专政的对象，被作为资产阶级，被冠以臭老九的骂名，受尽侮辱和打击。"四人帮"集团被粉碎之后，党政机构的领导权得到恢复，开始对"文化大革命"的错误做法进行纠正。在"文化大革命"中，我国的经济科技教育文化各方面均受到严重破坏，作为"文革"后期全面管理学校的"工宣队"，随着"文化大革命"的结束，其自身的历史作用也相应丧失。1977 年工宣队撤出学校，教育部门的领导权重新回到党政机构的领导下，这一举措成为科技和教育部门进行拨乱反正和制度改革的前提。

"文化大革命"对于中国的现代化建设造成了无可估量的损失，尤其是大量的技术人才被作为"白专"分子打倒，造成大量知识分子死亡，在"四人帮"集团被粉碎之后，由于"文化大革命"中的阶级斗争观点的惯性思维仍存在，还有人坚持"知识越多越反动"、"技术知识分子最危险"、"宁要社会主义的草，不要资本主义的苗"的谬论。而遭到极大破坏的各项事业需要大量的知识分子，尤其是技术人员，因此改变知识分子的地位，使他们能够重新为国家的建设作贡献，中国共产党和国家领导人采取了积极的措施。

在落实知识分子的政策实施后，学校进行了恢复工作。"文化大革命"之前，我国高等院校就存在教师职称评定制度，执行的是 1960 年国务院颁发的《关于高等学校教师职务名称及其确定与提升办法的暂行规定》。依此规定，也评选出一大批教授、副教授、讲师、助教。

在"文化大革命"的十年中，科技和教育界成为重灾区，大多数教师被作为革命对象，丧失了基本的政治经济权利。"文化大革命"后，邓小平主管科研教育事业期间，恢复了高考制度及研究生招收制度、成立了中国社会科学院、落实了知识分子政策、鼓励各种学术团体，并且形成明确的奖励制度和竞争机制。为了进一步完善教育体制，教育部决定恢复"文革"中被迫中断的教师职称评定和提升工作。1978 年 3 月 7 日，国务院批转了教育部《关于高等学校恢复和提升教师职务问题的请示报告》，进一步恢复并完善了教师的职称评定和提升工作。

　　1978 年 3 月 18 日，粉碎"四人帮"之后的首届全国科学大会在北京隆重召开。邓小平在大会的开幕式上做了重要讲话。他指出：会议的召开表明了"'四人帮'肆意摧残科学事业、迫害知识分子的那种情景，一去不复返了"。① 邓小平在此强调了科学技术是第一生产力，是推动历史前进的强大动力；对知识分子的社会地位和阶级属性都给予了恰切的认定，并且充分肯定了知识分子作为劳动人民对于科学事业发展和社会主义现代化建设的重要作用。同年 11 月，中共中央组织部发出了《关于落实知识分子政策的几点意见》，通过对知识分子的阶级定位、平反昭雪、信任使用，改善他们的工作和生活条件，贯彻双百方针等具体措施②，提高知识分子的地位和发挥他们的作用。到 1981 年底，全国高等学校有 13 万教师提升和确定了职称，其中提升教授 2400 多名，副教授 20700 多名，讲师116100 多名。③

　　"文化大革命"中，在政党伦理极端化和异常的影响下，人们错误地认为科教界走上了白专道路，大量的知识分子和教师被打倒，其人身和心灵遭受双重打击，严重地影响了社会主义现代化的建设。在"文化大革命"之后，政党伦理自身进行了纠正和调整，针对知识分子的政策也作出了重大的调整，对于知识分子在现代化建设中的重要作用给予了重新的

　　① 《邓小平文选》(1975—1982)，人民出版社 1983 年版，第 82 页。

　　② 《意见》提出：(一) 对知识分子要有一个正确的认识，现在的知识分子绝大多数已经是工人阶级的一部分；(二) 继续做好知识分子的平反昭雪工作；(三) 对知识分子要充分信任，放手使用，做到有职有权有责；(四) 调整用非所学做到人尽其才，才尽其用；(五) 努力改善工作条件和生活条件；(六) 加强领导，改进作风，政治工作和组织工作要为科研、生产、文化教育服务；认真贯彻"双百方针"。《中华人民共和国国史全鉴》第 5 卷，团结出版社 1996 年版。

　　③ 中共中央党校理论研究室编：《中华人民共和国国史全鉴》第 5 卷，团结出版社 1996 年版，第 5239 页。

肯定，承认他们是脑力劳动者，从阶级和社会地位上确认了他们的国家主人翁身份。现代化建设作为现代性的重要面向，是技术型的理性构建过程，因此知识分子作为技术型人员，是社会建设的关键力量，在社会主义的价值理念的主导下，应当对其给予积极的引导并为其创造工作条件而不是进行打压，否则只能是造成类似"文革"这样的悲剧。

（二）人才培养原则的极端意识形态性的弱化：从函授教育和夜大看"红"和"专"的辩证

"文化大革命"结束后，中国共产党领导全国人民开始进行以经济建设为中心的社会主义建设，但是技术人才大量缺乏，依靠现有的教育体制去培养，教育资源较为有限，建设不等人，教育的改革要在教育形式的多样化上入手，切实解决人才培养的问题。

在教育制度的改革中，恢复和发展了高等函授教育制度①，在全社会产生了重要的影响，成为广大在职人员提高业务水平和文化水平的途径。"函授教育兴办容易，花钱少、专业设置针对性强，学员不脱产，不影响工作，边学边用收效快。实践证明，函授教育是电视、广播教育代替不了的。"② 函授教育是迅速解决我国人才资源不足的有效途径。在经过广泛讨论之后，函授教育得到认同。1980 年 4 月教育部召开会议，讨论高校函授教育和夜大学的任务和存在的问题，交流工作经验，并提出了《关于大力发展高等学校函授教育和夜大学的意见》。9 月，国务院批转了这一意见，指出："发展高等教育要贯彻两条腿走路的方针，采取多种形式办学。高等学校除办好全日制大学外，还应依据自己学校的情况积极举办函授教育和夜大学，这对扩大高等教育事业的规模，改变我国教育发展与经济发展不相适应的状况，加速培养四化建设需要的各种专门人才，促进干部队伍的结构改革，提高全民族的科学文化水平，都有重要意义。"③

---

① 在新中国成立初期，曾经为提高在职干部的业务和文化水平，实行过函授教育，后来形成函授教育制度。"文化大革命"后作为教育体制改革的新形式，得到恢复和发展，以通信方式为社会成员提供教育，经济、有效、快捷、方便，适合在职人员的特点，受到在职人员欢迎，工作学习两不误。

② 《函授之花要盛开》，《文汇报》1979 年 11 月 13 日。

③ 《国务院批转教育部报告要求各地大力发展高校函授和夜大学》，《光明日报》1980 年 9 月 20 日。

文件强调了函授教育在我国教育事业发展中的地位，要求各地认真开展这项工作；同时强调指出，各用人单位在人员使用和职称评定等问题上，函授毕业生同全日制毕业生要同等对待。"在国家政策的指导下，1981 年，我国已有 83 所高校恢复举办函授教育。有函授生 17.7 万人，设专业 102 种。① 到 1989 年全国已有 634 所高等学校举办函授教育和夜大学。"② 函授教育具备了庞大的规模、完整的体系及雄厚的师资力量并为全社会所接受。

　　作为教育原则的"红"与"专"的矛盾在新时期得到了有效调整。在教育领域，我们仍然坚持和高度重视"红"的原则作为指导思想的地位和作用，但是对"专"的原则的独立性也更加强调。这既是科学合理地处理思想意识形态和科学技术二者关系的体现，也是社会主义建设事业的路线问题的反映。新时期在教育领域的一系列拨乱反正政策的落实，为我国科教兴国战略的实施奠定了良好的基础。

　　实际上"文化大革命"给现实的各个层面的伦理关系都带来了深远的影响。首先我们从出身论和血统论的争辩，看到家庭出身在国家伦理的一元主导下，成为革命身份的先天因素，尤其是在红卫兵们的血统论传播到社会形成影响之后，更是如此。所以非红五类家庭出身的子女就要通过斗争自己父母的方式来背叛自己的家庭，以此来获得革命的资格。由此导致家庭伦理关系的破坏，这发生在"文化大革命"中是现在难以想象的。父子之间的检举揭发，尤其是青少年学生，涉世不深，从小受到政党伦理规约下的教育，对于共产主义道德深信不疑，并且通过一次次的政治运动和斗争，深化了他们想要进行一场轰轰烈烈的阶级斗争的想法，而"文化大革命"恰恰提供了这样的机会，使得出身不同的青年和知识分子在争夺革命身份的过程中，人人为了争夺先进，同事揭发同事，亲人揭发亲人，朋友揭发朋友，学生揭发老师，整个社会的伦理关系陷入异化的政党伦理的控制之中，造成了无可挽回的灾难和损失。

　　在教育界我们则看到，师道尊严被视为旧社会的毒瘤，被加以批判，

---

　　① 中共中央党校理论研究室编：《中华人民共和国国史全鉴》第 5 卷，团结出版社 1996 年版，第 5450 页。

　　② 冯登岚、刘鲁风编：《新中国大事辑要》，山东人民出版社 1992 年版，第 428 页。

学生起来造老师的反，考教授事件，学生批斗老师的事件比比皆是。尤其是作为知识分子的大学教授们被作为阶级敌人遭到学生的残酷斗争，使得正常的师生关系荡然无存。

　　知识青年的上山下乡运动，反映出国家伦理对未来建设者的伦理规约的设想。新一代的学生作为未来建设事业的接班人，没有经历过革命战争的考验，不具有现实的无产阶级的资格，所以要通过无产阶级——贫下中农的教育，使之获得阶级意识，具有革命的身份。所说的知识分子工农化，实际上，就是用无产阶级的伦理规约来整合作为未来知识人的伦理身份和意识。

　　"文革"中的破四旧活动，更是被视为与封建主义和反动资产阶级作斗争的意符，所以凡是与旧社会相关的文物古迹，文化产品都受到空前的破坏。这种集体的极端行为是在打着反对传统毒瘤，建设新世界的口号下完成的。国家伦理作为旗帜也好，作为信仰也好，成为一切行为的标杆，被用来砸烂旧世界。在人们的思想认识水平没有完全达到唯物论和无神论的条件下，通过群众的运动的方式，强行的对宗教的场所进行毁灭性的破坏，对于从业人员进行强行的改造，造成政党伦理的高压。这是对我们传统的极大破坏，对于我们几千年的文明是一种断裂。在现实的社会伦常关系方面造成了消极的影响，以至于在"文化大革命"结束之后，我们要花费很大精力去反思和恢复在文化革命中破坏的伦理道德观念和伦理秩序。

　　"文化大革命"之后，上升为国家伦理的政党伦理面临一种尴尬的失范和式微的现实局面。如何有效地整合社会的伦理资源成为新的问题。尤其是在改革开放后我们面临着经济体制和政治体制的改革，在新的时代条件下，要重新确立国家伦理自身在伦理秩序体系中的位置。全权伦理的失效，作为现代社会发展的一个重要面向，在社会主义中国是通过国家伦理极端化造成极大损害的方式完成的。而且这一方式确立的价值理念，作为无产阶级伦理道德的说教，已经在旧的方式下，不再变得能够激动人心并且普遍有效。于是我们在80年代的蛇口风波的问题中看到，思想政治教育方式的转型，青年奋斗价值、奋斗动机的转变，人们不是简单地依靠在某一伟大理想和主义之上，而是更为现实，更为贴近现实的人性需求。

　　"文化大革命"结束后，在教育界首先开始的全面恢复教育秩序的正常化，使教师的地位得到恢复，在人才培养上对红和专的问题重新做了定位，强调人才的专门技能和知识的重要，但这并未反映出国家伦理规约在教育方面的某种松动，而是突出社会建设中的现实需求，不是以国家伦理为中心去搞教育，在人才培养的原则上出现了重视专的动向。国家伦理在伦理规范中的作用虽然相对于文化革命中的极端集权而言显得式微，但是就现代国家的建设而言，在人的思想方向和现实选择上，无疑更加符合人性化和现实的需求。

　　如此，我们看到"文化大革命"是一场以政党理念提供思想动员，以政党伦理为规约标准的政治运动。这一运动波及每一个人，在反对封资修的过程中，人们为了争夺革命身份展开了政治忠诚的竞赛，互相批斗，造成了日常伦理的极大扭曲和变形。家庭伦理关系，日常伦理关系，师生伦理关系，政党内部的伦理关系都受到了极大的损害。在这样一种极具破坏性的运动中，政党伦理以自身不断强化的方式走向了自身的反面。事实上，国家伦理的式微作为一种现实，不是一个普通的理论探讨问题。而值得关注的问题是，国家伦理的作用应该向什么方向转变，在未来的伦理构建中，国家伦理能起什么作用，在下章的伦理道德变迁的考察中，笔者将给予深入的分析和尝试性的解答。

　　从"文化大革命"发动的理论以及运动中的具体实践看，"文革"实际上是一场伴随领袖崇拜的政治斗争的历史悲剧。在毛泽东看来，历史上所有的革命从来没有实现过无产阶级的彻底当家作主。经过新中国的十七年的建设，虽然工农大众在经济上基本解决了温饱问题，这是历朝历代没有做到的，而且从国家制度上，人民第一次成为主人。但是，毛泽东认为文化领域的领导权并不在无产阶级手中。毛泽东的判断着眼于如下问题：无产阶级自己的知识分子培养问题以及知识分子的文化视野中无产阶级的地位问题。"文化大革命"从这个角度看，可以看作是一种现代性方案的文化试验。这种文化试验，被看作是在思想领域进行的，而实质上是一场政治革命。这种政治革命的指向在于对社会各阶级各阶层进行彻底改造，最终使得整个社会实现所谓的知识分子工农化，工农阶级知识化。这是一种使整个社会纯粹化的一种理想运动。如果这场运动成功了，则在中国社会中完成了新的阶级成分的统一、政治权利和地位的统一、思想文化的统一，那么社会主义社会所设定的公平正义的理想就可以得到直接实现，而且整个社会将成为巨大的力量共同体。当然，这样一种设想在"文化大革命"运动的展开过程中，不断地遭到扭曲，使得一场最具有现代意味而又最具理想色彩的运动演变成一场一切人反对一切人的悲剧，最后使得人民从全民高涨的政治热情中走向政治冷漠。

林彪将毛泽东的一些话摘抄出来，辑成语录，在全军学习，随后普及全国，并且由此衍生出一系列的仪式性活动。例如，早学习，晚汇报，吃饭之前、劳动间歇、开会之前，以及到商店买东西等日常生活中，都要背毛主席语录。毛泽东对林彪此举是有所怀疑的。毛泽东实际上对个人崇拜是有所察觉的。只不过他为了实现心中的理想不得不借用个人崇拜。

在马克思主义历史理论的论述脉络中，人类社会的历史发展从无阶级的原始社会进入到有阶级的奴隶、封建和资本主义社会。最终人类社会经过进一步的发展，最终会进入到无阶级的共产主义社会发展阶段。在阶级社会的存在状态中，社会上的主体都是从属于具有特定利益的团体的。作为社会历史哲学的概念，阶级表达的就是这样的利益群体及其关系。正如列宁说的那样："所谓阶级，就是这样一些大的集团，这些集团在历史上一定的社会生产体系中所处的地位不同，同生产资料的关系（这种关系大部分是在法律上明文规定了的）不同，在社会劳动组织中所起的作用不同，以及取得归自己支配的那份社会财富的方式和多寡也不同。所谓阶级，就是这样一些集团，由于它们在一定社会经济结构中所处的地位不同，其中一个集团能够占有另一个集团的劳动。"① 在阶级社会产生以后，人们依据所属利益以及获得利益方式和多少等级的差别，可以划分为不同的阶级。作为无产阶级（也应当包括农民同盟军）先锋队代表的政党，共产党是来源于广大人民群众，代表着他们的利益的。如果没有广大人民群众，一个政党不可能具有巨大的号召力和强大的力量。另一方面，如果没有伟大英明的革命领袖，群众就会无法得到有效的组织，也不能获得对自身地位的认识，以及如何解放自己的思想认识。基督教神学是通过对上帝的崇拜方式，来神化所谓第一等级的，以教皇为代表的教士阶层，通过

---

① 《列宁选集》第 4 卷，人民出版社 1995 年版，第 11 页。

这套神学理论工具，神化了以封建贵族阶层为代表的地主阶级，也就是所谓的第二等级为封建君权服务，资产阶级民主革命理论及其政治经济学理论，主要是通过神化资本的方式来神化以资本家为代表的资产阶级，也就是所谓的第三等级。马克思主义的理论则是通过唯物史观的论述，通过将劳动神圣化的方式，最终揭示以工人为代表的无产阶级，也即是第四等级的历史优越性。从这四个等级代表的阶级成员看，只有无产阶级是代表最广大群众根本利益的。因此，在这个意义上，劳动神圣化—阶级神圣化—政党神圣化—领袖神圣化是同一个逻辑层层递进的结果。关于群众、阶级、政党、领袖的关系，列宁有过精彩的论述。列宁指出："群众是划分为阶级的……在通常的情况下，在多数场合，至少在现代的文明国家内，阶级是由政党来领导的，政党通常是由最有威信、最有影响、最有经验、被选出担任最重要职务而成为领袖的人们所组成的比较稳定的集团来主持的。"①

在社会主义三大改造完成和人民代表大会制度真正建立之后，社会主义中国在政治经济层面都为人民当家做主提供了基础。在马克思主义理论的论述逻辑中，无产阶级阶级的神圣化，就相应地转变成人民的神圣化。中国的革命知识人接受马克思主义理论后，在革命过程中，从脱离群众总是带来革命的挫折和失败的经验和教训中，逐渐意识到发动广大人民群众的重要。他们有效地组织了广大人民群众，革命的进行虽然也出现过这样那样的问题，也遇到过挫折和失败，但是最终使从 1840 年开始的仁人志士所梦寐以求的民族独立得以实现。在新中国成立后发生的镇压反革命运动、抗美援朝战争的胜利，抑或"三反"、"五反"运动、人民公社化运动的推进、大跃进运动的展开，这一切的现实改变以及革命胜利果实的巩固，都是通过群众运动的形式完成的。从取得的积极效果看，无论是对国民党残余武装力量的扫荡，还是对敌特土匪以及从事破坏活动人员的清剿，都无不显示出人民力量的伟大。因此，人民崇拜既可以从马克思主义理论的论述，尤其是毛泽东思想的理论论述中得到集中的说明，更是有着历史成功经验的有力支撑。根据"代表"的逻辑运动，我们发现人民崇拜和领袖崇拜的内在相通性。因为领袖通过政党、阶级等的逻辑运动过

① 《列宁选集》第 4 卷，人民出版社 1995 年版，第 151 页。

程，实际成为人民的最大代表。当然我们应当承认革命领袖在革命进程中的巨大作用，但是不能将这种崇拜神化。因此，当领袖崇拜走向个人崇拜的过程中，造神运动的结果是使得本身是根据社会现实的理性思考和科学论证的理论变成固定的结论和僵化的教条。

第 五 章

体制转轨与国家伦理的身位转变

"文化大革命"对社会建设和发展造成了严重的破坏后果。"文化大革命"结束之后，中国共产党人总结历史经验教训，经过十一届三中全会确立了改革开放的发展战略，逐步形成中国特色社会主义的理论体系。中国的社会主义建设迈入改革开放的历史进程。政治经济体制开始由原来高度集中的计划经济体制向社会主义市场经济体制转轨。社会物质文明建设的变化发展必然带来社会精神文明建设的变化和发展。伦理道德建设作为社会主义精神文明建设的一部分，也必须适应时代变化作出调整。

一 从80年代的三场大讨论看经济体制改革与伦理道德观念的变化

自从1978年十一届三中全会我国确立改革开放的方针之后，随着社会经济体制的变化，人们的生存方式和生活观念发生了巨大的变化。人们的伦理道德观念也发生了巨大的变化。要想通过数据统计的方式具体地考察这一变化是很困难的，我们可以通过当时影响巨大的几场关于人生观的大讨论，来看人们伦理道德观念变化的运行轨迹。

（一）潘晓来信引发的人生观大讨论

《中国青年》杂志1980年5月发表了署名潘晓的《人生的路啊，怎么越走越窄……》的来信。潘晓的信中集中讨论的几个问题是，理想与现实的差距、自我与他人（主观为自己，客观为他人）、自我与社会的关系。其中引起广泛关注的问题是人生态度是"主观为自己，客观为他人"，这种观点与此前社会上提倡的人活着就是为了使别人过得更美好的人生观是相对立的，这样的一封来信在社会上引起了讨论。许多青年人和老年人都参与进来，而且国外的许多青年也来信参与了讨论。

一种意见认为："人活着是为了使别人更美好。"许多革命者所受挫折比潘晓还大，但他们不改初衷，为了理想不惜献出生命，这样的人生态度才是正确的。因此"主观为自己，客观为别人"是错误的人生观。

另一种意见认为："人活着是为了使别人更美好"不是科学人生观的表述。共产主义道德不是禁欲主义，不是基督教道德。人的自我和为别人不是截然对立，只能侧重其一的。人考虑"自我"是正常的，是人性的特点。"自我"是伟大的，但探索"自我"不能躲进孤独和哀怨中。"自我"离不开社会。生活中有许多假恶丑，也有许多真善美。"自我"只有在不断完善中，在为整体的奋斗中才能得到光辉的体现。人生的河流是由为自己、为别人等各种源泉汇合而成的。要承认"为自我"、"主观为社会，客观成就我"有存在的合理性。合理的解决，应是以发展为主题：

还有一种意见赞成潘晓的"主观为自己，客观为别人"，认为黄河本身必须有丰富的水源和生命力，才能成为中华民族的摇篮。人的活动，首先是要满足自己生存的需要，然后才能去满足别人。为自己的生存和生活而奔波，不是自私。只有为自己的利益宁愿去损害别人的利益才是自私的。

还有比较偏激的青年说："个人乃是世界的中心和基础"，"自我就是一座宏大精深的宇宙"，"自私是人的本质"。从动物的"自保"到人生的"自私"就成为"社会发展的动力"。"说谎、欺诈、恭维、奉承是人生的真谛。""一切总体主义的观念都是个体灵魂被歪曲的结果，是个人本质异化的结果。""我的一切就是为表现自我，要给外物打上我的烙印。"[1]

从这一事件我们看到，主观为自己客观为他人的人生观固然未必妥当，但是它引起的关注是空前的，尤其是信中对于"文革"时期经历的伟大理想和残酷现实的分离，而其对于自我价值和意义的强调，也具有思想启蒙的意义。关于人生观的讨论，在中央书记处书记胡乔木发表相关谈

---

[1]　以上三种意见参见马立诚、凌志军《交锋——当代中国三次思想解放实录》，今日中国出版社1998年版，第115—116页。

话后，《人民日报》发表了评论员文章《人生观讨论值得重视》，使得此次大讨论迅速地产生全国性影响。到 1981 年《中国青年》杂志发表了《六万颗心的回响》的文章对此次讨论作了总结。文章大量援引英雄事迹，认为"主观为自己，客观为他人"不是先进的人生态度，是在利己中利他，是较低的要求，强调了人生的价值在于创造，实际上对于人生观的讨论采取了较为低调的处理。

从上述争论的基本观点看，在人生观的问题上，人们更多的还是处于由"文化大革命"造成的价值理性被冲击破坏之后，新的价值理想没有形成时期的困惑。个人的价值开始得到突出，但是又面临着巨大的思想困惑和压力。我们从党中央最终对人生观讨论问题的处理看，虽然没有肯定主观为自己，客观为他人的价值，但是也没有上纲上线的否定，而是承认其是较低的人生价值观，实际上是主流伦理道德话语的一种宽容和放松。事实上反映出，在"文化大革命"结束后，年轻一代在价值观上的迷惘，在新旧体制转型的时期，青年人的伦理道德取向面临新的困惑和新的选择。

（二）大学生救老农引发的大讨论

1982 年 7 月 11 日，西安解放军第四军医大学二大队学生张华跳入化粪池营救一位不慎落入池中的老农献出自己宝贵的生命。由此引发一场"人生价值如何衡量"的全国范围内的讨论。讨论的意见大体分为两种，一种意见认为，张华救老农不值得，因为作为大学生国家培养他，付出了很大的代价，而且大学生作为知识群体，在社会上可以作更大的贡献。另一种意见认为，张华的行为和精神应该提倡，因为张华的行为所体现出的精神作为财富具有更深远的意义和价值，不能简单地通过功利的方式来衡量和计算。

在这场讨论中，我们看到由潘晓来信引发的一个人生观的讨论问题，就是自我的价值实现问题。这一问题在改革开放的背景下越来越得到大家的重视。到 1988 年深圳蛇口发生的大讨论则进一步深化了这一问题。

人的价值究竟应当如何实现，从社会主义道德体系的原则看，应当是发扬舍己救人的精神。这在"文化大革命"期间，在人们的价值观念当中无论信奉与否，都是不能公开讨论的问题，如果讨论，只能是认同救人是对的。但是，在新的历史条件下，人们对个人价值和社会价值的关系进行了重新理解和定位，并且在这种重新的理解和定位中，价值的天平开始向个人的方面倾斜。

（三）蛇口风波引发的大讨论

1988 年在深圳蛇口，发生了一场意义更为深远的关于人生观的大讨论。讨论导源于一场青年教育专家和蛇口青年进行的座谈会。会上讨论了几个问题：淘金者的贡献和动机，个体户与公益事业的关系，对"左"的残余的恐惧，内陆与深圳的道德问题。蛇口青年针对青年教育专家对他们的评价（即认为他们勤奋，有奉献的精神，而且道德高尚，并以在内地的图书馆丢自行车的例子为证），提出了淘金者行为的合理性和正确性，认为来深圳淘金和为特区作贡献不是矛盾的，深圳的青年勤奋是因为就业的压力，至于道德高尚不偷自行车，是因为经济水平发展的原因。

针对青年教育专家提倡个体户办公益事业，蛇口青年认为个体户的动机是出于对"左"的恐惧。针对青年教育专家对蛇口青年的奋斗精神和奉献精神的赞扬，批驳了淘金者的行为和动机。蛇口青年认为奋斗是迫于就业的压力，对社会的奉献是客观带来的结果。淘金者的行为是正当的，不应当从道德上给予贬低。整个座谈变成了一场辩论，在全国引发了一场大讨论，许多从事思想政治教育工作的人参与进来，认为思想政治教育工作的思想内容和方式应该和时代相结合，具有新的时代内容。蛇口青年就个体的动机和贡献在现实社会中的体现进行了现身说法，强调了新的价值观念，认为获得财富，通过合法的劳动，应当提倡，它不是在某种伟大的理想说教之下的道德行为。

后来，《人民日报》在同一版发了题为《人民日报内部评论两种意见》的两篇针锋相对的文章。这组文章引发了全国范围内的大讨论。从各地来的信件看，支持青年教育专家的只有 17.4%，80% 的来信是从事思想政治教育工作的人。

各地的来信对于《人民日报》的做法表示支持。大多数人都表示了他们对商品经济下青年人的权利意识、平等意识、主体意识的关注，以及对人们利益观念变化的重视。其中有人认为思想政治教育工作者要在新的历史条件下通过每个人的工作推进社会的改革开放，不能用军事共产主义生活中的东西要求今天商品经济中的人们。被誉为当代雷锋的朱伯儒同志，也来信参与了蛇口风波的讨论。他认为在教育方法上要注意平等，思想政治工作者要研究商品经济。对于赚钱为动机的诚实劳动和合法经营行为应该给予肯定。

20 世纪 80 年代的三场大讨论，反映了商品经济的发展带来的人们的思想观念的变化。通过对这种变化的较为清晰的透视，我们侧重从伦理道德变迁的角度关注其中反映的义利关系、贡献与利己的关系、个体与他人的关系的新变化。

"文化大革命"结束之后，随着改革开放历程的刚刚开始，很多青年人在价值观上处在新旧交替的调整时期。集体主义价值观念和个人主义价值观念存在着对立和冲突。从潘晓来信的讨论看，人们已经开始重视个人利益的重要、个人价值选择自主性的重要，人的个性的地位和价值受到关注。而新中国成立以来，在伦理道德建设领域曾经对集体主义极端强调，个人利益和个人价值成了完全不重要的东西。在现实生活中，个人利益也被视为个人主义的表现，而受到压制。张华救老农的事件，引发的讨论在于衡量和比较老农和张华的价值哪一个更重要上。当时人们对于这个问题的两种观点，在今天仍然构成道德判断中很有代表性而又相互冲突的观点。而在蛇口青年对个人价值的强调中，我们可以看到经济发展对人的价值观念和伦理道德观念的巨大影响。

蛇口风波中的讨论，则反映出新的经济条件下，人们的伦理道德观念的真正的新变化。但是这一次讨论，更多的来信是针对思想政治教育工作要在新时期有新思路，反映出国家伦理的宣传和教育工作者们对于现实生活中出现的伦理道德变化的关注，也从侧面肯定了新型的利和义的关系，个人为自我价值奋斗的意义。朱伯儒作为新时期的雷锋，撰文肯定商品经济条件下思想教育工作的平等地位，肯定直接以赚钱为动机的诚实劳动和合法经营，在市场经济条件下带来了道德伦理观念的新变化。

二　市场经济条件下经济伦理的萌生与展开

中国改革开放的历史进程，与总设计师邓小平的思想密不可分。中国共产党人关于社会主义本质的回答和如何发展社会主义的探索，以邓小平理论为主要标志。

（一）从劳动态度的积极转变看共产主义道德的新构建

邓小平针对现实的社会条件，依据马克思主义对物质利益与伦理道德之间关系的定位进行了创造性的发展。邓小平明确指出："贫穷不是社会主义，社会主义要消灭贫穷。"[①] 邓小平认为无产阶级是为争取本阶级和劳动者的利益而斗争的。社会主义社会的本质在于解放生产力和发展生产力，只有通过提高广大人民群众的物质生活和精神生活水平，满足人们的物质需要和精神需要，才是真正地体现对无产阶级的关怀。邓小平指出："革命是在物质利益的基础上产生的，如果只讲牺牲精神，不讲物质利益，那就是唯心论。"[②] 邓小平认为物质利益奖励能够调动人们的劳动积极性。

劳动的态度问题是共产主义道德建构的重要内容。在改革开放之前，中国共产党领导中国人民进行的政治经济建设中，有太多的劳动都是义务劳动，尤其是对农民劳动力的无偿调用。这些运动都是在一种价值理念形态指导下完成的。当时人们认为这才是无产阶级对待劳动的方式，是符合共产主义的劳动观点的。尤其是从"文化大革命"中出现了人们春节在工作岗位苦干，要过一个革命化的春节的事例中，我们看到在政治忠诚度的比较下，人们进行的劳动除了有强制性的一面以外，也有价值引导和塑造的一面。

但是这种单纯依靠道德说教和行政调拨的方式进行社会主义建设是不符合现阶段历史国情的，是超出了人们现实思想觉悟的。通过效率优先兼顾公平的方式，实行按劳分配的制度，使得社会主义劳动者能够在实现集体利益的同时实现个人利益。从而确立新型的共产主义的劳动观，建立人们之间新的劳动关系，真正实现了小我的利益和大我利益的统一和兼顾，而且形成了竞争的制度，人们在社会中身份和地位的确定重新回到一个统一的标准——普遍主义的成就原则。在此框架式之下，我们进入了一个以能力为本位的社会。但是同时也出现了一些问题。

（二）效率与公平的辩证对绝对平均主义的否定

计划经济时代，生产什么，消费什么，都是上级主管部门制定的生产

---

① 《邓小平文选》第 3 卷，人民出版社 1993 年版，第 116 页。
② 《邓小平文选》第 2 卷，人民出版社 1994 年版，第 146 页。

指标决定的。社会主义计划经济生产什么，生产多少，哪个地区分配多少，甚至每一个人手中分配多少都是由国家各级政府部门决定。在这样的体制下，人们的需求表现为政府机构中相应部门对需求的认识。这种认知往往与实际需求差距很大。除了应对国外敌对势力的战备需要，全国都要增产节约，储蓄物力财力。因此，增加重工业原始资本的积累，发展国防事业成为建设领域的重头戏。全民的生活来源，轻工业（纺织业）和农业处在次要地位。全国人民节衣缩食为国防。与旧社会相比，这一时期人民的人身自由和生活物质条件均表现出巨大的历史进步，但是对生活的要求较低，在革命意识充斥的时代更多提倡的是艰苦奋斗，自力更生，反对追求享受，强调吃苦在前，享受在后。

自新中国成立到整个"文化大革命"时期，中国的计划经济体制，在某种意义上可以认为是军事共产主义制度的延伸。在具体分配上，干多干少一个样，干与不干一个样。人民公社化之后，人们消极怠工，没病装病现象大量涌现，使得生产效率极低。分配原则上的平均主义，造成以"公正"的标准扼杀了效率。

在改革开放时期，邓小平对效率和公平的关系进行了辩证的处理，确定了效率优先，兼顾公平的按劳分配原则，坚持多劳多得，少劳少得，有劳动能力不劳动者不得的方针，人们的积极性被激发。邓小平说："搞社会主义，一定要使生产力发达，贫穷不是社会主义。我们坚持社会主义，要建设对资本主义具有优越性的社会主义，首先必须摆脱贫穷。"[1] 中国共产党走出一条具有中国特色的共同富裕的道路——坚持使一部分人和一部分地区，通过诚实劳动和合法经营，使一部分先富起来，然后先富带动和帮助后富起来的人和地区。邓小平针对国内外对这条道路的怀疑，明确地指明："我们允许一部分人先好起来，一部分地区先好起来目的是更好地实现共同富裕。正因为如此，所以我们的政策是不使社会导致两极分化，就是说，不会导致富的越富，贫的越贫。"[2]

通过对效率的强调，使人们真正实现公正和平等，改革开放的举措极大地鼓舞了劳动者的积极性。可以说，对绝对平均主义的否定是经济

---

[1]　《邓小平文选》第3卷，人民出版社1993年版，第225页。

[2]　同上书，第172页。

伦理发展中对其核心的价值概念——效率与公平的二者关系的合理把握。

公平与效率问题的处理是经济伦理中的重要问题。在实际中，它主要反映在财富的分配原则上。在社会主义市场经济条件下，分配制度经历了不少发展和变化。高度集中的计划经济时代的平均主义分配方式，被以按劳分配为主、按生产要素参与分配等新的分配方式所取代。随着改革开放进程的深入，尤其是多种经济成分的发展，其他分配方式作为按劳分配方式的有益补充也相应地发展起来。

生产要素和资本作为创造财富的必不可少的条件，也可以参与到分配中来。由于分配方式反映了人们在生产劳动中的投入，因此激发了人们的积极性。并且，这种分配方式也有助于吸纳国外的先进技术和资金。应当说，在邓小平理论的指导下，中国共产党人创造性地处理了公平和效率的关系，坚持以生产力发展、综合国力提高、人民生活需求满足为衡量标准，走出了一条中国特色的社会主义道路。

（三）从拜金主义的出现看职业道德建设的亟待加强

邓小平提出："致富不是罪过。"① 在市场经济的发展过程中，由于强调效益，人们受物质利益的驱动，很多人实现了"先富起来"。但是，在社会上也出现了没有经过"诚实劳动和合法经营"而致富的现象，尤其是假冒伪劣产品以次充好的现象在中国的商品市场上，日见其多。拜金主义思想重新抬头，成为人们道德败坏的思想根源。

职业道德成为约束人的行为的最基本规范。市场经济时代，任何企业如果不能实现利润就最终会被淘汰。很多企业通过各种以假乱真、以次充好的手段降低生产成本。由此，造成很多社会问题。建筑工程中的豆腐渣工程，食品中的有毒添加剂造成的婴儿中毒以及死亡，都成为威胁人们健康和生命的重大隐患。

拜金主义思潮对一些领导干部也造成了影响。很多领导干部利用自己手中的职权进行权钱交易、权性交易，腐败现象滋生，成为严重的社会问题。中国共产党针对严峻的现实，不断加大反腐败的力度。邓小平指出：

---

① 《邓小平文选》第3卷，人民出版社1993年版，第172页。

"党内还存在着不少没有来得及清理和解决的严重问题。这里有十年内乱遗留下来的消极东西，也有在新的历史条件下产生和发展起来的消极东西。决定列举了'三种人'，严重的经济犯罪和其他刑事犯罪分子，以权谋私、严重损害党和群众的关系的人，长期在政治上不同中央保持一致，或者表面上保持一致实际上另搞一套的人，等等。所有这些，都是党内的危险因素，腐败因素，是党内思想不纯、作风不纯、组织不纯的严重表现。"①

邓小平针对腐败现象和腐败分子主张严厉打击。"是一就是一，是二就是二，该怎么处理就怎么处理，一定要取信于民。腐败、贪污、受贿，抓一二十件，有的是省里的，有的是全国范围的。要雷厉风行地抓，要公布于众，要按照法律办事。该受惩罚的，不管是谁，一律受到惩罚。"②

中国共产党一方面通过强调社会主义物质文明和精神文明两手抓，两手都要硬的大政方针，来进行价值引导。另一方面国家还通过具体的监督措施和立法等方式，对于市场上的违规行为进行管控和处罚。此外，各相关职能部门还通过积极的价值引导，强调职业道德的建设，尤其是从业者要对自己的职业应该遵守的道德进行规范性的建设。经济基础的深刻变化直接影响到人们的人生观和价值观。

三　国家伦理规约对日常伦理规约的减弱

改革开放前政党国家伦理以政治运动的方式全面地介入到日常生活领域，造成巨大的社会灾难，并且造成日常生活伦常秩序的极大破坏。在国家伦理全面管控日常生活的年代，所有与旧社会和资产阶级生活方式能挂上钩的事情都在被禁止之列，并且往往成为确定斗争对象的证据。改革开放后，伴随着对极"左"思潮的清算，伦理道德泛化的倾向得到有效的缓解。人们的日常生活的政治化倾向逐步得到克服，泛道德主义对日常生活不再具有强制性。

---

① 《邓小平文选》第 3 卷，人民出版社 1993 年版，第 36—37 页。
② 同上书，第 297 页。

（一）伦理道德泛化的减弱：传统生活情趣不再受政党道德的强制制约

玩虫斗鸟、琴棋书画等活动作为中国人的传统生活情趣，一直影响着中国人的日常生活。在新中国成立后，伴随着政治运动的发展，政党国家伦理道德的泛化，这些生活方式一度被认为是封建主义残余而加以反对。"文化大革命"中，又把这些活动作为资产阶级生活方式进行批判。

随着"文化大革命"成为历史，进入20世纪80年代以后，政治对日常生活的控制不再如此前阶级斗争极端化时期严苛。以经济建设为中心的发展方针的确立，伴随着社会主义市场经济进程，人们在现实生活中的关注重点，从争夺政治革命资格和身份转回到发展经济、提高生活水平上来。中国人经历由政治狂热到政治冷漠，虽然社会上还有人会针对国家的路线方针政策进行评论，但是以群众运动的方式全民参与政治已经随着"文化大革命"的结束而结束了。群众参与政治的合法通道已开始健全和畅通。

（1）从高雅娱乐升温看政党伦理对知识分子的日常伦理的松绑

在"文化大革命"期间，高雅娱乐作为知识分子的业余爱好，被作为资产阶级的生活方式，一并遭到批判。高雅艺术是不同于属于现代市民社会的大众文化和属于人民群众的革命文化的文化形态。在"文化大革命"中，对"四旧"的疯狂破坏，琴棋书画被视为封建的"旧"而遭到破坏。只有在革命化的文艺中，还保有这些艺术的某种形式。"文化大革命"结束之后，党和政府落实知识分子政策，他们的社会地位重新得到肯定，并且通过具体的措施解决了知识分子的待遇。"文化大革命"以阶级斗争为纲的错误路线停止了，人们的日常生活重新获得了自由。

改革开放后，知识分子的地位重新得到确立，高雅艺术的升温，不是简单的文化现象，其背后的伦理蕴涵值得挖掘。在国家伦理的重心发生变化的情况下，这些行为作为娱乐方式不再被作为资产阶级生活方式的象征。伦理道德泛化的现象得到缓解，个体的生活娱乐行为，在不违背法律的前提下，可以进行自由的选择，这在"文化大革命"时期是不可想象的。

"文化大革命"实际上不仅是革"旧文化"的命，而且还是一种所谓文化的"革命化"。在这场运动中，一切文化形式和文化内容都必须和革命挂上钩，在当时就是和阶级斗争挂上钩。在"文化大革命"结束后，文化的娱乐休闲功能被重新肯定。"文革"中人们整天在革命和生产中度过，唯一的一点娱乐只能从红色文艺中获得。"文化大革命"的十年中，全国人民就只能欣赏到已经完全被政党意识形态化的样板戏和电影，以及宣扬"文化大革命"的语录歌和红卫兵歌曲。

琴棋书画①被作为封建主义的东西在"文革"中几乎被消灭，到了新的历史时期，随着对"文革"错误的纠正，政党—国家伦理对于自身的权界重新划定，不再是全权地介入全民生活，而是回到正常的位置。知识分子们和文化层次较高的人群中，这些娱乐方式重新升温。在民间成立了各种各样的团体，爱好者们互相交流，社区也举行活动，商业性的比赛和展览的推出，使得这些活动能够成为娱乐的新时尚。

（2）古老戏曲获得新发展

古老的戏曲作为国粹，是一个民族历史悠久的文化表征，也是我们文化的源流所在。中国人有听戏曲的传统，几乎社会各个阶层，人人爱看戏，还有许多人喜欢学戏仿唱，而且造诣不浅。新中国成立以来传统戏曲就被持续不断的文化革命利用和改造。全面反传统的文化革命不仅几乎革了传统文化的命，而且使现代文化因失去传统而命悬游丝。中国的马克思主义已经确立并批判地继承，但综合创新的文化理论并没有真正落实。"文化大革命"的极端行为，使我们认识到，传统文化不能仅仅作为旧有意识形态的象征，把它同某种社会制度必然联系起来，而是还要看到它的文化艺术的超越性和未来发展性。古老的戏曲再次复苏的文化现象，从国家伦理和世俗伦常的关系角度看，无疑是国家伦理对自身位置的调校。对于个人而言，是对其娱乐行为重新给予伦理正当性，或者更为准确地说，是对其行为的伦理限制给予自由和宽松。

传统的戏曲再次成为人们生活中重要的娱乐内容，表明以封建主义为价值批判口号的革命极端化的时代结束了。政党—国家伦理对于传统的戏曲等也不再以阶级斗争的思维去看待和理解，不再从其蕴涵的所谓封建主义思想残余的角度去给予革命的改造。最先是京剧获得新的发展②，而后

---

①　琴棋书画已成为集古今中外的丝竹乐器、棋牌类、书籍书法和中外绘画、摄影等文化性娱乐的总称。参见刘建美编著《从传统消遣到现代娱乐》，四川人民出版社2003年版，第166页。

②　1990年12月，为纪念徽班进京200周年，400多位艺术家在北京连续演出了166场，并在全国作巡回演出，令观众大饱眼福。参见刘建美编著《从传统消遣到现代娱乐》，四川人民出版社2003年版，第169页。

地方戏曲和其他戏曲重新焕发青春①，成为人们娱乐的内容。作为政党—国家伦理规约为指导的对传统戏曲的革命化改造，让位于艺术自身具有的独立性和娱乐性内容，从这一方面看，是政党—国家伦理对日常伦理的一种松绑。同时，传统戏曲的恢复，不仅具有形式的意义，而且具有实质的意义。中国传统戏曲所承载的历史文化及其伦理价值又重新渗透入人们的日常生活。传统戏曲的复兴，既是我们对彻底与传统决裂的极"左"文化路线的矫正，也是现代伦理宽容性和多样化的一个具体表现。

（3）收藏大军兴起对传统伦理资源的恢复

收藏，不仅是收藏一种文物，而是保护与延续一种历史与文化。在"文化大革命"中，"破四旧"和"抄家"导致大量的文物古迹遭到破坏，许多珍贵文物流失到民间。但在"文化大革命"中，制造出大量的新鲜事物，比如数量惊人的毛主席像章，毛主席语录，这些事物作为一种历史见证本身就极具收藏价值。

"文化大革命"时期，在无产阶级的伦理道德规约中，收藏是一种将某物据为私有的行为，尤其是这某物又是旧社会遗留下来的。在国家伦理的意识形态下，人们在争夺革命身份意符的狂热运动中，收藏是要被革命道德当作不合法与不道德的。由于"文化大革命"的极度破坏，在新的历史时期，收藏成为一种新的行为，可以看作是对"文化大革命"中的一种矫正。文物承载着传统的文化，正是因为这些文物的存在，使文化的历史传承性有实物可考。在"文革"后，文物古玩市场在各地兴起，收藏的范围进一步扩大。各种生活的物件都成为可收藏的对象。蝴蝶标本、香水瓶、拖鞋、汽车模型、家具、电话磁卡、旧粮票、刑具、刀具、钢笔、手表、旧报纸杂志、眼镜、金银首饰、旧照片、衣物、头发、骨骼、牙齿、钱币、石头、沙子、名人遗物、录像带、CD、VCD、名烟名酒、

---

① 各种地方戏曲、曲艺也获得新的繁荣和发展。如京剧有李维康、耿其昌、于魁智等名家的《四郎探母》、《捉放曹》等，相声有姜昆、牛群、冯巩、侯耀文等著名演员，还有数不胜数的黄梅戏、评剧、豫剧、粤剧、二人转、魔术、杂技、大鼓等名家名戏。电视上有层出不穷的戏曲、票友、相声大赛，每年在播放春节联欢晚会的同时还有春节戏曲晚会。一些大型文化设施如长安大戏院、中国评剧大剧院、北京七色光儿童剧院、中国木偶剧院、中山音乐堂等陆续建成。各种戏曲曲艺的演出随处可见，上至长安大戏院上演的名家名戏，下至街头巷尾浓妆艳抹的老太太在扭大秧歌，在开放的时代，每一种艺术都能找到自己的生存空间。参见刘建美编著《从传统消遣到现代娱乐》，四川人民出版社 2003 年版，第 169 页。

水晶、钻石、垃圾、电视、动物皮、铜器、铁器等都成为收藏的对象。收藏的兴起，背后不仅有着经济利益的推动，而且还体现了某种生活的格调与价值。

（4）从返古潮看传统伦理的升温

传统的饮茶在中国是有礼仪讲究的，并且有专门茶艺，这些在"文化大革命"中被作为"四旧"的内容遭到破坏。改革开放后，传统的饮茶消遣获得了新的发展，到20世纪90年代各大城市出现了不同档次的茶馆，老年人可以在其间听戏曲、聊天、下棋等。还有一些高档茶馆，成为改革开放中先富起来的人体现格调的地方，沙龙聚会、谈生意等活动都在其中进行。

人们在革命化的婚姻礼仪结束之后，曾一度时兴仿照西方的现代婚礼。后来，传统五花八门的婚礼仪式中的一些方式被新时代的年轻人采用成为新潮，此后又出现了烧香拜佛、唱老歌、穿传统样式衣服、佩戴老饰物等现象，甚至有的部门还组织祭天仪式等仿照传统方式的活动。① 在农村婚礼更多是恢复了传统的方式，唢呐、锣鼓、花轿凤冠等成为新的流行。为了升学就业，人们到文庙祈愿，到寺庙烧香拜佛。人们用古典的文化形式装点生活，并不是要真正回到古代，而是表明人们对传统生活样态的历史承接和对现实文化样态虚假性的拒斥。人们的选择多样化，生活方式的多样化，在现代的伦理规约下，是被认可的。这一点在政党—国家伦理规约下的社会主义中国更有现代意义和价值。国家伦理的作用不再是要全面地介入到日常生活，而是要在方向上起引导作用，在公共生活领域起积极的主导作用。因此，都市的复古潮并不是封建迷信的反攻倒算，不是旧恶习俗的沉渣泛起，而是人们的求新求异的心理和行为。旧瓶装新酒，反映出国家伦理对于现实生活选择的放宽。

（5）从宠物热看生活伦理的自由

饲养宠物的历史较为悠久。在传统社会统治阶级有闲情逸致和财力，才养得起宠物，而普通民众则为生存而奔忙。作为一种生活方式和身份象征的宠物，对于广大劳动阶级而言，是不现实的。尤其是在"文化大革命"

———————————

① 2000年，经有关部门组织，在北京天坛公园内完全仿照清朝的样式举行了祭天大典仪式，清朝的"皇帝"和"文武百官"在手执幡旗的太监的引领下向天叩头稽首；2001年，北京鼓楼在清晨傍晚专门有了击鼓手，鼓手身着古代服饰，击鼓鸣响的时间，仪式完全仿照清朝。

的时代，无产阶级是没有宠物的，如果有，只能是保护人民财产看家护院的"忠犬"，绝不能有供人玩乐的"巴儿狗"。新的历史时期，市场经济体制下，在公私争论、社资争论的过程中，人们关注的焦点逐渐转移到个人生活的一系列小事上。宠物热，也不过是市场行为对于人的爱好的有效反映。各地的宠物市场逐渐形成产业，专门经营宠物的公司也很多，宠物饲养业甚至成为许多地区经济发展的重头戏。围绕着宠物热，出现了宠物医院，形成宠物食品，书籍，各种宠物服装、饰品、用具等庞大的产业；并且各地成立了类似"犬协"这样的宠物协会，而且还有宠物的比赛。

在"文化大革命"中，道德泛化的危害已经淋漓尽致地展现出来，我们看到无产阶级革命在某种政治激情的激动下，在人们生活中展开了势不两立的阶级斗争。生活习俗作为日常生活的生存样态与阶级定位并无必然相关性。旧社会贵族的生活方式，在阶级道德的价值审判中，被宣判为非道德。我们看到"文革"中的非法事件之所以可以肆无忌惮，不是一个简单的中国有无法治的问题，而是在伦理本位依然作为社会地基的环境下，以革命与伦理的双重优位进行的一场触及人人的革命。这不是仅仅依凭法律可以限制，也不是可以通过法律的学问来明了其内在意蕴的。当习俗成为生活的兴趣选择，不再和某种阶级属性关联之时，人们也不再像前一时期那样以革命道德为唯一的标准去衡量习俗。习俗从革命伦理的束缚下渐渐解放，成为人们生活中的兴趣选择，作为个人的爱好。生命主体的个体偏好与趣味，在私人领域应当是自主自决的，不受制于政党—国家伦理，除非这种偏好进入公共领域妨害了他人的自由。

（二）受革命道德规约束缚的文艺的解放：从"文艺"下乡到"同一首歌"看伦理规约方式的转变

"文革"中人们能够享受的文艺作品十分有限，文艺作品基本上是突出政治的主题。改革开放后，随着人们物质生活水平的提高，人们对精神生活的要求也提上日程。在此背景下，党和国家重新恢复和制定了文艺政策。文艺下乡以各种方式展开：在"文化大革命"被打成才子佳人的戏曲，以及优秀的传统曲艺剧目被重新搬上舞台。如《红娘》、《天仙配》、《梁山伯与祝英台》等，受到人们的普遍欢迎；送电影下乡，城市里的电影院又开始放映电影。农村的电影放映队开始正常工作。人们在经历政治斗争的噩梦之后，又重新开始了新的生活。放映的影片有国产电影如《小花》、《瞧这一家子》、《少林寺》、《神秘的大佛》、《芙蓉镇》、《红高粱》等，还有少量外国片，如《桥》、《瓦尔特保卫萨拉热窝》等。① 这一时期的文艺下乡主要是填补农村文艺娱乐生活的空白。经历十年的"文化大革命"，人们在极端繁重的劳动和喧嚣的革命中走出来，渴望一点新鲜的空气。文艺下乡，作为政党—国家伦理的转变的一种具体方式，实际上体现了一种新的伦理规约方式，通过真正的满足人民群众娱乐需求的方式，重新开始构建中国共产党领导的共产主义道德的实践过程。到了90年代，农村的文艺娱乐活动，由于电视机以及 VCD、DVD 等现代媒体产品的普及，群众文化生活更加丰富多彩。流行音乐演唱会带来了巨大亲和效应，中央电视台也组织了由不同年龄段的艺术明星组成的心连心艺术团到农村、厂矿和部队进行慰问演出。自 2000 年开始又出现了"同一首歌"的组织形式，到各地巡回演唱，甚至到海外举办演唱会。通过从文艺下乡到同一首歌的方式，中央电视台的行为体现了中国共产党在新时代下文艺工作方式的转变，但是我们也要看到这些活动中也体现着为政党—国家伦理的内涵，并且这些活动本身仍然是一种慰问演出的性质，而不是一种以市场效益为目的的经济运作。这种方式得到人们的普遍欢迎，这些都说明受革命道德规约束缚的文艺获得了一种新的解放，并且取得了娱乐效果和思想伦理规约效果的统一。

四　国家伦理对身体的松绑与强化

现代社会的一个重要标志是个体身体感受的价值被突出，作为现代伦理的一个重要标志就是"生命冲动造反逻各斯"②，就是说，身体成为价值合法性的根基。现代人在感受去魅化的过程中，塑造了理性工具化的工作品格。人们在现实的生活中，评定个人价值的大小不再简单通过政治忠诚度的表达，而是更多地通过技术理性的经济实践来体现。在个体的涉身体验中，则更倾向于服从身体的逻辑，就是像那句流行歌词说的"跟着

---

① 参见刘建美编著《从传统消遣到现代娱乐》，四川人民出版社 2003 年版，第 148 页。
② 参见刘小枫《现代性社会理论绪论》，上海三联书店 1998 年版，第 24 页。

感觉走"①。在考察当代中国伦理道德变迁的过程中，必须要看到中国与世界的同步性，要深刻地把握现代性的具体而深微的面相。流行音乐和舞蹈，成为"文化大革命"之后人们抒发内心感受的大众化的方式。发型服装可以看作是身体的语言。最后我们通过对人们以减肥、美容、整形等方式对身体美的直接塑造行为，看到身体诉求成为价值的正当性要求。从政党—国家伦理对身体松绑角度看当代伦理道德的变化，要考察这些具体的内容，从中发现价值体系的位移。同时，通过身体获得优位性，来看现代性伦理的深刻转型。

（一）从流行音乐和舞蹈火爆看日常生活的非伦理化

音乐和舞蹈在"文化大革命"的年代完全是政党意识形态的载体，是政党伦理内容普及和规约泛化的具体方式。这在语录歌和忠字舞中都得到了集中体现。在新的音乐中，更加突出了对爱情、对自由自在的感觉欲求的美化，舞蹈更加突出身体感觉的舒适性和唯美性，怎么舒服就怎么来。

（1）从流行音乐到追星族看感性的价值化

音乐本身并不必然和阶级斗争相关联，但是在特定的社会伦理价值下，音乐反映的内容，是特定个体情感、社会意识、社会意识形态的抒发方式。中国的流行音乐的发展经历了一个曲折过程，反映了一定的伦理价值的变迁问题。当人们将流行音乐认定为黄色歌曲时，是依据红色歌曲而言的，而其背后的伦理依据是政党伦理正当化的价值判定。70 年代"文化大革命"结束以后，由于流行音乐的某些非政治化倾向和对个体生活的关切，流行音乐重新成为人们娱乐趣味的选择。政党—国家伦理亦不再以阶级斗争的形式对之进行简单粗暴的硬性压制和打击。音乐不再是只有革命的浪漫主义的铿锵风格，同时也具有反映人的情感的苦闷、惆怅、感伤等柔美的样式。尤其是关于爱情内容的歌曲，或直抒情意，或婉转倾诉。邓丽君的歌曲成为 80 年代中国最流行的音乐，校园民谣也成为当时

---

① 《跟着感觉走》的歌词：跟着感觉走，跟着感觉走，紧抓住梦的手，脚步越来越轻越来越快活，尽情挥洒自己的笑容，爱情会在任何地方留我，跟着感觉走，紧抓住梦的手，蓝天越来越近越来越温柔，心情就像风一样自由，突然发现一个完全不同的我，跟着感觉走，让它带着我，希望就在不远处等着我……跟着感觉走，让它带着我，梦想的事哪里都会有，跟着感觉走，让它带着我，希望就在不远处等着我。

年轻人的喜爱。李谷一的《乡恋》引发了大陆流行音乐潮流，成为大陆流行音乐的标志。在流行音乐中比较突出的摇滚乐，更多的是人们对自身感受的抒发。从崔健开始的摇滚狂潮，在全国的青年中引起了持久而广泛的影响。象征着年轻人心目中反叛与革新的摇滚乐，使人们看到一种新的音乐形式。当然，像任何新事物一样，摇滚乐还是不能让老一代人理解、接受穿着破烂、摇动四肢发狂的歌者和激动不已的歌迷。事实上摇滚乐反映出生活伦理对于四肢的歌唱权利。人们要歌唱自己的欲望和让自己的欲望歌唱。正如崔健所言："摇滚乐的真正贡献在于生理上的享受，它使四肢得到享受，大脑不用控制四肢，四肢需要的东西大脑都承认是正常的、美的。"[①] 崔健之后，唐朝、黑豹、呼吸、轮回、ADO、1989 等摇滚乐队不断涌现，到了今天摇滚乐仍是年轻人的宠爱。各种风格的音乐更是层出不穷，乐队也是多如牛毛，许多学校都有学生组织的乐队，并且校园歌手成为校园中的歌星，这些内容都成为校园文化中的重要内容。各种音乐会、演唱会、音乐比赛活动蓬勃开展，中央及地方电视台也纷纷举办流行音乐节目，受到人们的欢迎。流行音乐还带动了唱片公司、录音机、MP3 等电器和电子产品等产业的发展[②]。演唱会成为一种流行音乐的现场演唱形式。歌迷与歌星们可以近距离接触，带动了音乐的流行，带来了巨大的市场收入。从港台明星到大陆新老明星都纷纷举行演唱会，使得流行音乐成为从城市到农村最为普及的大众娱乐方式，也成为大众文化的重要内容。由于流行音乐的流行，以青少年为主体的人群开始崇拜歌星，后来把崇拜的目标扩大到影星，体育健儿，创造财富的青年才俊，等等。追星族[③]的出现反映出人们人生观取向上的变化。雷锋、赖宁这样的英雄榜

---

　　① 参见刘建美编著《从传统消遣到现代娱乐》，四川人民出版社 2003 年版，第 182 页。

　　② 80 年代的年轻人，用录音机、随身听，听磁带的歌曲，到了 90 年代开始出现 CD 机听唱片，到了 21 世纪，人们开始使用 MP3、MP4 等电子产品听歌曲。

　　③ 追星族主要是指对文体圈内的明星偶像们狂热崇拜、追逐的青少年人群。改革开放后，中国第一次追星族的狂热出现在 90 年代初，偶像主要是港台歌星、影星。后来，随着国内文艺的繁荣和国内外的文艺交流的频繁，从巩俐、赵本山、宋丹丹、赵薇、章子怡、那英、王菲、张艺谋、陈凯歌、冯小刚等国内影视明星，到谭咏麟、周润发、刘德华、张曼玉等港台影视明星，再到史泰龙、施瓦辛格等国外明星，都成为追星族的对象。到 90 年代末，明星一族的范围又有所扩大，从吴小莉、崔永元、白岩松等电视主持人，到郝海东、王军霞等体坛名人，乃至潘石屹、张朝阳等经济大亨，都成为被追对象。参见刘建美编著《从传统消遣到现代娱乐》，四川人民出版社 2003 年版，第 189 页。

样，在现实生活中不再像以前那样吸引青年人的眼球。虽然90年代也有道德复苏的运动，人们依然认为雷锋和赖宁这样的人是道德的英雄榜样，但在新的时代，人们的价值偶像日益多元化，歌星影星等成为青年人心目中新的偶像。这一转变表明作为歌唱感受性内容的流行音乐成为价值性的东西，人们的价值在发生位移，突出了感性的价值。与流行音乐直接相关的就是舞蹈。尤其是港台的歌星们又唱又跳的演唱方式使得年轻人对舞蹈也同样的喜爱，在改革开放的条件下，人们的物质生活水平得到提高，精神生活也开始变得丰富。面临紧张的现代生活节奏，娱乐成为产业，所以我们还要深入到舞蹈的演变中去看身体的自由中反映出的现代性伦理问题。

在市场经济时代，在各个领域取得优异成绩的佼佼者，其中能够创造财富的人也能成为时代的英雄。而在"文化大革命"及其之前的时代，经商或者以其他方式发家致富是不会被作为英雄的，甚至常常会当成"走资本主义道路"的人被打倒。改革开放后，人们的价值观念发生了很大变化，80年代对越自卫反击战后，军人一度成为人们心中的英雄，但是很快，进入到真正的现实生活，人们价值选择的天平上，更多倾向于能够在新的时代左右未来的人。

（2）从舞蹈的渐趋狂野看身体伦理的突出

人们日常生活的政党—国家伦理规约的限制在"文化大革命"中达到极致。"文化大革命"结束后，人们从忠字舞的政治狂热中解放出来，新的符合人们兴趣爱好的舞蹈渐渐进入人们的生活。随着开放的进一步展开，像迪斯科这样的外来舞蹈，也走入中国人的生活。时兴的各种舞蹈音乐，从政党—国家伦理规约下的日常伦理角度看，体现了感觉的释放和身体的解放，是具有现代性意义的事件。舞蹈经历了从"文化大革命"中跳忠字舞到当代舞蹈的变化，从这一侧面展示了人们的感性生活从政党—国家伦理的全面控制向生活伦常的世俗化的回归。

自改革开放初期开始，全国各大城市为适应人们对跳舞的热衷，纷纷成立舞厅。现在"平四"、"伦巴"、"国标"、"华尔兹舞"已经很少有人跳了，伴舞曲也从慢节奏流行歌曲转变成快节奏的舞曲。"文革"前流行的模仿各种劳动的舞蹈成为历史的陈迹，交际舞在老年人中成为一种较为普通的健身和娱乐方式。

在青年人当中流行的舞蹈越来越趋向于快节奏。迪斯科和霹雳舞作为外来舞蹈，受到人们的欢迎。它不是很讲究步法，而是一些较为简单的动作的随意组合，人们可以随意穿着，尽情发挥，狂舞乱跳。人们可以在激情四射的音乐中，尽情随意发挥身体的灵动。当时由于舞厅的数量不能满足年轻人的需求，很多年轻人拎着录音机，到公园校园中去跳，一度成为风景，各种舞蹈班也先后成立。后来迪斯科的节奏变慢，成为老年迪斯科，作为一种健身和娱乐方式，在老年人中间较为流行。进入 20 世纪 90 年代，迪斯科的节奏变得更加狂野，年轻人更加突出舞蹈的随意性，狂放、力量。各地的舞厅纷纷改头换面，成立新的迪厅。在蹦迪的发展中也出现"慢摇"① 和 "砸迪"②。与迪厅同时存在的娱乐场所还有各种夜总会和俱乐部。但是这离平民消费很远，经常是改革开放富起来的人们闲暇和谈生意的去处。一般而言，在比较偏远的地方，这样的地方也会有一两处，其中杂有不健康的活动，经常成为扫黄打非的重点对象。这样的现象也反映出现时代面临的问题。对身体的松绑一旦成为一种社会的对身体感觉放纵的认可，许多我们认为不健康的东西就会出来。人的欲望的束缚一旦放松，就会衍生出一定的问题。但是毫无疑问，在其带来积极意义的同时，即便出现一些病症也是现代性的病菌，而不能用阶级斗争的思维方式去简单理解和硬性约束。

（二）从服饰发型看国家伦理身位的转变

在"文化大革命"中，限于当时的经济条件和整治环境的极端异常，人们的服饰和发型都要受革命意识和革命伦理的规约。改革开放后，人们的服装和发型都发生了变化。猫王成为那个时代年轻人模仿的偶像。20 世纪 80 年代，喇叭裤③、蛤蟆镜④、花格衬衫、尖头皮鞋成为那个时期的时髦装束。男青年蓄长发、留胡子等。女青年则高跟鞋、披肩发、烫染发成为那时的流行。在服饰的穿着上，20 世纪八九十年代女性服装基本上是薄、亮、透、紧的特点。女性注重展现自己体型的曲线美。后来牛仔

---

① 节奏较为缓慢的蹦迪。
② 节奏更快，跳舞者用脚用力地向地板砸，表现出一种更为狂野的劲头。
③ 以牛仔裤为主，膝盖至腰身部分贴身瘦，下摆肥大宽松，前有拉链。
④ 太阳镜或墨镜，当时的样式较为凸起，取形似命名。

服、蝙蝠衫、萝卜裤、风衣、运动服、迷你裙、V形装、上紧下宽的长风衣先后成为20世纪80年代初期的流行服装。但是在80年代初期人们对新的服装和发型还是给予了批判，并且还是老一套地用"资产阶级的生活作风问题"、"有伤风化"等意识形态的僵化模式，甚至有的地区还组织人上街进行强制改装。但是到1984年经过中央领导人的倡导，并集体穿西装出席记者招待会，中国对服装的束缚才真正解除。

　　进入20世纪90年代，服装流行的变化节奏越来越快，甚至几个月一种服装就过时了。时装设计和表演成为生活中的平常事，并往往引导着时尚的变化。但这大都是前卫先锋的装束，并不是人们的流行服装。像羽绒服、太空棉、金属棉、高腰裤和高腰裙、健美裤、直筒裤、萝卜裤、皮革服装热、松糕鞋①、皮草热、休闲热、名牌热等时尚千变万化，令人目不暇接。进入21世纪，还出现了内衣秀②和唐装热③。在服饰千变万化的同时，发型也一直在变化。20世纪80年代以后，理发开始成为一种产业。各种洗发、护发、美发的产品层出不穷，传统的理发店退出了历史舞台，只有在社区的早市还有为老年人简单理发的"担子师傅"。发型也是各式各样，各种方式的烫染新样法新潮更迭。女子留板寸，男子蓄长发。留板寸的女子多为城市时尚女性。蓄长发的男子多为艺术家——画家、歌手、年轻导演、摄影家，他们并不像女子那样的瀑布式披肩，而是用橡皮筋扎住头发甩在脑后。在服饰上，这些艺术家的特征是，或蓄留长发，或剃亮晃晃的光头，或蓄浓密的黑胡子。好像没有这些特征，就不是艺术家似的。

　　服装和发型的多样化，成为市场经济体制条件下人们在生活领域中的自由选择行为，国家伦理不再对之进行全权掌控和意识形态化的批判。这表明在市场经济条件下，人们的生活空间更为自由。身体的自由性被突出，反映了在"文化大革命"中极"左"的革命伦理的禁欲主义式样对日常生活的道德管控已经转变得较为开明和开放。

----

　　① 鞋型大而圆，鞋跟大而厚，一般高七八厘米左右。
　　② 内衣秀，是指近年来服装商家聘请模特身着女士内衣，进行公开的内衣促销演出。
　　③ 2001年APEC会议各国领导人身着唐装，在中国国内和美国、加拿大、澳大利亚等许多国家，迅速掀起了唐装热，之后还带动了传统饰品的兴起，甚至较为传统的刘海发型配上旗袍成为时尚女性的装束。红灯笼象征吉祥喜气，也成为学校企业单位的悬挂佳物。

（三）运动热与政党—国家伦理表现的多样化

体育运动的热与不热，并非是伦理道德变迁要考察的问题。但人们除去谋生而外的时间和精力，要去做什么，则反映了人们的价值选择问题。当运动成为人们生活的重心，反映出人们对于身体的重视。相比较此前的国家伦理而言，政治生活不再是一枝独秀，或者说不再是纯粹的中心。人们将球星奉为精神偶像，和前文论述的追星族中的歌迷们的伦理道德的变化有相似的含义。

（1）从体育运动热看爱国主义与民族主义的高涨

体育运动不仅表达了人们对身体自我超越的意识，同时也承载着民族主义的价值情感。上至国家，下到每一个人，都不是简单地将体育当作体育，而是更多为了健康。所说的"更快"、"更高"、"更强"的体育精神，也不简单地指人的身体的发展，而是更多地包含为国争光的含义。国家主义和民族主义的结合在体育热中达致完美。人们在这样的过程中，往往将体育健将当作民族英雄。在今天，虽然体育明星被评为劳动模范仍会引发争论。但是，人们对于劳动的态度和观念，不再是停留在体力劳动和脑力劳动的简单划分中。运动员的奋斗和成绩作为劳动艰苦程度和取得成就的标志逐渐被更多的人所理解。体育在现代社会反映出的问题除了表明身体的价值以外，还反映出人们对于由身体而来的运动被赋予更高的价值。这些现象也表明现代伦理价值观念在国家伦理认可的范围内的开放和发展。透过这些现象，我们可以看到改革开放后的伦理多元化的格局正在形成。

1978 年，中国首次通过卫星转播了第 11 届足球世界杯阿根廷与荷兰的决赛。从此之后，足球成为中国人体育中的重要内容。自 1981 年后，中国开始参加世界杯，但是直到现在未能有一个世界人口大国在足球上自强。一直到 2002 年米卢执教，中国足球队进入了世界杯赛，多少让球迷们感到一点欣慰。中国人对于足球的狂热并不比其他国家的球迷逊色。也出现了随着自己喜爱的球队转徙于祖国南北东西的狂热球迷。世界各国的比赛也成为国人体育爱好者的上选节目，球迷们对国外球星的方方面面也是如数家珍。在足球引发的狂潮的同时，80 年代的女排、90 年代的乒乓球中国军团、马家军的出现等等，通过媒体的宣介，引发了全国上下的关注。尤其是许海峰在奥运会上零的突破，更是成为我们摘掉东亚病夫帽子的象征。竞技体育和国家的荣誉相关联。体育和爱国主义、民族主义直接相关。人们在观看体育节目的同时，心中有某种民族主义和爱国主义的价值期盼。当姚明被评为劳动模范时，尽管引起人们的争论。但是有一点是达成共识的：就是姚明为国争光，作了巨大的贡献，增强了民族自豪感。刘翔在110米栏比赛中夺冠，台球天才丁俊晖、网球冠军郑洁等人在体育方面实现突破，都成为国人闲谈的论资和崇拜的偶像。

与竞技体育不同，休闲体育作为个人体育爱好和健身的手段，也在中国悄悄地进行着一场身体的革命。人们不再是简单地观看他人的表演，而是自己走上体育运动的舞台。健美、保龄球、台球、高尔夫、呼啦圈、太极拳、溜冰、跆拳道、气功等休闲体育也出现了热潮。城市中的许多社区都纷纷建立了健身场，设置哑铃、拉力器、臂力器、跑步机、按摩椅、单双杠，攀登架、压腿器、固定自行车等体育运动器材。"带有健身性质的新兴消遣，如桑拿、按摩等项目正在洗刷其原先温柔陷阱的恶名而日益发展。"[1] 对于桑拿、按摩等健身方式，在改革开放之前，是从一种道德角度去评价的，认为那是象征"资产阶级生活方式"的奢侈行为。而在经历了改革开放、市场经济的发展以后，人们的观念也发生了变化。对于这样的行为的认定不再是依据意识形态的道德趣味作机械的理解和贬低。

（2）从红色旅游、探险、极限运动看伦理的多样化

90年代，随着经济的发展和生活水平的提高，人们的消费观念发生了变化，从单纯的温饱走向享受生活。旅游成为新的休闲方式，休闲的活动逐渐成为人们日常生活中的重要内容。通过旅游放松身心。各地的旅游部门在开发旅游资源的过程中，比较侧重文化意蕴的挖掘，注重对中国传统文化在名山大川等名胜古迹的重新叙述和发掘。很多地区利用这样的经济契机修复许多在"文化大革命"时期遭到严重破坏的古迹。这些古迹的修复使得人们在旅游的过程中能够受到一些传统文化的熏陶。

红色旅游逐渐成为一种时尚，通过对革命老区旅游资源的开发，使当地具有的革命文化传统和自然资源结合，一方面为人们提供休闲放松的场所，另一方面也为政党—国家伦理教育提供场所。许多行政部门组织公务员通过红色旅游进行新式的伦理道德教育。通过这一活动拉动了革命老区

---

[1]　刘建美编著：《从传统消遣到现代娱乐》，四川人民出版社2003年版，第202页。

的经济发展。

旅游中的探险因素越来越多。探险活动成为一些旅游先锋人士的运动。漂流长江、飞越黄河①、徒步走边境线、汽车环绕边境线等，西藏、云贵高原、塔克拉玛干大沙漠一些危险的地方都成为探险者的乐土。值得关注的是，在各种探险活动中，许多探险者还怀有一种要让中国人在某一探险领域领先，成为国际第一的民族主义情怀，甚至在媒体的报道中也是这种倾向。攀越崖壁、横跨断桥等也是探险运动的重要内容。在探险运动发展的同时，极限运动以其刺激、冒险感受等成为中国前卫年轻人的时尚。蹦极跳、拉普跳、空中滑翔、山地滑板、跳伞等应运而生。并且挑战极限②的运动也随着世界的潮流而在中国大量出现。

从体育运动引发的人们对体育关注的热潮到健身在全社会的广泛发展，从人们的休闲旅游到极限运动的尝试，人们在不断地追求着身体感觉的享受和刺激。生活中的国家伦理的规范通过激发爱国主义和民族主义的方式，在人们向往的运动中植入价值理想。市场经济提供的物质条件，使人们在新的生活方式的追寻中选择让身体引导行为，可以说透过种种对于体育运动的热衷到寻求刺激的极限运动，反映出现代人求新、冒险的精神。可以说对于国家伦理而言，这样的行为提供了不相同的价值理念，成为人们生活中有意义有价值的事情，也为政党—国家伦理在自身的转变中，提供了更多的伦理资源。

（四）身体的优位性的突出与异常：从减肥、美容、整形运动看伦理规约的冲动和刺激

"文化大革命"式的政治运动时代已经过去，但作为一种思维方式和行为方式，运动和潮流似乎永远是人类盲从而又理智的行为模式。减肥和美容本是生活中的日常行为，但是在当代中国社会成为一种新的运动。改革开放之后，我们能看到的东西越来越多，尤其是好莱坞"瘦星"们又走入国人的视线。选美大赛、模特大赛等活动，更是将唯瘦唯美演绎得令

---

① 1997年6月1日，柯受良驾驶三菱越野汽车成功飞跃黄河壶口瀑布，1999年青年农民朱朝晖又驾驶进口摩托车成功飞跃了黄河，后来又有人尝试驾车飞黄。

② 2002年5月，阿迪力在北京平谷金海湖畔成功地实现空中生存22天，并在空中钢缆上行走110小时，行程约200公里，进入吉尼斯世界纪录。

人心旌摇动。全国掀起了减肥健美整容的浪潮。一时间，大街上布满减肥美容整形的服务机构，各种与瘦身相关的药品保健品更是层出不穷。甭管多瘦，也要减一减。广告更是铺天盖地。

这样的现象说明一个问题，人们对于身体的重要性，往往放在价值选择的第一序列。我们为什么不把那些钱全用去救助希望工程，让更多的失学儿童上学，让更多的人摆脱生活的困顿，让更多无钱治病的人恢复健康……除了自己的身体之外，人们其实有更为高远的价值选择。但是随着经济的发展，人们生活水平的提高，大多数人的体重上升了。对美的追求者来说，肥胖成为"生命中不能承受之重"，而且由肥胖而来的心脑血管疾病、糖尿病等富贵病也接踵而来。健康和美丽的指引，使得从农村到城市掀起了一场减肥运动。各种减肥的塑身场所如雨后春笋般地建立，医院也纷纷设立减肥中心。减肥技术从运动、药物到器材、手术，方式五花八门。美容与减肥一并火遍神州大地。各种美容院纷纷建立，各种美容产品大量出现，并且形成一套全方位业务内容和服务体系[1]。

在 20 世纪 70 年代之前对于中国人而言是没有化妆的，除了文艺工作者在演出和接见外宾时需要并允许化妆，否则就被视为资产阶级的习气。改革开放后人们可以自由畅快地装扮自己。女性追求曲线美，又有隆胸、隆臀的风潮。随着医学的发展，整形手术成为爱美的前卫人士的选择。割双眼皮是最为简单而普遍的手术了，隆鼻等手术也都纷纷成为美容的选择。很多演员通过整形手术使自己的形象更受欢迎。这也鼓励了许多丑小鸭想变成白天鹅。但是，整形手术需要冒很大的风险，但是为了美丽许多人还是宁愿冒险。

减肥和化妆美容在中国成为新的运动方式。身体的优位性被突出，人们关心自己身体的美化，外在的价值追求成为人们生活的中心。现代性的伦理就是张扬身体的逻辑，人们对身体美的关注从来没有像今天这样形成过如此声势浩大的运动规模。

身体的自我形塑，既是对传统政治伦理的突破，又是受大众审美意识

---

① 蒸面、修眉、去疤、去痘、去斑、隆鼻、洗牙等业务，靳羽西系列化妆品、雅芳、海飞丝、飘柔洗发水、小护士防晒霜等等，大型超市几乎都有产品较为全面的化妆品柜台。这些都反映出人们对身体的重视。

形态的制约。"身体"作为一个问题进入大众生活，表明感性存在获得了社会及自我的关注。但是"身体的形塑"的背后，隐含着"看—被看"之间的"自我决定与文化决定"的操纵与反操纵的关系。

当身体的伸展，不再完全受制于政党—国家的伦理意识形态以后，"身体"获得了自主性的地位。"身体"的逻辑被凸显，构成了现代中国伦理演进的一大亮点。但这不是说"身体"可以完全摆脱各种意识形态的形塑，而是说任何意识形态对身体而言都不具有绝对、单一的合法性。也就是说，各种意识形态的"真理"外衣被逐渐剥去。各种意识形态依然以各种显性和隐性的方式支配和形塑着身体，只不过它们不再是以"真理"的面貌出现，而是以作为主体精神（价值）偏好的趣味—意见的形式出现。而各种趣味—意见的出场与退出，则受制于利益机制掌控的文化市场。因而，解放了的"身体"，并未像启蒙主义者所设想的那样进入到一个自由的境界，它仍然必须面对存在与虚无的撕扯。因此，对伦理价值的审视，不能仅仅局限于政党—国家伦理的规约上，还应伸展到宗教、大众文化等日常生活领域。这是因为"身体"的现在进行时就是在这多元的逻辑中展开的。

五 科学技术发展与伦理的新变化

科学技术对现代社会的影响，不仅改变人们对生活的认知，也深刻地影响了人们的生存结构和价值旨趣。科学技术的发展在中国也经历了一个曲折的过程。它不仅作为一种意识形态——"科学主义"对中国近现代发展有着重大影响，而且也作为一种伦理观深深渗入当代中国的伦理变迁中。

（一）媒体技术发展对伦理道德变迁的影响

电视机走进人们的日常生活，在人们的生活中扮演着越来越重要的角色。电视成为人们了解国家大事，新人新事，奇闻怪谈的信息来源和娱乐工具。同事之间、朋友之间共同谈论的话题，多半和电视的节目相关。在20世纪80年代初期，电视还是少数人才能享有的时髦家电，到了90年代，随着市场经济体制的改变，人们的收入水平和消费观念也发生变化，真正的电视时代来临，电视开始走进千家万户。

　　电视机作为一种视听媒体，通过具体的电视节目承载各种信息。比如新闻联播中对国家大政方针的报道，对弱势群体的关注，对焦点问题的追踪，对时事政治的分析。电视剧成为人们生活中重要的文艺娱乐内容，尤其是在广大农村更是如此。人们在生活的闲暇之余，几乎都要看一看电视。20世纪80年代初期，以中国武术为表现内容，反映中国文化的一些电视节目①在人们的心中唤起传统文化和传统伦理的共鸣。电视的普及意味着另一个重要的事实，各种文化背景和理念支持下的文化作品，都在电视中得到播放。我们看到20世纪80年代到90年代最为引人关注的事件应该是反映中华民族传统特色，象征中国精神的中华武术的武侠片的火爆。

　　进入20世纪90年代，中国的彩电业在世界处于领先地位，电视成为寻常百姓家的普通电器②。在市场经济体制下，电视节目也实行商业化。电视节目更为丰富，"频道"激增，导致各种主题的影视节目热播③。通过这些电视节目人们可以得到关于科技、教育、经济、电影、日常生活方方面面的资讯。这些资讯也成为人们伦理行为获得理论资源的重要方面。电视节目资源是有一定限制的信息载体。电视节目的选择渗透着国家伦理的价值理念。VCD的出现意味着视听选择导致伦理规约的现实约束力减弱。"VCD播放机和DVD播放机是一种全新的视听音像设备，它摒弃了到电影院看电影的路途之遥和嘈杂受拘，是一种现代家庭电影院。"④自1993年进入市场后，由于其良好的影视效果，可以让人们足不出户就享受到电影院的感觉。人们可以依据自己的价值爱好选择自己喜欢的影片，自由空间大大拓宽。"1998年以后，更新一代的视听技术产品DVD成为人们的新宠，超强纠错成为家喻户晓的时尚词汇。DVD的年销量也从最初的2万台增至1999年底的200万台。DVD盗版光盘也随之大量出

---

① 1981年李连杰主演的《少林寺》引发武侠片的热潮，后来金庸小说被改编成电视剧更是引发武侠热的高潮。进入21世纪，大导演们纷纷拍武侠片进军国际市场，只有李安较为成功。张艺谋和陈凯歌的武侠片高票房而无高评价。

② 1987年全国电视机拥有量突破1亿台，1988年达到3.72亿台。到了90年代则更多，有的家庭拥有两台甚至以上的电视机，以求各看自己喜爱的节目。

③ 室内剧热、小品热、晚会热、纪录片热、MTV热、清官剧热、反黑反毒题材热、皇帝戏热，等等。

④ 刘建美编著：《从传统消遣到现代娱乐》，四川人民出版社2003年版，第191页。

现。"① 如此，人们可以很容易地看到国内外的电影大片，尤其是在大学生中间，看外文电影成为一种学习娱乐两不误的方式。于是，国外影片中的价值诉求对人们的伦理观念也形成潜移默化的影响。

90年代的技术革命，中国的市场经济得以充分发展，人们的消费观念和生活理念发生了很大的变化。艰苦奋斗和艰苦朴素不再是生活的主导理念。人们在强调拼搏奋斗的同时也重视生活享受，逐渐从80年代的对于直接以赚钱为动机的劳动是否应该的争论中跳出来。通过劳动积累物质财富的观念，在市场经济时代获得了普遍的价值认可。一部分老年人仍然抱着自己的收音机收听着新闻和娱乐节目。这时的收音机有了新的变化，外观更加美观，收听的内容也更为丰富多彩。学生们的收音机更多收听的是流行音乐和英语节目。从电视机的出现，通过VCD和DVD的进一步发展，各种资讯和娱乐节目走进千家万户，影响着大众生活。追星族的出现如果没有媒体技术的迅速发展是很难想象的。各行各业的成功人士和影视歌明星成为青少年的偶像。这种生活现象和文化现象仅仅通过偶像崇拜就可以完全解释的。作为伦理道德考察，我们关注的是，在市场经济条件下，人们的感性需求被高扬，现世的伦理诉求高涨，我们不再用乌托邦精神来慰藉自己，而是要通过现实的成功充实现实生活。现实生活的感性诉求被凸显。国家伦理在市场经济体制下，通过法治化的国家意识形态来规范现实生活的走向，而不是取代现实生活本身。

1993年卡拉OK进入中国后，从歌厅、酒吧，到会议室，到普通家庭，几乎所有的地方都会有卡拉OK的存在。1999年美国《时代》周刊把卡拉OK的发明人井上辅评为本世纪最具影响力的20位亚洲人之一，与毛泽东、甘地并列。原因在于毛泽东与甘地改变了亚洲的白天，井上辅则改变了亚洲的夜晚。后来，KTV②的出现标志着卡拉OK向贵族式方向发展。歌唱真正成为个人的身体感觉节奏的书写，歌唱完全变成私人的事业。人们除了追星之外，还可以自己找一找当明星的感觉。人们不再被限定在观众的位置，通过歌唱成为生活的主体。人们仰望之余，自己也要享受自由自在的歌唱感觉。自娱自乐的歌唱中，人们感受到精神的愉悦和身体的放纵。

① 同上。
② 包厢式的卡拉OK，各种设施较为高档，消费较高。

（二）网络发展与伦理道德变迁的关系

如果说电视媒体还是一个单向平台的话，那么网络作为一个互动的平台，则极大地改变着人们的生活方向并影响人们的伦理指向。网络构建了一个虚拟的社会，各种资源、各种信息可以共享。人的自律行为，网上的诚信行为，以及由此引发的青少年的犯罪行为，网上婚外恋的行为，未成年人浏览黄色网站的行为等等，都对新时期的伦理道德观念和现实行为产生了重要的影响。一些网络发展带来的伦理道德问题从根本上说与网络自身的特点是密切相关的。

第一，网络空间的虚拟性。网络与现实生活中最大的差别就在于，任何人之间的交往可以突破具体时间地域的限制，人们的交往对象离我们或远或近不再重要，重要的是在网络中交流的感觉。但网络的虚拟并不是绝对的，它是立足于现实生活的真实基础上的，并受到现实生活的制约。

第二，网络的开放性与平等性。网络上有各种各样的资源，在其中人们可以在信息的海洋中自由游弋。不同地区、国别的人可以进行交流，而且生活中的各种各样的事情，在网上都有所反映。

第三，网络的迅捷性。无论是新闻还是电视节目的报道都要通过一定的技术处理的时间间隔，而网络上的新闻则几乎是同时的。网络为资源的快速散播提供充分的开展空间。网络成为信息交流的平台和经济运作的模式。随着网络活动的开展，利用网络进行犯罪的现象开始出现，并呈现出日渐增多和日益复杂的趋向。还有许多重要部门的重要信息也在网络上运行，但是不允许他人进入，有的人利用自己的技术非法进入到这些网站，窃取商业机密或是国家机密。类似这样的网站被非法上网者侵入的事件经常发生。

第四，网络主体数字化和非实体化。由于网络的上述特点，使得网络主体成为数字化的代码，并不是完全作为真实的社会个体。

网络上容易诱发的问题：

第一，人格的扭曲和人际关系的障碍。

网络上，每个人可以扮演不同的角色。由于网络交流不是面对面的交流，很多人往往将其性格中不被人知的一面表现出来。很多人在网上扮演着侠客、人生导师、专家等与自己的身份并不相同的角色。在现实生活中无法扮演的角色、无法说出的话、无法实现的梦想，很多人通过网络表达出来。经常沉溺于网络的人，生活节奏容易混乱，对周围环境的反映容易迟钝麻木。有的更为严重的会导致人际关系的障碍。由于沉溺于网络，自己以匿名的身份和匿名的人进行虚拟的交往，往往与现实的世界产生距离，无法很好地处理现实生活中的人际关系。在网络上，他可能是一个热情洋溢的人，但是现实生活中，可能对身边的人很冷漠。美国一项网上调查结果表明，每天上网时间超过 5 小时的"网民"已经成为轻度的"网络偏执狂"，同时"网络狂躁症"、"网络孤独症"、"网络痴迷症"、"网络综合征"① 也正随着网络的发展蔓延开来。

第二，不道德的思想言论和行为可以通过网络产生负面影响。

正是由于网络的开放性，人们可以进行资源的共享和交流，也造成资源的真实和虚假并存难以辨别。由于存在大量的黄色网站，有些人利用这些网站进行非法的经济活动，使得扫黄的工作难以展开。尤其是防范青少年浏览黄色网页问题的解决更多的还是通过思想品德教育。

随着网络的普及，网络交往成为人际关系交流和沟通的重要方式。因此，相关的伦理道德问题也成为社会生活领域的新问题。网络交往中，不文明用语的现象普遍存在。网络为大量的信息传播提供了迅捷的平台，但是同时虚假信息和谣言也掺杂其中。网络带给人们的方便的同时，也对人们的日常生活形成了很多负面的影响。

第三，伦理道德监督不力，不道德的网络行为很难惩治。

很多人利用计算机技术对他人的工作进行干扰，有的甚至进行犯罪活动。很多网虫②和某些具有计算机技术特长的黑客或骇客③，通过制造"病毒"④，发垃圾邮件等方式，干扰他人工作、破坏他人计算机系统、窥

---

① 这些都是因为上网而成瘾乃至致病的种种表现。这些人在离开网络的时候，往往表现出抑郁、失眠、精力难以集中等症状。与吸烟、酗酒甚至是吸毒等其他上瘾行为导致的症状有着惊人的相似。

② 长时间沉溺于网络的人，大多数的时间都在网上"挂着"（上网）。

③ 英文 Hacker 的音译，原意为热衷于电脑程序设计，精于某方面技术的人。对于计算机而言，黑客就是精通网络、系统、外设以及软硬件技术的人。有些黑客逾越尺度，运用自己的知识做出有损他人权益的事情，进入他人的计算机系统，进行窃取机密、盗取账号等方式犯罪，有的破坏他人的计算机系统、制造病毒，也被称为骇客（Cracker，破坏者）。

④ 计算机的一种程序，可以侵入其他人计算机系统，或是盗取信息，或是破坏他人的计算机工作系统。

探他人隐私、盗取他人银行账户、窃取商业机密乃至国家机密等。随着网络交往的普及，出现了利用上网进行骗财骗色的犯罪现象。很多人在现实中处理不好人际关系，他们想通过网上进行交友、恋爱，甚至结婚。有些人就利用这种心理进行欺诈活动。

网络给人们的交往方式带来了新变化，使人与人之间交往的自由空间更大。目前，还没有一个有效的监督机制能够约束网上的不文明行为。

由于互联网具有的上述这些特点，对于网上行为的伦理思考和规范都带来新的问题。

第一，上网主体的道德自主性要求增强，网络道德和伦理规范亟待建立。网络是一个虚拟的开放空间，在网络的交往中，行为主体可以是公开的，也可以是匿名的。在发表言论、相互交往中，个人对自身行为的道德约束显得极为重要。中国传统哲学中讲到的"慎独"①的道德修养和要求在网络道德的建构上也极具启发意义。

第二，如何规范网络道德，避免虚拟空间造成人的畸形。

要在上网的活动中进行规范，确立人们在交往行为中的虚假成分，什么程度是合乎道德的，对网络主体进行道德教育和规范，使其在一种正确的价值引导下，在虚拟空间中获得自由的同时，在现实生活中也可以和人正常健康地交往。

第三，如何有效地利用网络资源，为伦理资源的多样化构建服务。

17—18世纪，欧洲资产阶级革命所宣扬的自由、平等、博爱等人文精神，主要是通过书刊、报纸、广播等媒体来传播的。而现在许多党政部门以成立网站的方式进行爱国主义和民族主义等方面的道德教育，引导人们从网络资源中学习世界各国各民族的伦理思想。专门的网站成为进行道德教育的新方式。这些方式符合今天越来越多的人上网的特点，应当加强研究，使得社会主义的道德建设，在伦理资源的多样化和教育方式多样化上走出一条具有中国特色的科学道路。

---

① 慎独是儒家伦理高度重视的道德修养方法。从儒家对伦理道德行为的强调看，它更重视个人主观自觉的重要。人在公开的环境和场所做出的道德行为，其动机可能是出于被迫，或者是出于名声、利益等功利主义的考量，这样的行为还不是真正的道德行为。只有做到慎独，就是在无人知道的情况下，人还能够保持道德的行为，才是真正的道德。中国传统文化中常讲的"不欺于暗室"就是这个思想的形象说法。

（三）环境问题与生态（环境）伦理的兴起

生态环境问题是当今世界共同面临的问题。科学技术飞速发展并通过具体的经济活动转化为现实的生产力。人对自然的过度驾驭，导致自然对人的反叛，其结果就是生态环境的破坏和灾害的人为性扩大。在关于灾害的认识上，人类已经上升到对人为灾害的研究关注。20 世纪 90 年代，美国的自然灾害研究，就以《人为的灾害》为题作为对于自然灾害研究成果的标示。当代的自然灾害大体有十种主要的表现：全球气候变暖、海平面上升、臭氧层损耗，森林日益减少与破坏、水资源危机、空气污染、土壤过分流失、土地沙漠化扩展，生物物种加速灭绝、有害废物日益增加等各种危害。

在中国的经济发展过程中，粗放型的经济增长方式，表现为中国的经济增长模式主要是劳动力密集型和资源依赖型。资源的大量消耗造成对生态环境极其严重的破坏。再加上工业发展中没有注意对于以"三废"① 为主要污染源的科学治污的管理，造成水和空气的严重污染，而且带来河流和海洋生物的大量死亡等恶果。二氧化碳排放超标，城市系统污染问题严重。在改革开放中，出于发展自身经济的需要，中国在对外经济合作中承担了许多发达国家转移的加工业。这些加工业有的对环境具有较大的破坏力。大量的工业垃圾极大地污染了中国的生态环境。在我国调整经济发展模式，实行可持续发展战略以来，环境问题得到一定的改善，但是仍面临着环境恶化的现实。

在中国的广大农村由于经济发展水平较低，在资源的使用上，农村还大量使用农作物的秸秆作为燃料，一方面造成土壤贫瘠，在大量使用化肥提高作物产量的同时，也造成土壤的板结和日趋贫瘠的现象。另外中国的耕地面积由于水土流失和不合理的土地资源的开发利用造成耕地面积日趋较少。严重的中国人口问题，也是造成中国环境恶化的重要原因。

在生态问题日趋严重的情形下，人们发现解决这一问题，不仅是一个单纯的生产技术和经济发展的问题，而且是一个关涉人与自然、人与社会、今人与子孙等关系的伦理问题。生态伦理与环境伦理的问题先后被提

---

① 工业生产的废弃物：废水、废气、废渣。

出。中国的生态伦理学大体经过引进和迻译、评介和研究、整合和创新三阶段①。在此基础上，形成了自身的生态伦理学体系。各种关于环境问题和自然灾害成因及其治理问题研究的学术刊物也大量建立。

中国的生态伦理学思想与国外的生态伦理学思想的研究在方法和内容上已经大体相当，巨大的差别在于国外许多发达国家在具体的环境保护措施上能够做得技术更加全面到位，并且使大多数人都具有强烈的环保意识。在许多国家还成立了"绿党"，形成声势浩大的绿色运动，并且在政治竞争和现实生活中产生了巨大的影响。而中国则面临着环保技术的研发还需要大力加强，人们环保意识仍需要长期启蒙的过程。

人们关于生态问题的反思主要是针对人类中心主义的发展模式展开的，大体分为以下两种模式：一种是仍然在坚持人类中心主义模式下展开，大体分为弱势人类中心主义、现代人类中心主义、开明的人类中心主义、现代社会实践的人类中心主义、生态学马克思主义等学派。另一种是针对人类中心主义的弊端，在对其持否定态度的模式下展开的，可称其为非人类中心主义的派别，主要包括自然中心主义学派、生物中心主义学派、生态中心主义学派等学派。

弱势人类中心主义认为传统的人类中心主义是一种强势人类中心主义，以工具的方式开发自然，凌驾于自然之上，造成人和自然关系的破裂，因此应当强调理性地对待自然，对人类的欲求进行控制，承认自然界具有展示人类精神的价值；现代人类中心主义是一种基于把人类中心主义分为前达尔文式的人类中心论、达尔文式的人类中心论和现代的人类中心论的理论模式。如人类以福利为中心的福利论，以自然选择为中心的自在目的论。现代人类中心主义从系统的观点出发，把人作为生态系统的控制者，由于人具有文化系统，人的发展是自然进化中的关键，应当在坚持人类中心主义的前提下，通过人的文化与知识的积累和创造去解决生态问题；开明的人类中心主义认为人和自然的问题其实是人类自身与自身的相关问题，作为具有能动性的主体，是自然的管理者，出于维系自身的代际利益和整体利益，所以人有道德的义务维护生态安全，出现生态危机是因为对自然界实行了工具化的专制主义，罪责不在于人类中心主义；在现代

---

① 参见傅华《生态伦理学探究》，华夏出版社 2002 年版，第 41—49 页。

社会实践的人类中心主义认为，人不仅应在社会实践的水平上而且要在价值观的水平上保持下去，直到由于人同地球以外文明接触、相互作用和相互合作而形成比人类涉足更广泛的智慧物共同体为止①。它强调从人自身的生存和发展与自然的关联角度看，人与自然不具有伦理关系，只有涉及代际伦理时，二者才构成伦理关系，认为人的利益和发展是生态伦理学的目的；生态学马克思主义的理论是针对生态中心主义提出的，它认为生态中心主义没有从社会制度的实在层面去反思人类中心主义，坚持将马克思主义的社会矛盾分析方法和人与自然关系的理论与生态学结合，在对人类中心主义进行红色批判的基础上，旗帜鲜明地提出"重返人类中心主义"口号。生态学马克思主义对资本主义制度已进行了尖锐的批判，认为资本主义制度已成为生态危机的根源，应当通过更先进更合理的社会制度的建构才能最终解决生态问题。

自然中心主义学派主要是强调人和动物的平等，认为动物和人都有感受痛苦和愉悦的能力，其作为生命个体具有内在价值，从作为伦理道德共同体的角度，反对人类中心主义，提倡自然中心主义；生物中心主义学派强调，人自身的生命与自然赋予的生命是内在关联的，应当将伦理的爱扩展到一切生命，应当尊重自然界的生命有机体，并且同人类的福祉结合起来；生态中心主义学派强调人应当以生物共同体的和谐作为审视道德权力和价值尺度的最高标准，应当追究生态危机的文化根源，应当从思维方式对非人类成员进行新的评价和认识，强调以可持续发展的理念来调节经济增长的观念，把自然（荒野）看作是人类的母亲，自然对人具有内在的价值，人顺应自然系统的发展是人自身的道德义务。自然中心主义以自然整体作为一个生命整体，强调这个整体的中心地位。

西方生态伦理观的发展可以分为三个阶段：

第一，孕育阶段：从 19 世纪下半叶到 20 世纪初。

这一时期主要以美国学者 H. D. 梭罗的《瓦尔登湖》（1854）、G. P. 马什的《人与自然》（1864），达尔文的《物种起源》（1859）和《人类的起源》（1871）、赛尔特的《动物权利与社会进步》（1892）、英国学者 T. 赫克斯利的《进化与伦理学》（1893）、英国学者 E. P. 伊文思的《进

---

① 傅华：《生态伦理学探究》，华夏出版社 2002 年版，第 14 页。

化伦理学与动物心理学》（1897）、美国学者 F. 哈尔西的《回归自然》
(1902)、美国人 J. 平肖的《开拓疆土》（1905）、美国学者 J. H. 摩尔的
《新伦理学》（1907）、美国学者 W. 詹姆斯的《人与自然：冲突的道德说
教》、J. 谬尔的《我们的国家公园》等著作为代表。

第二，创立阶段：从 20 世纪初到 20 世纪中叶。

这一时期主要以法国学者 A. 施韦兹的《文明的哲学：文化与伦理
学》（1923）和《敬畏生命：50 年来的基本论述》（1963）、美国学者福
格特的《生存之路》（1948）、美国学者 A. 莱奥波尔德的《自然保护伦
理学》（1933）和《沙乡年鉴》（1949）等为代表。

第三，系统发展阶段：从 20 世纪中叶到现在。

这一时期生态伦理学发展主要表现在以下四个方面：

第一，创立了国际学术期刊——《环境伦理学》、《生态哲学》、《深
生态学家》、《伦理与动物》等。

第二，定期召开国际学术会议。

第三，在大学设置相应课程和学位。

第四，生态伦理学理论向实际应用拓展。[1]

中国的生态伦理学的研究目前已经形成一定的理论体系，并且成立了
多个研究中心，近年来取得了比较丰硕的成果。中国社会科学院应用伦理
研究中心于 1995 年 10 月经中国社会科学院批准正式成立，环境伦理学是
其重要研究方向，并且取得的成果也最多。关于生态（环境）伦理研究
的专著有多部[2]。并且在高校学科体系的设置上，生态（环境）伦理学作
为应用伦理学的重要内容，也是重要的研究方向。相关的学术期刊[3]也发
表了关于生态伦理学的大量学术论文。

---

① 参见傅华《生态伦理学探究》，华夏出版社 2002 年版，第 1—4 页。

② 杨通进：《环境伦理：全球话语，中国视野》，重庆出版社 2007 年版；杨通进、高予远
编：《现代文明的生态转向》，重庆出版社 2007 年版；杨通进等：《人与自然的和谐：对环境的
伦理忧思》，中国青年出版社 2004 年版；等等。

③ 例如：《哲学研究》、《伦理学研究》、《道德与文明》等期刊。另外以书代刊形式的论文
集也大量出版，例如，王延光等主编：《中国应用伦理学 2005—2006》，宁夏人民出版社 2006 年
版；孙春晨、江畅主编：《中国应用伦理学 2003—2004》，金城出版社 2005 年版；甘绍平、叶敬
德主编：《中国应用伦理学 2002》，中央编译出版社 2004 年版；余涌主编：《中国应用伦理学
2001》，中央编译出版社 2002 年版等。

中国生态伦理学的研究在发掘中国传统文化中的对人与自然关系的思考方面取得一系列成果。例如蒙培元教授以人与自然为主题，阐发了中国哲学中的生态观，为我们发展具有中国特点的生态伦理学提供了丰富的思想资源①。中国生态（环境）伦理学的发展既是受到国外研究的影响，同时也是针对我国现代化建设过程中出现的生态环境问题的反思。生态（环境）伦理学的研究对中国的生态环境的改善提供了一些有益的建议，并且形成了对国家宏观发展方向的影响。生态伦理学作为应用伦理学的学科，其实证性的研究应当继续加强以确保其科学性；另一方面，其思想成果对于人们环保意识的增强效果明显，应当进一步普及，以使每一个人都具有强烈的环保意识，可以尝试通过法制建设和公民文化建设的途径进行全民的普及教育。

（四）安乐死与生命伦理的思考

生与死是人生不可回避的问题，也是人类永恒的思想主题。如何面对死亡亦是哲学、宗教乃至伦理学关注的核心所在。以往有许多智者对之有各种沉思与宏论。这一问题进入现代，随着科学技术的发展变得日益复杂。安乐死、器官移植、克隆技术以及与此相关的生命伦理问题日益引起人们广泛而深入的思考。

（1）安乐死引发的伦理思考和争论

安乐死是一种以医学手段结束病人生命的无痛苦死亡方式。在人们当中引发争论的焦点在于，一个人如何有权力结束另一个人的生命。有的人认为结束处于巨大痛苦折磨中、目前无法医治的病人的生命，一方面是节省更多的社会财富和医疗资源可以救治更多有救治可能的病人，另一方面是减少病人的苦痛，符合人道主义的原则。目前世界上只有荷兰通过法律对安乐死给予了确认。在中国安乐死还是一种被禁止的医学行为。中国在几年前发生过一起因为协助病人进行安乐死的医生被判处徒刑的案例。

安乐死的伦理争论集中在以下几个方面：

第一，处于巨大病痛中的人，做出结束自己生命的决定是否理性和符合自身的意志。在何种情形下，一个人结束另一个人的生命是合乎道德而

---

① 参见蒙培元《人与自然——中国哲学生态观》，人民出版社 2004 年版。

不违法的；以何种名义和方式剥夺或结束他人生命是道德且合法的。

第二，在目前的医疗体制中，当病人并非是不可治愈的病症，但是医疗的费用超出了他们的承担能力，且病人在遭受巨大的精神和肉体的折磨，该病人要求实施安乐死是否应该给予认可。

第三，有一些宗教教义强调不可以任何名义杀生。从现有的医学条件看，许多疾病仍是不能获得根治的，例如癌症。对于这些疾病的治疗，医生只能尽最大的努力争取减少病人的痛苦和延长病人的生命，这是对人的人道主义的救助。但是有些疾病在现有的医疗条件下，延长很短的生命可能需要病人承受巨大的痛苦为代价，并且高昂的医疗费用也是患者必须面临的问题。安乐死的出现，其目的在于让人不必承受巨大的痛苦而有尊严地死去。如此的死亡方式与不可杀生的宗教伦理是相冲突的。

第四，如何避免以安乐死的名义强行剥夺他人生命或进行蓄意谋杀。由于安乐死是对生命的处置，因此在操作上就要求必须要有严格的科学依据和一系列的程序。否则，安乐死的合法化可能会被人利用，成为强行剥夺他人生命或对人进行蓄意谋杀的借口。

目前荷兰对安乐死的立法中，对于病人病症的认定、病人对于实行安乐死的申请以及病人家属的意见等方面都进行详尽而慎重的规定，但是仍然有很多人反对。人们在争论中的反复思考加深了对安乐死的认识。

（2）器官移植引发伦理思考

现代医疗技术的发展，使器官移植成为可能。这种技术在挽救他人生命，实行人道主义救援上有着着巨大的意义。但也引发一些相关的伦理思考。

许多器官的移植需要活体移植，因此在死亡的界定上，一直发展到用脑死亡作为衡量标准时，在心脏的移植手术中才突破杀害生命的指控。

在器官移植中，较为矛盾的就是对于心脏的移植的伦理争论。因为心脏移植必须要在心脏没有死亡以前进行移植才能成功。在死亡的界定上存在着脑死亡和心脏死亡的争论。虽然在医学上认为脑死亡为死亡的标志，但是人们仍然不愿意捐献自己的心脏，在西方发达国家捐献器官的人较多，在中国则不同，由于传统观念的束缚，即便当事人愿意捐献器官，但是在现实中人们仍然会违背当事人的遗愿，阻止器官的捐赠。

（3）克隆技术与生命伦理的思考

克隆技术成形于20世纪90年代初期。1997年2月23日英国科学家克隆出绵羊多莉。在一般的理解中，克隆技术是一种采用无性生殖办法繁殖个体的技术。今天克隆技术取得了长足的发展，在解决习惯性流产、完善人工授精技术，提供新的避孕技术、治疗癌症、检测胎儿的遗传缺陷、治疗神经系统的损伤等方面具有明显的效用。利用克隆技术复制器官①也成为一种现实。但是目前克隆技术还不成熟。尤其是在克隆生物个体尤其是克隆人上存在着许多问题。以下就克隆人存在的技术问题和引发的伦理争论进行考察：

第一，成功率较低；

第二，部分个体表现出生理或免疫缺陷；

第三，早衰现象；

第四，对伦理道德的冲击。

对克隆技术引发的伦理问题，中国的科学家、医学家们和伦理学家们进行了争论。论争主要关涉以下几个方面：

第一，在西方的文化传统中，人们的宗教信仰，让人们无法接受人创造人的事实，因为只有上帝作为最高主宰才能造人，克隆人是对宗教情感和宗教伦理的伤害。

第二，减少了遗传变异，可能造成一种疾病导致同一遗传基因的生命体大量死亡的损失，干扰了自然进化过程，后果难以预料。

第三，费用昂贵，成功率低，利用胚胎进行试验，不符合人道原则。

第四，克隆人的技术过程中，存在着杀害生命的危险②。

第五，克隆人可能造成人伦关系的混乱。冲击传统家庭观念以及权利义务的观念。从生物学上可以确定克隆人的父母关系，但是其与社会父母、代理母亲之间的关系，很难确定。克隆人与细胞供体的关系，非亲子关系、非兄弟姐妹的关系，尤其是一卵多胞同胎，在伦理道德关系和法律的继承关系上无法定位。

---

① 1997年4月，上海市第九人民医院整形外科专家曹谊林在世界上首次采用体外细胞繁殖的方法，成功地在白鼠上复制出人耳，为人体缺失器官的修复和重建带来希望。

② 美国反对的一个理由是，利用已经形成的囊胚来获取干细胞，本身就是杀死了一个新的生命，所以他们把这个囊胚胚胎等同于一个人。观点本身有争议。

第六，克隆人可能丧失人的尊严和独特的品性。

第七，克隆人带来新的不平等，农民和天才的克隆地位和可能性不可能平等。但是一个以平等为价值诉求的未来社会没有也不能有歧视农民而重视天才的伦理正当性。

第八，如果技术泛滥，会造成近亲繁殖等不可预测的危机和灾难性的后果。

目前世界各国在禁止克隆人上达成共识，但是对于克隆器官，许多国家是禁止的。中国是允许进行克隆器官用于医学目的研究的。

另外，由于市场经济和科学技术的发展，出现了为无法生育的夫妇解决生育问题的代人生育的代理母亲。针对代理母亲将生命创生商品化的行为，引发了人们关于人伦关系的混乱以及对生命的亵渎的论争。20 世纪90 年代以后，中国进入市场经济体制，在如此体制情境中，人们的伦理旨趣及架构被重新形塑，并由此而带来一系列新的伦理问题。当代中国的伦理变迁就此进入一个新时代。

（五）突发性灾害与灾害伦理

随着科学技术的发展，人类认识自然和改造自然的能力大大增强。中国自改革开放后，生产力得到飞速发展，经济建设取得巨大成就。但是，对自然资源的过度开发，也造成自然灾害频繁发生。在突发性灾害的救助中，人与人之间的伦理关系变得十分复杂，由此引发了人们的争论和思索。

回顾自新中国成立以来，在突发性灾害的救助中，中国共产党人带领人民群众积极救灾，凸显了社会主义集中力量办大事的优越性。在防灾减灾的实践中，集体主义价值原则的优越性得到了充分的体现。

1953 年冬至 1954 年春，内蒙古自治区锡林郭勒盟遭遇罕见雪灾，交通中断。中共内蒙古自治区政府号召全区干部群众全力以赴进行抗灾，并向锡林郭勒盟紧急调去粮食、饲草使被困的人畜安全得救。1976 年 7 月28 日，河北唐山发生了 7.8 级地震。市区约有 57 万人被埋，震后人们采取自救、军队抢救、民兵抢救、家庭互救、岗位互救等多种紧急救援措施，市区被埋的 40 多万人被及时抢救出。1981 年，四川省发生特大水灾。当地政府及时动员和组织了大批人力、物力，出动了灾区所有的船只和汽车，动用了飞机，在很短的时间内，使被困群众安全脱险；1991 年，安徽、江苏、湖北、河南、湖南、四川、浙江、贵州等省发生特大洪涝灾害。在中共中央、国务院的统一领导下，有关部门各司其职、密切配合，各重灾省都把抗洪救灾作为头等大事，领导干部日夜工作在第一线。当年全国转移安置灾民 1300 多万人；1991 年华东发生了严重的洪涝灾害，1994 年发生了严重的干旱，1996 年和 1998 年发生了严重的洪涝灾害，1999—2001 年的旱灾，都在党中央、国务院等领导下，最大限度地减轻了灾害造成的直接经济损失。据初步统计，1994—2001 年，全国通过救灾救急转移安置遇险群众 7270 万人，抢救转移群众和国家财产价值超过千亿元。1998 年长江流域发生了继 1954 年以来的又一次全流域性的洪水，嫩江、松花江流域发生了超历史纪录的特大洪水，党中央、国务院核心领导，全国人民齐心协力最终使 1998 年大洪水的覆盖范围、因灾死亡人数比 1931 年、1954 年长江大洪水少得多。① 2008 年 5 月 12 日，四川汶川发生大地震。在这场救灾活动中，全国人民齐心合力，社会各界都被积极动员起来。领导干部亲临抗震第一线，解放军战士冒着生命危险坚持救人，社会各界捐钱捐物支持救灾和灾后重建工作。这场爱心大营救充分反映出中国社会主义道德建设取得的伟大成绩。②

　　针对灾害涉及的伦理问题，一门结合灾害学与伦理的研究——灾害伦理学开始初步形成。对具体的灾害伦理学的研究，被看作是生态伦理学研究的深化和发展。随着伦理学的发展进步，尤其是随着生态伦理在中国的推进，伦理学日益与各种具体学科结合。在伦理学研究领域，开始日益关注灾害中的伦理道德问题。例如灾害逃生和救助的优先性问题、管理群体的角色冲突问题、灾害造成的心理损害和伦理创伤问题、公共救济的伦理问题等。有的学者从灾害学视角出发，认为灾害伦理学应当是灾害学结合伦理学的一种理论尝试。这里我们无意争论二者各自理论的差异。对于中国当代伦理学的发展而言，灾害伦理学的产生和发展已经成为一种方兴未艾的伦理体系。从当前的研究看，虽然关注灾害伦理的文章还不多见，但

---

① 刘雪松、王晓琼：《汶川地震的启示：灾害伦理学》，科技出版社 2009 年版，第 235—236 页。

② 参见刘雪松、王晓琼《汶川地震的启示：灾害伦理学》，科技出版社 2009 年版。

是我们可以展望的一个重要理论趋势已经可以从近年来对灾害问题的关注中明显地看出来。从专门性的论述看,《汶川地震的启示:灾害伦理学》著作的出版,标志着人们对灾害涉及的伦理问题的高度关注。从已有的灾害伦理的研究成果看,我们可以发现这样那样的伦理思考,实际上是对灾害中引发的伦理问题以及伦理难题的理论反映。这其中既存在大量有争论的伦理行为和伦理道德如何衡量的问题,也有对其中伦理精神的发扬问题。①

六　性伦理与婚姻伦理的新变化

改革开放后,由于国内外的交流增多,国外的一些思潮涌进中国,对国人的价值观念和生活方式产生了很大的影响。在生活领域受到最大影响的是中国人的性观念和婚姻观念。从 20 世纪 80 年代开始就不断冲击着国人的观念,并且也深深地改变着人们的生活。

(一) 性解放、同居、试婚

由于"文革"的禁锢,性是一个不可触碰的禁区。在国外思潮的影响下,中国人的性观念也经历由禁锢到开放的过程。在 20 世纪前期,在西方社会,为了反对性别歧视,人们开始强调男女平等地享有社会地位和政治经济权利。后来,女权运动时期,很多女权主义者强调性观念的解放,要求改变基督教禁止离婚的戒律,主张婚姻自由。后来这些要求演变成对宗教性道德的全面否定,强调性行为是人与生俱来的自由权利,它不应受婚姻、道德和法律的限制。这种性解放的观念强调只要双方自愿就可以发生两性关系。在此种观念的标准下,未婚同居、试婚等行为人们都不应当从道德上给予谴责。这种在性行为上完全抛弃传统道德束缚的性解放思潮在 20 世纪 80 年代对中国产生了影响。

在传统社会的道德观中,性是和婚姻家庭、传宗接代联系在一起的。这一点在改革开放前并没有得到根本的改变。改革开放后,随着性伦理的发展,人们对性的观念以及对婚姻伦理的认识都有了新的变化。性爱与婚

---

① 参见刘雪松、王晓琼《汶川地震的启示:灾害伦理学》,科技出版社 2009 年版。

姻的分离、性爱与生育的分离、性爱对象选择的自主性都是新时期性伦理变化的重要表现。青年们的恋爱婚姻观念也日趋开放，贞操观念逐渐淡薄。性观念的变化带来的直接后果是青年人的婚前性行为越来越多。同时，人们对待婚前和婚外的性关系也表现出一定的宽容。性解放给人们的身体带来自由，同时也产生一些不良的影响。青少年早恋现象增多，并且逐渐呈现低龄化的趋势。

随着性观念的解放，很多青年人开始尝试未婚同居。在同居中，有一部分是为了婚后生活的和谐进行的试婚。试婚，顾名思义就是实验婚姻，它不是正式的婚姻，只是男女双方在正式步入婚姻殿堂前的一次实验。未婚男女没有按照法律程序领取结婚证，就按照婚姻的模式在一起生活。在中国的儒家文化里，试婚是被谴责的，它打破了婚姻的严肃性，抛弃了一夫一妻婚姻制的性道德。

（二）卖淫、嫖娼死灰复燃

在性道德解放的过程中，中国的城市也曾出现了一些极其不正常的现象。随着改革开放进程的推进，在经济发展的过程中，人们的思想意识发生了很大变化，人们的生活方式也随之改变。由于生活领域中的政治强制性约束在不断减弱，个人生活方式的选择自由具有了更为开放自主的空间。

受一些西方性解放思潮的影响，还有封建思想遗毒的沉渣泛起，在大中城市卖淫、嫖娼等色情活动又死灰复燃。卖淫活动具有隐蔽性的特点，它们经常以发廊、宾馆、酒吧、洗浴中心为场所。卖淫甚至成为一种产业化运营。据资料显示，"在沿海经济发达地区及内地一些大城市，组织、容留、强迫妇女卖淫的集团近年来不断被破获。"[1] 嫖客主要有"先富起来的个体户、承包商、业务员、干部以及流动职业如司机、供销员、外籍人士、海员、社会闲散人员等"[2]。与此直接相关的色情产业也发展起来。以性交为内容的黄色影片借助网络技术平台获得迅速发展。随着视频的开发，在线的裸聊，以及借助网络方式进行联系的卖淫活动都成为卖淫的新

---

① 王义祥：《当代中国社会变迁》，华东师范大学出版社 2006 年版，第 297 页。
② 同上书，第 298 页。

形式。卖淫嫖娼成为严重影响社会和家庭稳定的因素。这反映了社会转型时期，社会伦理道德发展中出现的新问题。由于受拜金主义的影响，很多人仍然抱有"笑贫不笑娼"的落后腐朽思想。同时，色情活动的猖獗也给人的健康带来了直接的不良影响。据统计，最近几年，中国平均每年有7万名新的艾滋病感染者，其中有49%是通过性途径传播，通过吸毒传播的则占48.6%。中国每年在艾滋病防治的投入已经达到约20亿元人民币。①

（三）同性恋与性取向的混乱

在大多数中国人的观念中，同性恋仍然被认为是违背道德的。据1996年统计，中国内地的同性恋大约有3600万—4800万人。但是由于传统观念的影响，80%的同性恋者会选择与异性结婚。同性恋现象的大量出现反映了在现代生活方式下，人们性取向的错位。传统的伦理道德认为只有以生育后代为目的的婚内性行为才是道德的。而同性恋既不能生育，又没有婚姻关系，还会造成不良的社会影响。因此，人们认为同性恋行为是不道德的，并且在医学上被认为是性取向错误的精神病。

但是，随着性观念的开放，人们对同性恋的行为虽然仍有贬低和鄙视，但是道德谴责的色彩已经不是很强烈了。2001年，我国已经将同性恋从精神病中排除。虽然西方发达国家对同性恋从地下走向地上，见怪不怪，甚至通过法律允许其结婚。但是，对于中国这样具有几千年传统道德观念的国家，对同性恋的普遍宽容和理解还有待时日。

（四）婚外情、包二奶

婚外情在20世纪80年代以前，被看做严重的作风问题，人们的生活和工作都会受到严重的影响。从批评教育到行政处分，很多人因此影响提升甚至被撤职。并且当事人会受到很强烈的社会舆论谴责。改革开放初期，人们对婚外情的看法很严苛。"很多省级党报都有一个叫'道德法庭'的版面，专门登一些大专院校中的'现代陈世美'的故事。"②

当时的报纸是要对第三者造成舆论压力。但是人们对于婚外情的出现

---

① 李虎军：《访中国性艾中心主任吴尊友博士》，《南方周末》2006年9月28日。
② 李友梅等：《中国社会生活的变迁》，中国大百科全书出版社2008年版，第271页。

也有分歧意见。有的人对此行为进行道德谴责，认为这是卑鄙无耻的，有的则认为婚外情是勇敢高尚的。但是在 80 年代绝大多数的人认为第三者是一种社会公害，必须铲除。实际上，人们通过离婚原因的调查已经认识到，"第三者插足是离婚的主要原因，婚外恋是对婚姻的第一杀手。"① 但是，人们实际上在对待婚外情或者第三者插足现象时，已从原来的强烈的道德谴责，转变成具有一定程度的宽容态度。尤其是在具有高学历的青年人中间态度更为宽容。

从 20 世纪 80 年代中期开始，很多往来于香港与内地的商人、白领人士以及货柜司机，为了满足自己的欲望，以金钱等物质利益为主要手段供养婚外异性。人们将这种畸形的男女关系称为"包二奶"。在这些人当中，有的甚至公开妻妾同居，因此在婚姻法的修订上，专家们提出，禁止有配偶者与他人同居。此外，有的新富起来的女人，也有通过金钱等物质手段开始包养起"二爷"的。但是无论是对"包二奶"还是包"二爷"者，人们都深恶痛绝，对他们进行强烈的道德谴责。

（五）一夜情、网恋与闪婚

随着人们性观念的解放，在中国还出现了一夜情的现象。有的人是为了追求新鲜刺激，有的人并不想离婚，他们有自己的家庭、孩子和工作。一夜情只是满足一些人的性需求。

随着网络技术的发展，中国的网民越来越多，并且通过网络谈恋爱的现象也大量涌现。很多人在网上谈恋爱。还有专门的结婚网站，可以在网上建立家庭，模拟现实中的家庭生活。有的人也从网恋走向网婚。根据新浪网的调查，我国已有 100 多万人在网上结为夫妻。网婚者青年人为多数，70% 的网婚者年龄在 25 岁以下。

随着人们婚姻观念的开放，在青年人中间，人们对待婚姻的态度越来越多样化，并且日益呈现出游戏的态度。很多人从认识到结婚往往只经历很短的时间，他们之间并没有相应的了解，只是凭着一时的感觉。这种在极短时间内经历从陌生人到结婚的方式被称作"闪婚"。这种现象对传统的婚姻伦理是巨大的冲击。

---

① 严昌洪：《20 世纪中国社会生活变迁史》，人民出版社 2007 年版，第 210 页。

（六）跨国婚姻

改革开放后，国内外交流增多。在封闭条件下长久生活的人们渴望出国潇洒走一回，在中国一度出现"出国热"。很多人就通过跨国婚姻的方式实现自己的出国梦。还有的人是想通过跨国婚姻改变自己贫穷的经济状况。"1978 年前后，中国的跨国婚姻很少。自 80 年代初期以来，中国跨国婚姻的登记情况逐年增多。1982 年中国跨国婚姻登记数为 14193 对，1990 年为 23762 对，1997 年达到 50773 对，涉及 53 个国家和地区，开始主要是与美、加、澳的居民通婚，后来则是以东亚居多，其中又以日本居多。"①

由于跨国婚姻的功利色彩较为浓厚，所以，"这一时期大多数跨国婚姻的男女年龄层次悬殊，被戏称为'祖孙婚'。一般都是二三十岁的中国女子嫁给五六十岁甚至七八十岁的外国男子。"② 但这并不是说，所有的跨国婚姻都是功利性的。由于对外交流增多，人们的价值观念发生变化，所以对于跨国婚姻的出现人们也由最初的不理解到宽容和理解。

（七）丁克家庭出现对传统家庭伦理的冲击

丁克家庭［英文 DINK（Double/Dual Income No Kids 的音译）］一般是指夫妻双方都有收入，但却主动不要孩子的家庭。丁克家庭作为一种社会现象最早出现在 20 世纪 60 年代的美国。

子女的教育、生活、医疗，以至于在成年后结婚的费用、住房等都是父母的沉重负担。丁克一族认为传统的婚姻承载的传宗接代功能是没有必要的。真正的婚姻家庭生活应当是高质量的自由的二人世界。丁克家庭在 20 世纪 80 年代在中国出现，时至今日，加入这一行列的人越来越大。丁克一族一般是城市中的青年白领，双方知识水平也较高，大多属于社会的中产阶层。丁克作为一种现代生活方式，在社会上的影响越来越大。随着社会竞争日益激烈，人们的工作压力日益增大，很多人因为生活成本提高和自身发展的需要，被迫成为丁克一族。

随着人们性观念的变化以及婚姻观念变化而来的各种现象，既有生活

---

① 李友梅等：《中国社会生活的变迁》，中国大百科全书出版社 2008 年版，第 269 页。
② 同上书，第 270 页。

伦理解放的意义，同时也给社会带来了一定的问题。

（八）独生子女增多导致亲情伦理的新变化

改革开放后，我们逐渐意识到人口问题已经成为制约中国发展的严重社会问题。从 1979 年中国从城市到农村推行计划生育工作，并且提倡晚婚晚育。后来，将法定结婚的年龄由原来的女 18 周岁，男 20 周岁，改变为女 20 周岁，男 22 周岁。这一系列举措，使得 1980 年以后出生的孩子大多是独生子女。这就是我们现在常说的 80 后一代。

由于独生子女庭中，没有兄弟姐妹，这意味着家庭伦理道德中，兄弟姐妹家的亲情伦理一环的缺失。由于孩子只有一个，很多爷爷奶奶和父母将所有的爱都倾注在孩子身上。这一切导致孩子在家里成了"小皇帝"。传统的孝道受到很大冲击。这个问题已经成为一个严重的社会问题，并且给伦理道德建设带来一定的难度。这种伦理关系的变化以及伦理问题的出现，都是社会应当重视的问题。

七 大众文化的兴起与宗教意识的苏醒

改革开放，特别是中国的市场体制确立以后，中国的大众文化勃然兴起。这种平面化的文化架构，日益消解着主流意识形态和知识精英的文化霸权，并和后现代主义的文化言述遥相呼应。与此相反的是人的生活世界并没有因此变得平面化，超验的信仰依然成为民众生活中不可或缺的精神向度。

当代中国文化的发展，在市场体制与全球化的浪潮的影响下，已经开始摆脱主流意识形态和知识精英独霸话语的一元化取向。大众文化在现代文化工业的生产机制下登上了历史舞台。与此相应的是在中国文化的格局中，各种宗教意识和膜拜团体也日益滋生。如何看待这两种相对立的文化现象就是本节所要讨论的主要问题。

（一）大众文化：超验价值退隐下的文化样式

伴随着中国改革开放的进行和市场体制的确立，中国的文化生产模式发生了巨大的变化。以往中国的文化生产，是以主流意识形态为基点，以国家宣传机器为主导的自上而下的教化文化的生产和传播。鸦片战争以后中国文化的生产方式和运作模式，尽管在其内容上免不了受西风欧雨的洗礼，但在总体上依然采取的是传统儒家的所谓的"以吏为师的"政治教化模式①。自从中国选择了市场体制为国家的发展目标以后，中国的文化生产结构发生了变化。主流意识形态尽管依然占有主导地位，但它的文化控制以从一元化的独白，逐渐转变为如何在文化多重变奏中确保主旋律的问题。

当代中国文化包含如下五个向度：（1）以执政党的国家意识形态为核心的主流文化；（2）由知识分子所倡导的精英文化；（3）表达市场经济价值追求的企业文化；（4）体现百姓大众要求的大众文化②；（5）以及通过语言、习俗而延续下来的传统文化。

在这一文化结构中，主流文化通过对当代社会发展趋势的冷静审视，不断调整自身的精神定向以适应当代社会的发展潮流，并为社会发展探寻一个合理性的精神定向。主流文化的发展主要是依靠社会体制支撑的。而精英文化则主要局限于知识分子的圈内。企业文化是企业运转的精神润滑剂。而传统文化则是通过礼俗的形式而起作用的。真正在社会生活中体现普通民众生命方向的则是大众文化。

大众文化，作为现代中国文化的独特样式，不同于民间的通俗文化，而是现代工业文明的产物。大众文化是以都市大众为文化的消费对象和主体，利用现代传媒技术在市场体制下批量生产出来的文化产品。大众文化作为一种复制性的话语，是一种受市场导向的市民文化，它追求文化消费的标准化、无个性和媚俗的娱乐性。

现代中国的文化建设正处于解构与建构相互交织的历史辩证之中。刚刚兴起的大众文化不应简单地理解为西方后现代文化的传播与移植，而应理解为中国现代文化发展的一个必经阶段。它既是中国市场经济发展的一个必然结果，又对中国市场经济的发展起到推波助澜的作用。

---

　　①　中国古代的政治，即所谓的"政"就是"正之以文"。《尚书·洪范》所谓天子立"皇极"，《论语》所谓"君子之德如风，小人之德如草，风上草偃"等，都可表明文化在中国语境中的意义。

　　②　邹广文主编：《当代中国大众文化论》，辽宁大学出版社2000年版，第21页。以下关于大众文化的具体论述多参照此书。

在现代中国，大众文化以文化工业和文化市场为文化生产和消费的运作机制。这就将文化的生产与消费引入市场机制之中。文化工业具有商业性与复制性的基本特点，商业性使文化生产成为"媚俗"的活动，它要求文化产品的不是深刻性、高雅性、品位性，而是流行性、可读（看）性、娱乐性。大众文化的复制性一方面消解了文化审美的深度，同时又开启了文化消费的民主性。而文化的市场化，表明文化完全可以成为商品而进入市场。文化的市场化确立了文化民主化的运作机制，消解了主流意识形态、知识分子的精英文化的话语霸权，将文化人从政治意识形态的权力依附者和精神贵族的精神自恋者的地位解放出来，并赋予其独立的市场主体地位，使文化多元化从启蒙精英的口号变为现实。大众文化在市场化中又不可避免地带来了媚俗与文化意义的解构。

大众文化的基本特征被许多学者概括为：市场化、世俗化、平面化、形象化、消费化、批量复制等。邹广文等学者又将其本质特征归结为：（1）神性与物性的双重变奏；（2）多元与一元的二律背反；（3）解放与控制的双重交织。① 如此的分析的确把握住了大众文化的基本特质。然而在哲学的义理层面我们还可以继续探讨大众文化作为现代社会的文化样式的内在学理依据是什么。

在笔者看来，大众文化的本质在于它是人类生活中超验价值退隐下的文化样式和生存模式。自文艺复兴和宗教改革以后，西方思想界就一直在从事颠覆形而上学、消解超验性的工作。这一工作在后现代主义思想家那里达到了顶峰。我们知道传统社会的价值与制度是立足于一套形而上学与超验信仰基础上的，特定的形而上学与超验信仰是传统社会建构与解构的根基。反对形而上学和超验价值是近现代思想的主流。这一思想的推进构成了全球性的现代化浪潮。所谓的相对性、后现代性的问题都是与此相关的。近现代哲学从反对某一种形而上学的无效性开始，发展到认为所有的形而上学都是无根的。既然形而上学及一切超验价值是无根的，于是一切全权话语就不再有效，因此基于纯粹个体化原则的市场机制与民主机制就成为人的社会政治、经济、文化生活的原则。如果缺失了形而上学及超验价值的维度，个体的感性肉身的价值就被提到了一个新的形而上学的地

---

① 邹广文主编：《当代中国大众文化论》，辽宁大学出版社 2000 年版，第 169—185 页。

位。于是现代性就被马克斯·舍勒概括为"本能造反逻各斯"。在此基础上，我们似乎可以说大众文化就是市场体制下的本能文化，是超验价值退隐下的文化样式。

中国大众文化的兴起，晚于西方社会，并深受西方文化的影响。它的出现是与主流意识形态的转向市场体制的确立直接联系在一起的。但它在思想逻辑上是与西方大众文化的演进相同的。它们都是源于对形上学与超验价值的颠覆，以及市场体制下文化生产的工业化机制。稍微有所不同的是，在西方社会，大众文化的兴起，经历了从"上帝死了"到"人死了"再到"渎神的狂欢"。而在中国，纯粹超验之神的维度从没有真实建立，因此当西方的现代思想资源不断传入中国之后，所颠覆的不是超验的上帝信仰而是中国传统的天命观及其所维护的宗法体制。中国的大众文化没有西方大众文化的隐性的上帝景观。当市场体制消解了世俗的权力化价值，所显露出来的并不同于西方语境中的彻底的虚无主义，而是中国文化传统中故有的具有庄禅意味的虚无主义和痞子文化。如此的大众文化在现代中国的文化语境中，由于受到西语后现代主义的辩护与张扬而确立了自己合法性论证。也有为数不少的中国知识人在运用不同的思想资源和知识手段为大众文化的合法性作论证，而其中的一些中国知识人已参与到这场渎神的狂欢之中。

（二）宗教意识的苏醒：虚无背景下的终极依托

如果以为现代市场体制下的文化运作是由大众文化独领风骚，则是失之简单。在现代中国文化景观中，与大众文化相对应的是民众宗教意识的苏醒。现代中国宗教意识的苏醒主要体现在如下两方面：

第一，民间宗教意识的复苏与宗教文化的滥觞：不需要具体的统计数字，只要有兴趣到各种宗教活动场所稍加观察，就可以发现中国民众认信某种宗教，或对之发生浓厚兴趣的人数越来越多。这一文化现象不可简单地归结为中国民众的文化素质低、缺乏科学理性知识，也无法完全由"傻子遇见骗子"的模式来加以解释，或利用所谓的对思想政治教育的忽略来解释，也不可以历史上的各种异端宗教或政治宗教来完全解释。现代中国民间宗教意识的复苏，其根本原因在于现代市场竞争体制下，大量个体存在面临日益边缘化和价值虚无化的威胁，于是寻求某种终极性的价值支撑就是他们现实的选择。中国民众皈依某种宗教的具体情形十分复杂，有皈依合法体制下的各种传统宗教，也有信奉各种宗教异端和新型宗教的。说到底，并不是所有的民众都有权或都愿意在现代文化市场的体制下，消费大众文化的精神快餐。现代市场体制的激烈竞争，不可避免地产生大量弱势群体。当这些弱势群体丧失了体制性的保护以后，也必然对主流文化的价值许诺失去信心。于是在现代市场体制下被边缘化的弱势群体的心灵创伤的慰藉与抚平只有在某种宗教中寻找。即便是现代市场体制的受益者，其个体的价值皈依与文化消费，也难以一致定位于大众文化的生产与消费。完全平面化的文化消费，无法满足个体心灵多元化的需求，在渎神的节日里，虚无也会成为中产阶级的心灵重负，探寻虚无之中的解脱之道，就成为皈依某种宗教的潜在心理动因。

第二，知识阶层对价值虚无主义的反抗，以及宗教知识人的思想言述。这是现代中国宗教意识复苏的另一重要表现。与现代日常文化中的大众文化的兴起相对应，中国知识界的思想言述，也表现为对崇高与理性的拒斥和价值相对主义的滥觞。为了对抗价值虚无主义，传统宗教在现代语境下重新进入中国知识分子的话语结构之中，并获得了现代的诠释。其最为突出的儒家的"既内在即超越"的人文主义价值，其代表就是现代儒家的知识言说与社会活动。基督宗教的所谓开放的人文主义价值，是现代中国知识人的另一价值选择，这主要体现在所谓文化基督徒的知识性论述中。另外宗教知识人的思想性言说，也对宗教意识的苏醒起着推波助澜的作用，如中国台湾省新士林哲学家的有关论述。

中国现代文化中宗教意识的复苏，体现了现代市场体制下价值虚无化背景下的终极依托。由于现代市场体制合法性的确立，现代公民的个体职业性行为已不受制于主流文化的强制性约束，主流文化的约束力主要局限于政党组织成员内部。当现代社会中多元化的宗教意识及其宗教行为在其尚没有与现行社会体制和主流文化产生直接冲突时，国家体制无法在法律的范围对之实施具体的干涉行动，这就导致了宗教意识的不断膨胀。

宗教意识的苏醒与膨胀在一定意义上说，是对大众文化的反叛，是力图在价值虚无化景观下寻求价值的终极依托。然而这种日益突出的宗教化倾向也面临一系列问题：

第一，公民个体所皈依的特定宗教，是否真的具有价值真实性，在超验宗教背后所隐含的是否会是新的偶像崇拜。宗教意识与行为的价值真实性是否得到真正的审视与反省。

第二，多元宗教意识的苏醒，使现代社会公民社会性的共识性难以确立。沟通与理解成为一个现代社会必须面对的问题。宗教不宽容行为也会随之而来。特定宗教的认信者批判及反抗大众文化的庸俗化、市场化、世俗化、平面化、形象化、消费化，拒斥科技理性的"知识的傲慢"，却容易导致另一极端的倾向：以"属灵的傲慢"、"道德的傲慢"来表达超验维度掩盖下的个体经验意识，而这种个体经验由于被冠以超验的价值而不允许反思与质疑。

第三，由于在许多宗教认信者的行为规范与价值理念中，宗教教义及教主的通谕超越了现代社会的法理权威，极易导致宗教与现行社会体制的冲突。这一点突出体现在各种新兴宗教（膜拜团体，cult）身上。其极端的形式就是各种反政府、反社会的邪教组织。在中国，此类组织多采取传统民间宗教与气功杂糅的形式出现，法轮功就是一个突出的例子。

（三）构建合理的文化生产体制：现代社会的宗教管理与文化策略

中国大众文化的兴起及宗教意识的复苏，是现代中国文化建设及文化研究必须正视的问题。大众文化和宗教意识在现代文化体制中都具有两面性。如前所述，大众文化一方面具有文化的民主性、平民性、娱乐性，另一方面也具有其媚俗性、平面性、复制性，它既是对政治话语霸权的消解，却同时确立了市场的霸权地位。而现代宗教意识则与此相反，它可以在超验维度下确立文化的批判尺度，然而却无法避免以"属灵的傲慢"神化自身。并且宗教意识及其宗教行为的自我膨胀又容易与社会产生剧烈的冲突。因而解决现代社会宗教与大众文化的关系就是一个急切的问题。

在笔者看来，这个问题的关键就是要解决"崇高的位置"，即要解决"崇高"的"价值定位"与"社会安置"。前者是一个价值论的问题，后者是知识社会学或价值社会学的问题。

对于前者，所要解决的就是理想主义、虚无主义、伪理想主义之间的逻辑悖论及现实演绎。理想是作为个体的人及人类社会不可或缺的价值维度。理想，特别是超验价值为个体生命提供了一个未来指向，为现实社会提供了一个价值批判的维度。但问题在于当理想及其乌托邦诉求成为国家意识或政党意识形态，就极易导致话语霸权的垄断，成为伪理想主义和精神专制。为反对和消解这种理想的霸权，价值相对主义就应运而生，这种相对主义的极致则是各种形式的虚无主义。现代大众文化就极具虚无主义的味道。对此必须在学理上厘清此岸与彼岸、经验与超验、本体论承诺与本体论意向的内在分际。

对于后者，笔者以为是一个如何建构合理的文化生产体制的问题。这关涉到现代社会的宗教管理与文化策略的问题。几千年来的人类社会历史表明，以某种特定乌托邦意识实施对社会的制度安排和个体的价值安排，不管其原初具有多么美好善良的愿望，其结局一定是政治专制和精神专制。于是终极性的价值理念就从社会的制度性安排中转身而出，仅仅成为肉身个体的自我认信的行为定位和价值归宿，而社会的制度安排则交付经验理性来加以解决。笔者以为对此问题的解决，必须从如下着手：

第一，国家及社会体制从终极价值的实质性解决的领域退出，并杜绝任何终极性价值对社会体制的一次性安排。国家及社会体制以其形式的合理性为社会多元文化价值的生产、传播、消费提供公平的游戏规则。只有如此个体的信仰自由才可以得到切实的保障。

第二，但这决不意味国家及社会完全不承载价值，相反它要求社会构建奠基于普遍伦理基础上的底线伦理和交往理性。这个底线伦理和交往理性不仅存在于各种文化传统与习俗之中，而且在现代社会更以制度化、法律化的形式固定下来。任何所谓超验价值和宗教不得逾越底线伦理这一界限。宗教文化对社会生活的超验审视与价值批判应当立足于底线伦理的价值提升，而不是否定底线伦理的价值毁灭。

第三，文化价值资源的非垄断化。国家、社会不承载终极性的价值，不意味价值资源没有自己的现实的承载物。现代社会中教会及各种宗教组织作为宗教文化资源的现实承载者，依然具有自己的社会法权。各种现代主义的价值则落实在各种合法政党的意识形态建构中。对现代社会来说，最为关键的问题在于防止文化价值资源的垄断化生产与传播、消费。这需要国家从法律上规范文化价值资源的生产与再生产。做到了这一步，既可以防止社会文化生活的平面化与庸俗化，为个体提供可供选择的价值资源，又可以防止任何单一价值资源的社会霸权以及由此导致的精神专制。如此才可以防止各种形式的宗教原教旨主义，以及各种邪教对社会合法体制的颠覆和对社会日常生活的僭越。

　　基于如上的思考，笔者以为，我们既不必为大众文化发展过程中的负面因素夸大其词，也不必为市民宗教意识的苏醒而惊慌失措。面对这些问题，国家可以通过构建一个合理的文化体制，以避免和消解大众文化、宗教意识的负面作用的极端的社会放大，并在社会体制内保持其积极的社会作用。

第 六 章

市场经济条件下的政党—国家伦理
对伦理资源的整合

通过对中国当代伦理道德变迁的考察，可以看到，中国的伦理道德变迁经历了由政党伦理到国家伦理的上升，经过社会主义改造等运动，实现了对人们日常礼俗的同化过程，形成了一元伦理主导的单一伦理规约体系。改革开放后，政党伦理的规约对于市场经济体制而言由此前的全面控制转为起主导作用多元伦理并行发展，以公民伦理为底线的共生并行状态。

一 中国共产党人对社会主义道德建设的高度关注

自改革开放以来，党和人民政府虽以经济建设为中心，但始终未曾轻视精神文明建设，而是强调物质文明建设与精神文明建设一起抓，两者并重，"两手都要硬"。并且通过一些行之有效的举措积极进行道德建设，反映出中国共产党人对社会主义道德建设的高度关注。

（一）对社会主义精神文明建设的高度关注

20 世纪 80 年代，党和人民政府出台了一系列的政策、法规对精神文明建设进行指导。1981 年 2 月，开展"五讲四美"（讲文明、讲礼貌、讲卫生、讲秩序、讲道德和心灵美、语言美、行为美、环境美）活动。此后，这项活动又和"三热爱"（热爱祖国、热爱社会主义、热爱中国共产党）活动相结合。这项活动在全国范围内迅速开展起来。中共中央、国务院于 1982 年 3 月建议并倡导开展第一个"全民文明礼貌月"活动，普遍宣传"五讲四美"的内容，使全国人民群众自觉地、热情地、有组织地参加"五讲四美"活动，通过实际行动来共同建设社会主义精神文明。9月，中国共产党的十二大报告全面论述了社会主义精神文明，并指出社会主义精神文明是社会主义的重要特征，强调精神文明建设是党的战略方针。12月，在新修订的《中华人民共和国宪法》中规定要加强社会主义精神文明建设，并重申"五爱"为中国公民的五项基本道德规范，并作了新的调整，将"爱护公共财物"改为"爱社会主义"。

1984年10月，党的十二届三中全会通过了《中共中央关于经济体制改革的决定》，该决定把全社会形成文明的、健康的、科学的生活方式，振奋起积极的、向上的、进取的精神状态，作为社会主义精神文明建设的重要内容。

1986年9月28日，中共十二届六中全会通过《关于社会主义精神文明建设指导方针的决议》，该决议成为新时期社会主义精神文明建设的纲领性文件。决议指出，社会主义精神文明建设的根本任务是适应社会主义现代化建设的需要，培养有理想、有道德、有文化、有纪律的社会主义公民，提高整个中华民族的思想道德素质和科学文化素质。在"五爱"的基础上，强调建立和发展新型的人际关系，反对损人利己、损公肥私、金钱至上、以权谋私、欺诈勒索的思想和行为，并且特别强调要同宗法观念、特权思想、专制作风、拉帮结派、男尊女卑等封建遗毒作斗争。

1987年10月，党的十三大报告强调建设精神文明，必须以马克思主义为指导，要按照"有理想、有道德、有文化、有纪律"的要求，提高整个民族的思想道德素质和科学文化素质。

1988年12月，中共中央发出关于改革和加强中小学德育工作的通知。通知要求中小学德育工作必须要全面深化改革的新形势，进一步明确中小学德育工作的指导思想，实事求是地确定中小学德育工作的任务和内容，努力把他们培养成为有理想、有道德、有文化、有纪律的一代新人。

1989年3月，国务院政府工作报告强调各级政府务必高度重视精神文明建设。建设社会主义商品经济新秩序，需要社会公德、职业道德、文明礼貌的普及提高，大力提倡对祖国、对社会的奉献精神，大力提倡互相尊重、互相关心、互相帮助、敬老爱幼的社会风尚。在报告中，还把发展体育运动，增强人民体质作为精神文明建设的重要内容。

　　进入到 90 年代，党和政府继续加强对社会主义道德建设的关注。1991 年江泽民总书记指出，有中国特色的社会主义文化，必须以马克思列宁主义、毛泽东思想为指导，不能搞指导思想多元化；必须坚持为人民服务、为社会主义服务的方向和百花齐放、百家争鸣的方针，繁荣和发展社会主义文化，不许毒害人民、污染社会和反社会主义的东西泛滥；必须继承发扬民族优秀文化而又充分体现社会主义的时代精神，立足本国而又充分吸收世界文化优秀成果，不允许搞民族虚无主义和全盘西化；强调提高全民族的思想道德和科学文化素质，促进社会主义物质文明和精神文明发展的重要性。

　　1992 年党的十四大提出坚持两手抓，两手都要硬，把社会主义精神文明建设提高到新水平，指出精神文明建设必须紧紧围绕经济建设这个中心，为经济建设和改革开放提供强大的精神动力和智力支持。

　　1994 年江泽民总书记要求宣传思想工作，必须以科学的理论武装人，以正确的舆论引导人，以高尚的精神塑造人，以优秀的作品鼓舞人，不断培养和造就一代又一代有理想、有道德、有文化、有纪律的社会主义新人，在建设有中国特色社会主义的伟大事业中发挥有力思想保证和舆论支持作用。

　　1995 年在党的十四届五中全会上，江泽民肯定了改革开放以来精神文明建设取得的成绩，但同时也指明了存在的问题，例如思想政治工作薄弱，拜金主义、享乐主义抬头，一些地方社会治安情况不好，一些腐败、丑恶现象又重新滋生蔓延。1995 年党的工作会议提出加强农村社会主义精神文明建设是十分重要的战略任务，要提高农村道德建设，推动农村文化的发展和繁荣；要通过开展创建文明家庭、文明村镇和文明乡镇企业活动等方式来加强对农村精神文明建设活动的指导。

　　1996 年 10 月，中共十四届六中全会明确指出："加强社会主义精神文明建设"，"提高民族思想道德素质"乃是"一项重大战略任务"。决议又提出了社会主义道德规范体系的基本框架是："以为人民服务为核心，以集体主义为原则，以爱祖国、爱人民、爱劳动、爱科学、爱社会主义为基本要求，开展社会公德、职业道德、家庭美德教育，在全社会形成团结互助、平等友爱、共同前进的人际关系。"该决议为新时期的社会主义道德建设指明了方向。此后，人民政府又采取了一系列切实措施予以落实。

从中央到地方均设立了"社会主义精神文明建设办公室"进行社会主义精神文明建设的指导工作。在学校教育当中，除了设置思想政治和品德教育外，还进行演讲比赛、观看革命影片、为烈士扫墓、慰问烈军属、参观革命遗址和博物馆等活动。而且把品德考察作为重要标准纳入到升学、就业等一系列的活动当中来。这些有力措施的采取，使得在全社会当中加大了社会主义精神文明建设的影响。

在这一时期，中国共产党又强调，在社会主义道德建设过程中应重视弘扬中华民族的传统美德和近代以来的革命道德传统。因此许多反映中华民族传统美德的书籍大量出版，而且在学生的教材当中，也将反映这些优秀品德题材的作品选入。近代以来，中国的革命道德传统得到积极的发展。在新的历史时期，我党不断通过缅怀、纪念、学习革命先烈的革命道德的方式进行道德教育，使人们永远铭记为了今天的幸福生活抛头颅、洒热血的革命烈士们的优良品德。

1997年9月20日，党的十五大召开。江泽民在《高举邓小平理论伟大旗帜，把建设有中国特色社会主义事业全面推向二十一世纪》的报告中指出，建设有中国特色社会主义的文化，就是以马克思主义为指导，以培育有理想、有道德、有文化、有纪律的公民为目标，发展面向现代化、面向世界、面向未来的，民族的科学的大众的社会主义文化。要建设立足中国现实、继承历史文化优秀传统、吸收外国文化有益成果的社会主义精神文明。

1998年9月28日，江泽民《在全国抗洪总结表彰大会上的讲话》中总结了抗洪精神：万众一心、众志成城，不怕困难、顽强拼搏，坚忍不拔、敢于胜利，并强调民族精神是衡量一个国家综合国力强弱的一个重要尺度。

1998年12月18日，江泽民在《纪念党的十一届三中全会召开二十周年大会上的讲话》中，强调必须坚持物质文明和精神文明的共同进步，要切实加强思想道德建设，努力发展教育科技文化，以科学的理论武装人，以正确的舆论引导人，以高尚的精神塑造人，以优秀的作品鼓舞人，培育有理想、有道德、有文化、有纪律的社会主义公民，提高全民族的思想道德素质和科学文化素质，坚持在全社会提倡社会主义、共产主义道德，大力弘扬爱国主义、为人民服务和勇于奉献的精神，同时把先进性要求同广泛性要求结合起来，鼓励一切有利于国家统一、民族团结、经济发展、社会进步的思想道德。

在市场经济条件下，国家伦理在现实伦理生活中处于价值主导位置。人们从计划经济体制的束缚下解放出来。在非公有制经济体制中的人群，由于生存方式的变化，国家伦理的客观约束力对其直接的作用变小。但是，国家伦理的作用空间并不因此而变得狭小。在市场经济条件下，人们面临的新事物和新的环境日渐复杂，尤其是当代社会面临的全球化的趋势，在市场开放的今天，文化的多元化，这对于各民族国家的思想文化资源造成了有力的冲击和改变。国家伦理在其现实规约力方面，要想起到更为普遍的约束作用，必须要面向现实，调整自身起作用的方式。在精英集团的政党内部，国家伦理还是一种起着绝对主导作用的伦理资源。但是对于人口流动较大的广大底层社会和处在国家单位体制之外的人群，其现实约束力则相对减弱。国家伦理应对时代出现的新变化，也在积极地进行调整。

（二）从 20 世纪 90 年代中期的道德复苏看政党—国家伦理的强化

20 世纪 90 年代中期，中国在市场经济进一步发展过程中，又出现了种种新的问题。如，市场经济带来的拜金主义现象，人们对国家利益和集体利益关心程度的下降，道德状况的下滑，等等，尤其是在上文中提到的种种媒体技术和人们的娱乐生活方面的新变化，使得伦理资源多样化，现实生活中国家伦理提倡的集体主义，为人民服务、公而忘私、艰苦朴素的价值理念在现实生活的位置渐渐边缘化。国家伦理规范的价值理念回缩到政党集团的内部，作为一种政治精英伦理起主导作用。所以，我党从国家伦理的高度提出加强社会主义精神文明建设的决议，并且强调市场经济与精神文明的统一性，认为二者是不冲突的。接着开始以一系列的对长征红军的宣传和慰问，突出其精神价值，然后就是大量的先进模范人物的推出。"90 年代中期我们国家的道德复苏运动，是由一些模范人物被推出为契机的。先是孔繁森，然后是李国安、李素丽、徐虎，等等，总计有 14 个先进个人和 10 个先进集体。宣传模范的办法，乃是经由统一的部署，国内若干报纸电视台派出记者，组成庞大的采访团，在既定的时间里联合采访，又在既定的时间里同时发表，一个接着一个，接踵而至，并且伴有一连串的评论、文件、号召、领导接见、报告会和座谈会。"① 通过这样的方式大规模地进行道德宣传和教化，以强化我们国家伦理的导向。

正是由于现实层面问题的严重性才引起如此大规模的道德宣传和强化。从那时推出的模范人物看，仍然是一种比较符合革命伦理价值规约的运作方式。人物本身的精神固然受到人们的敬佩，但是在人们的价值观念中个人价值的实现占有更重要的位置。比如徐虎，"他的职业是'掏马桶、通管道'，连续 21 年，无怨无悔无私无畏地为老百姓做事。"② 作为社会主义精神文明建设的方式，国家伦理的有意塑造，在现实中的影响力已经减弱。人们将更多的精力投在如何在市场经济条件下获得更多的财富，如何在经济水平提高的条件下，过上更好的生活。艰苦奋斗，无私工作，无法作为新时期的职业道德给予人们以现实的指导。国家伦理要想真正在现实生活中成为人们伦理道德的指导，必须要对自身的理论进行丰富和深化，必须要考虑到时代性的内容和要求。

我们在 2001 年出台的《公民道德建设实施纲要》中，表明了国家伦理的意识转变，其中对于社会现实层面发生的变化和人们的伦理道德观念的变化都给予了观照。而且在社会上引起较大反响。

二　从公民道德建设到八荣八耻提出看社会主义伦理建设的新发展

2000 年 2 月 20 日，中共中央总书记江泽民在出席广东茂名高州市领导干部"三讲"教育会议之后，在考察期间提出"三个代表"重要思想。他强调："要把中国的事情办好，关键取决于我们党，取决于党的思想、作风、组织、纪律状况和战斗力、领导水平。只要我们党始终成为中国先进社会生产力的发展要求，中国先进文化的前进方向，中国最广大人民的根本利益的忠实代表，我们党就能永远立于不败之地，永远得到全国各族

---

① 马立诚、凌志军：《交锋——当代中国三次思想解放实录》，今日中国出版社 1998 年版，第 356 页。
② 同上。

人民的衷心拥护并带领人民不断前进。"① 于是，在全国掀起学习"三个代表"重要思想的活动，后来又被写入党章，成为我党指导思想的重要部分。"三个代表"重要思想强调"最广大人民群众的根本利益"，值得注意的是个人利益得到进一步重视。

江泽民在 2001 年建党 80 周年讲话中又指出："马克思主义具有与时俱进的理论品质。"在 2002 年中央党校发表的"5·31"讲话中，他又进一步指出："坚持解放思想、实事求是的思想路线，弘扬与时俱进的精神，是党在长期执政条件下保持先进性和创造力的决定性因素。我们能否始终做到这一点，决定着中国的发展前途和命运。"② 社会主义建设获得了新发展，人们的工作生活条件和社会环境都发生了变化，对于社会主义道德建设而言，也要坚持与时俱进，要反映时代精神，符合时代需要。

（一）从《公民道德建设实施纲要》的出台看伦理道德规范的深入

随着改革开放的深入，中国社会发生了重大的变化。随着社会主义物质文明高度发展的同时，社会主义精神文明建设也发展到了新的阶段。但是，也出现了一些新的问题。"社会的一些领域和一些地方道德失范，是非、善恶、美丑界限混淆，拜金主义、享乐主义、极端个人主义有所滋长，见利忘义、损公肥私行为时有发生，不讲信用、欺骗欺诈成为社会公害，以权谋私、腐化堕落现象严重存在。这些问题如果得不到及时有效解决，必然损害正常的经济和社会秩序，损害改革发展稳定的大局，应当引起全党全社会高度重视。"③ 如何借鉴其他国家和民族的道德建设的成功经验和先进精神文明成果，如何继承中华民族的传统美德，发扬中国共产党人领导中国人民在长期的革命实践和社会建设实践中形成的优良道德传统，成为建设与发展社会主义市场经济相适应的社会主义道德体系的关键问题。

为了发展适应新形势，不断发展和完善社会主义道德建设，在"三个代表"重要思想的指导下，2001 年，党和国家出台了《公民道德建设

---

① 江泽民：《江泽民在广东考察工作强调紧密结合新的历史条件加强党的建设，始终带领人民促进生产力的发展》，《人民日报》2000 年 2 月 26 日。

② 人民网，2002 年 11 月 28 日。

③ 《公民道德建设实施纲要》，李春秋、张君、高雅珍主编：《公民道德建设通论》，青岛出版社 2002 年版，第 2 页。

实施纲要》，针对新时期道德建设的问题进行了实事求是的分析，并且从多方面对于社会主义道德建设进行了系统的总结和有益的探索。《公民道德建设实施纲要》从公民道德建设的重要性、公民道德建设的指导思想和方针原则、公民道德建设的主要内容、大力加强基层公民道德教育、深入开展群众性的公民道德实践活动、积极营造有利于公民道德建设的社会氛围、努力为公民道德建设提供法律支持和政策保障、切实加强对公民道德建设的领导8个方面，做了四十条的规定。

《公民道德建设实施纲要》对社会主义道德进行了全面而系统的界定，指出："社会主义道德建设要坚持以为人民服务为核心，以集体主义为原则，以爱祖国、爱人民、爱劳动、爱科学、爱社会主义为基本要求，以社会公德、职业道德、家庭美德为着力点。"①《纲要》对于如何树立和落实这些先进的道德建设原则和规范也提出了总的要求。在强调加强学校教育的同时，对大众传媒、文学艺术以及体育活动；广播、电视、报纸、刊物等大众媒体；电影、电视剧、戏曲、音乐、舞蹈、美术、摄影、小说、诗歌、散文、报告文学等各类文艺作品对于公民道德建设的影响作用给予了高度的重视。

随后，全国各地掀起了大规模的学习和落实《公民道德建设实施纲要》的活动。广播、电视、报刊、网络等媒体也进行积极的宣传。简约形象的宣传画，在各单位，以及居民社区的阅报栏、公示板等处随处可见。公民道德建设成为社会主义精神发展的重要标志。公民作为现代社会建设的主体力量，要求必须具有高度负责的精神。通过以上几方面的分析，我们看到新时期的公民道德建设，突出强调了市场经济条件下个人权利的重要，强调效率和公平的原则，已经将人民看做权利主体的公民，并且对于公共道德、职业道德等方面进行了规约，不再是简单通过宣传模范人物，号召大家学习的模式，或者是通过政治运动的方式强制进行。

（二）从以人为本与构建和谐社会的提出看伦理关怀的普适性

党的十六大以来，以胡锦涛同志为总书记的党中央坚持以邓小平理论和"三个代表"重要思想为指导，在准确把握国际形势，深入分析我国

---

① 李春秋、张君、高雅珍主编：《公民道德建设通论》，青岛出版社2002年版，第4页。

发展阶段现状的基础上，为社会主义事业的继续健康发展，提出了以人为本、全面协调、可持续的科学发展观。"以人为本"的理念更突现人的重要，进一步尊重个性，强调要实现人的全面发展，要以人民群众的根本利益为发展的目的，要切实保障人民群众的经济、政治和文化权益，使人民群众成为发展成果的受惠者。

科学发展观，强调了可持续发展的重要，"可持续发展，就是要促进人和自然的和谐，实现经济发展和人口、资源、环境相协调，坚持走生产发展、生活富裕、生态良好的文明发展道路，保证一代接一代地永续发展。"① 生态环境问题再一次被纳入到国家发展的宏观战略中来。党的十六大以来，以胡锦涛同志为总书记的党中央，系统总结我们党在促进社会和谐方面积累的经验的基础上，明确提出了构建社会主义和谐社会的重大战略思想和重大战略任务。十六大报告把社会更加和谐作为全面建设小康社会的一个重要目标。十六届四中全会进一步提出了构建社会主义和谐社会的任务，强调社会主义经济建设、政治建设、文化建设、社会建设的统一，把不断提高构建社会主义和谐社会的能力确定为加强党的执政能力建设的重要内容，指明了社会和谐是中国特色社会主义的本质属性。

2005 年 2 月，胡锦涛同志在省部级主要领导干部提高构建社会主义和谐社会能力专题研讨班上，简明扼要地概括了社会主义和谐社会的六个基本特征，即民主法治、公平正义、诚信友爱、充满活力、安定有序、人与自然和谐相处。这些特征，体现了民主与法治的统一、公平与效率的统一、活力与秩序的统一、科学与人文的统一、人与自然的统一。十六届六中全会把这六个基本特征称之为构建社会主义和谐社会的总要求，使得构建社会主义和谐社会的实践有了更加明确的标准。在新的世纪，中国政府在构建和谐社会的过程中，统筹城乡发展，侧重解决"三农"（农村、农业、农民）问题，并且出台了一系列的政策，使得"三农"问题得到有效缓解。而且党和政府加大了对弱势群体的关怀，对下岗失业人员，离退休老人的养老等问题进行了相应的解决。

早在 1988 年，中共中央和国务院就召开了国有企业下岗职工基本生

---

① 胡锦涛：《在中央人口资源工作座谈会上的讲话》，2004 年 3 月 10 日。

活保障制度和再就业工作会议。会上提出了实行"两个确保"——确保国有企业下岗职工基本生活、确保企业离退休人员养老金按时足额发放，建立三条保障线——国有企业下岗职工基本生活保障制度、失业保险制度、城市最低生活保障制度的重大决策。从 1998 年到 2002 年 6 月底，全国企业下岗职工中的 90% 以上进入再就业服务中心，基本都能按时领到生活费，与此同时，为 3000 万左右的离退休人员发放基本养老金 8296 亿元。目前，全国所有城市和县级人民政府所在地的镇已经全部建立了城市居民最低生活保障制度。有效地保障了下岗失业人员的生活。① 这些举措都反映出中国共产党和人民政府对社会主义精神文明建设和人民群众利益的重视。

（三）从八荣八耻②看政党国家伦理对伦理资源的整合

2006 年在进一步推进社会主义道德文明建设的工作中，胡锦涛总书记提出的"八荣八耻"，全面而系统地阐述了树立正确价值观的具体要求，对明确是非、善恶、美丑界限，推动形成良好社会风气，具有重要的现实指导意义。同时也对中国传统伦理文化中的精华进行了继承和发扬，并且在中国共产党的精神文明建设经验的基础上，结合时代性的内容，为全社会进行道德建设提供了新的方向。

"八荣八耻"含涉共产主义道德体系的方方面面，既全面继承以往建设的成绩，也突出了时代性的内容，体现了中国共产党领导下的社会主义精神文明建设的与时俱进性质。在"八荣八耻"中，对爱国主义，为人民服务的宗旨，崇尚科学，追求真理，辛勤劳动，加强团结友谊，树立社会主义的义利观，遵守党纪国法，强调艰苦奋斗等共产主义道德体系的具

---

① 参见金春明《中华人民共和国简史（一九四九—二〇〇四）》，中共党史出版社 2004 年版，第 362—363 页。

② 2006 年 3 月 4 日，胡锦涛总书记在看望全国政协十届四次会议的委员时发表了要树立和坚持"八个为荣、八个为耻"社会主义荣辱观的重要讲话。为深入学习贯彻胡锦涛总书记的重要讲话精神，《社会主义荣辱观："八个为荣、八个为耻"》的宣传画由人民出版社出版，随即在全国新华书店发行。具体内容为："以热爱祖国为荣、以危害祖国为耻，以服务人民为荣、以背离人民为耻，以崇尚科学为荣、以愚昧无知为耻，以辛勤劳动为荣、以好逸恶劳为耻，以团结互助为荣、以损人利己为耻，以诚实守信为荣、以见利忘义为耻，以遵纪守法为荣、以违法乱纪为耻，以艰苦奋斗为荣、以骄奢淫逸为耻。"

体内容进行了详细而深入的阐明。对于危害祖国，背离人民，愚昧无知，好逸恶劳，损人利己，见利忘义，违法乱纪，骄奢淫逸等非无产阶级道德进行了价值否定。

在这个纲领性的道德建设指导中，对早在建国之前就已经成型的共产主义道德体系进行了总结和强调，并且对中国传统伦理道德中的优秀成分进行了继承和发扬。这一纲领在新的历史条件下指出了加强伦理道德建设的与时俱进性。

之后，在全国范围内掀起了学习社会主义荣辱观的活动。上至政府下到企业社区，从城市到农村，全国都在深入学习"八荣八耻"，并且把实践"八荣八耻"作为干部工作的标准。全国各地组织形式多样的活动，进行八荣八耻的学习。可以说，"八荣八耻"在伦理道德建设上，总结了中国共产党成立以来，在共产主义道德体系的建设上的成就，并且成功地对其他伦理资源进行了批判的吸收。

三　当代中国伦理的发展方向：社会主义核心价值体系的建立与发展

2007 年，在中共十六届六中全会的报告中，中国共产党人明确了社会主义核心价值体系的基本内容：马克思主义指导思想、中国特色社会主义共同理想、以爱国主义为核心的民族精神和以改革创新为核心的时代精神、社会主义荣辱观。

当代社会，世界范围内的意识形态领域斗争仍然存在，并且随着中国的发展，这种斗争日益体现为社会主义价值体系与资本主义价值体系的较量。社会主义只有在同资本主义的比较中赢得优势才能最终说服人。因此，当代中国的社会主义核心价值体系的建设就要通过实践来回答："为什么必须坚持马克思主义指导地位而不能搞指导思想多元化，为什么必须坚持中国特色社会主义而不能搞资本主义，为什么必须坚持公有制为主体、多种所有制经济共同发展的基本经济制度而不能搞私有化或'纯而又纯'的公有制，为什么必须坚持人民代表大会制度而不能搞'三权分立'，为什么必须坚持中国共产党领导的多党合作和政治协商制度而不能搞西方多党制，为什么必须坚持改革开放不动摇不能走回头路。"①

中国特色社会主义的建设要想稳步推进，必须要在价值体系的建设上形成凝聚力。社会主义核心价值体系的探索正是中国共产党人总结艰苦奋斗历程的理论结晶。它来自于社会主义建设的伟大实践，并且也必将为更好地推进社会主义建设贡献量。事实表明："社会主义核心价值体系深深植根于中国民族的精神血脉中，植根于当代中国人民的伟大之中，植根于社会主义制度之中，具有激励中华儿女勇往直前的无穷力量。"② 社会主义核心价值体系是社会主义意识形态的本质体现，是全党全国各族人民团结奋斗的共同思想基础、实现科学发展、社会和谐的推动力量，是国家文化软实力的核心内容。

马克思主义理论为人类社会的发展提供了科学的指导。从道德建设层面看，社会主义道德建设也必须要坚持马克思主义世界观、人生观和价值观的指导。我们应当清醒地认识到社会主义道德建设也是一个具体的历史实践过程，它必须结合中国道德建设的实际进行。这意味着针对时代性的问题和要求，社会主义道德建设必须不断地丰富自身的内容，有效地解决社会生活和思想道德领域出现的问题，将建设过程中形成的新的道德观念和规范予以巩固并推动其向前发展。社会主义核心价值体系为社会主义中国包括道德建设在内的各项建设提供了鲜明的精神旗帜。社会主义核心价值体系，"是我们党汲取人类思想精华、适应时代发展要求创造性提出来的，拥有广泛而深厚的历史和现实基础，体现了马克思主义价值观与中国传统价值思想的有机统一，具有鲜明的科学性、民族性、时代性、开放性。"③

社会主义价值核心体系是从价值层面对社会制度进行的本质规定，反映了社会主义政治、经济、文化以及道德建设的多方面要求。社会主义荣辱观是社会主义核心价值体系的基础。在社会主义市场经济推动的过程中爱国主义、集体主义和社会主义思想得到了新的弘扬和发展。但是同时市场经济存在的缺陷和消极因素对人们的思想道德观念和人际关系造成了不

---

① 中共中央宣传部：《社会主义核心价值体系学习读本》，学习出版社 2009 年版，第 2 页。
② 同上书，第 3 页。
③ 同上书，第 16 页。

良的影响，"一些人理想信念动摇，拜金主义、享乐主义、极端个人主义有所滋长，道德失范，世界观、人生观、价值观发生扭曲。"① 社会主义荣辱观既要巩固和提倡新的思想道德观念也要切实解决社会生活和思想道德领域存在的问题。社会主义荣辱观继承了中华民族传统道德中的荣辱思想，并能结合时代特点，结合时代问题进行发展。社会主义荣辱观正是植根于民族血脉中才有伟大的生命力。

以"八荣八耻"为主要内容的社会主义荣辱观为当代中国社会提供了最基本的价值取向和行为准则。社会主义荣辱观的提出反映了中国社会主义道德建设的与时俱进性。社会主义道德建设，只有在马克思主义世界观、人生观和价值观的指导下结合中国道德建设的实际进行，才能真正体现中国特色社会主义道路的优越性。

社会主义核心价值体系提出以后，对中国的各方面建设产生了积极的影响，得到了广大人民群众的广泛认同。2008 年，在党中央的坚强领导下，全国人民团结一致，战胜了南方部分地区出现的严重低温雨雪冰冻灾害。2008 年 5 月 12 日四川汶川发生特大地震灾害。一方有难、八方支援。在党和政府的带领下，全国各地、社会各界都向灾区伸出了援助之手。在救灾抗灾的过程中也涌现出了无数可歌可泣的英雄事迹。灾区从救援到灾后重建，人民群众对灾区给予了无偿支援和无私奉献。这充分反映了社会主义核心价值体系巨大的现实作用和强大的生命力。

---

① 中共中央宣传部：《社会主义核心价值体系学习读本》，学习出版社 2009 年版，第52 页。

结 束 语

　　我们的政治制度和经济制度在社会主义化的过程中，也在完成着对人的社会主义改造，这也是政党伦理向国家伦理生成的过程。对当代中国伦理道德的考察，不仅应当关注理念层面，更应关注现实的伦理生成机制。因为现实的伦理构建在中国是在一定制度保障下，通过一个个的政治运动在短时间内完成的。伦理道德的说教正是在社会政治运动中灌输到具体的社会成员中，并形成习俗的。共产主义的伦理道德，是通过对旧制度的革命性变革和新制度的建立完成的由政党伦理向国家伦理的生成。这一伦理建构的方式是以马克思主义意识形态为指引，以现实的国家—政党制度为保障，经过一次次的政治运动来塑造社会主义新人构成的。这是中国历史上前所未有的人的价值塑造时期。

　　中国当代伦理道德建构的历程，既是政治意识形态全面介入日常生活的过程，也是日常生活全面政治化的过程。这一建构过程，在"文化大革命"过程中走到自己的反面。人们的娱乐生活都被赋予了某种政治意涵。忠字舞、语录歌、样板戏作为一种文化生活与政治强制性是有机结合在一起的。但这种强制性又与人民群众对伟大领袖的崇敬、对共产主义理想的向往、歌颂与赞美交融在一起。伦理道德的建构，进一步体现在服饰、音乐等日常生活之中。绿军装、劳动布服装、红袖章乃是革命的时尚和革命忠诚的表征。"文革"后，人们开始走出政治对日常生活的全面干预，渐次关注经济生活和娱乐生活。宠物热、流行音乐、交际舞等重新被赋予生活自身的意义。随着政治经济生活的变化，人们的利益关系和价值观念也发生相应的变化。"文化大革命"结束后，中国进入了改革开放时代，在价值观念领域发生了一系列深刻的变革。

　　"文化大革命"结束之后，久违的个体价值、长期被忽视的自我观念重新进入人们的思想视野，潘晓的来信引发的人生观的大讨论以及此后一系列有关价值问题的论争都说明了这一点。改革开放历史进程的不断推进，传统伦理道德的现代价值被重新关注。文化反思与文化批判成为现代伦理道德建设的时代强音。在新时期，通过树立先进人物典型进行广泛的宣传仍然是道德教育和道德建设的重要举措。"雷锋"依然是不朽的楷模。新时期的模范人物张海迪，在凸显社会主义价值观的同时，更反映了新时期青年人自强不息勇于奋斗的精神。社会主义道德建设根据时代的变化，不断地调整自己的建构形式。党和政府一直高度重视道德建设。并在20世纪90年代完成了对时代道德创伤的修补，形成新一轮的道德复苏。李素丽、徐虎等新时期模范人物所彰显的就是社会主义的精神文明。全国范围内向这些模范人物的学习，体现了党和政府对社会主义道德建设的高度重视和新时期人们道德意识的复苏。

进入21世纪，伦理道德建设的重心落实为公民道德建设。道德理想主义从全社会的口号式的滥觞转向执政党自身的道德建设和底线伦理基础上的公民道德建设。共产主义道德理想约束着执政党自身成员的伦理行为，并成为社会的主导价值，而不再是一种外在的强制。在市场经济体制下，中国社会的伦理资源在全球一体化的进程中日趋多元。古今中西各种样式的伦理诉求都曾一度泛滥，诸多伦理资源良莠不齐。在无法完全回到一元伦理的单一价值诉求的情形下，社会主义的政党—国家伦理也理应不可避免地成为新时代伦理建构的主导因素，并对多种伦理资源作批判性的筛选与整合。共产主义的最高理想与当代中国社会共同理想的建设使当代伦理道德的建构具有了方向性与现实性。

当代中国伦理道德建设的轨迹表明伦理道德的变迁是和当代中国社会的脉动紧密关联的。中国马克思主义的诠释重心从阶级斗争和阶级意识向和谐社会与科学发展的转变在一定意义上讲铺就了中国伦理道德建设的基质与底蕴。

马克思主义阶级分析的观点是奠基于唯物史观基础上的，它对分析资本主义社会的矛盾冲突、发展规律，唤醒无产阶级的阶级意识都有着举足轻重的作用。马克思主义阶级分析的理论既可以让我们看出资产阶级道德的虚伪性，也可以让我们明了无产阶级的历史使命及无产阶级道德的价值指向的先进性。正是在这个意义上说，当代中国社会主义道德的建设完全脱离了无产阶级的阶级意识和马克思主义的阶级斗争理论是无法理解的，也无法理解当代中国社会及其价值取向的翻天覆地的变化。

　　然而我们又不能不清醒地认识到，脱离了中国现代化建设的历史诉求无限制地夸大阶级斗争的历史作用，其结果是造成对马克思主义价值理想的自我戕害，其现实表现即是中国当代伦理建设所表现的曲折。由阶级斗争转向以发展生产力为基础的和谐社会的建构这一社会现实的转向直接要求的就是由无产阶级的阶级意识向具有世界眼光与民族情怀的公民意识的转向。这也是马克思主义所强调的解放全人类和个人全面发展的统一。

　　中国百年来的现代化历程既是中国社会现代变迁的历史过程，也是中华民族的价值精神与道德指向的自我启蒙与重塑的过程。当中国社会逐步由传统走向现代并实现制度与结构的根本变迁的时候，伦理道德作为建立在社会存在基础上的社会意识也必然要随之变迁。因而，呼吁"新民"就成为中国近现代一切先知先觉者的共同追求。然而问题的关键在于我们要什么样的"新民"以及如何去要这个"新民"。关于这个问题的探讨与争论构成了中国近现代思想流派的分野，其思想与现实的争斗直接牵引着中国近现代历史的跌宕起伏。

　　中国近现代的"新人"意识肇始于梁启超的新民说。这是中国近代的思想先驱在一系列的民主与国家的自强运动的挫折中无奈而又自省的呼声。这表明我们依据西方的某种样板无法单纯地复制一个现代的社会。如果没有人的自觉，经济政治乃至文化上的变革都将半途而废。正是在这个意义上，人的自我启蒙、自我教育、自我改造与我们的民族民主国家的建构的历史进程融为一体。于是，我们看到在英国学习造船技术的严复强调开民智兴民力新民德。以医治国民身体为初衷的鲁迅也转向了通过对国民性的批判将沉睡的国人从"铁屋"中唤醒。鲁迅以自己的"朝花夕拾"和"呐喊"在时代的旗帜上书写着民族魂。梁漱溟、陶行知、晏阳初各自从不同的视角将中国的社会改造与国民教育结合在一起。甚至1949年以前的国民政府也意图以所谓的"新生活运动"塑造与其统治结构相应的时代"新人"。在这一系列关于人的启蒙与改造中，唯有中国马克思主义者立足于中国的现实与文化传统，依据马克思主义的基本理念在时代精神的律动中，开启了与民族救亡、国家建设相应的新启蒙运动。从中国共产党的建党之初，历经井冈山、延安等苏区解放区的文化建设与思想启蒙都可以清醒地看到一个"新人"塑造的探索历程。

在中国共产党的党建历程和人民军队的建设过程中，中国的马克思主义者形成了一整套培养什么样的人和怎样培养人的理念与方法。《为人民服务》、《纪念白求恩》、《愚公移山》、《改造我们的学习》、《论共产党员的修养》就是在这一历程中所形成的具有里程碑意义的经典。在整风等一系列党的自我教育过程中所形成的批评与自我批评、理论联系实际、密切联系群众等这些优良的传统作风，被证明为是塑造新人的行之有效的经验与方法。在这样的教育与启蒙的进程中，我们涌现过无数为中华民族的解放而英勇献身的革命烈士，诞生了为新中国的建立而艰苦奋斗的人民英雄。如此的精神传统一直延续到1949年以后的伦理道德建设之中。

为人民服务的宗旨作为中国共产党人的政党伦理在新中国成立之后通过一系列的制度建设逐步成为新中国的国家伦理，塑造出现代社会主义的新人形象。社会主义伦理道德的建设，既是对社会主义新人的塑造，也是对一切旧社会污泥浊水的荡涤。新社会所开启的不仅是一个新的制度形式与权力结构，更在中国历史上前所未有地塑造出一个新人的形象。这个新人形象的塑造以马克思主义关于人的全面发展等理论为核心理念，将时代精神与民族精神有机地整合在中国特色社会主义的建设历程中。然而我们也需要清醒地意识到，如此的社会主义伦理道德的建构并不是一帆风顺的，是在一系列的探索与挫折中逐步找到新的方向与方法的。了解了这一点，我们就不会回避当代中国伦理道德建设所经历的曲折与创伤；了解了这一点，我们也就不会因为曲折与创伤丧失对社会主义伦理道德建设的信心；了解了这一点，我们就会在今后的伦理道德建设中立场更为坚定、思想更为成熟、心胸更为开阔、方法更为得当；了解了这一点，我们就会从以往的一切失误中得到教训。

社会主义的伦理道德建设之路是中国共产党人立足于中国的现实而探索出的道德建设之路。它不拒绝人类一切有价值的优良道德建设之成果，又不将任何一种主义当做教条来解决我们的现实道德问题。中国马克思主义者立足于唯物史观的基本原理和近代西方启蒙思想家一样反对旧有蒙昧主义、专制主义和戕害人性的禁欲主义。他们倡导自由平等博爱的现代精神，呼唤和国家独立、民族觉醒相伴随的公民意识。他们不回避向西方学习，无论是政治经济现代化的学习还是伦理道德建设上的学习，但他们反对所谓的"充分的世界化"和"全盘西化"。他们将一切的道德建设确定在时代精神、民族文化传统与民族独立和民族自救的有机整合中。但这并不意味着他们是像现代儒家那样的文化保守主义者。他们的伦理建构的批判创新之路有别于传统主义者的所谓"创造性转化"和民族虚无主义者的"全盘西化"。

审视中国当代伦理道德建设的历史脉动，我们可以发现在这跌宕曲折的历程中，中国的现代性伦理道德是直接立足于现代性的中国伦理道德问题中的。它既不是所谓的"欧化"、"俄化"，也不是所谓的偏执的儒家"民族主义"，而是基于无产阶级阶级意识与历史使命的时代精神的中国化与中华民族自强不息、勇于奋斗的民族精神的现代化之有机结合。这一结合之路不是一蹴而就的，不是一朝一夕可以完成的。曾子有云："士不可以不弘毅，任重而道远。仁以为己任，不亦重乎？死而后已，不亦远乎。"毛泽东同志指出："全心全意为人民服务，一刻也不脱离群众；一切从人民的利益出发，而不是从个人或小集团的利益出发；向人民负责和向党负责的一致性；这些就是我们的出发点。"理解了先贤与革命导师对道德建设之重视之良苦用心，我们就应当清醒地认识到我们肩上的担子重，我们脚下的路还长，中国特色社会主义的伦理建设之路才仅仅刚刚起步。一切取得的成绩都不足以让我们骄傲止步，一切所经历的挫折都不应当让我们丧失信心。

回首半个多世纪的当代伦理道德建构历程，不难发现，奠基于阶级意识的价值自觉与道德建设伴随着我们共和国的成长与执政党的成熟正逐步向以和谐意识、发展意识为底蕴的社会主义核心价值嬗变与挺进。了解了这一道德变迁的历史曲折与历史必然，我们就应当以坚定的理想、务实的态度、开放的心胸来从事当代伦理道德建设。我们坚信尽管前进的道路依然会面临各种无法预料的问题，但以新人塑造为核心的伦理建设，以政治文明、经济繁荣为基础的制度建设与民族复兴，必将书写出中国社会主义建设的不朽时代篇章，必将奏起华夏民族复兴的恢弘历史乐章。

参考文献

［1］中央编译局编：《马克思恩格斯选集》第1—4卷，人民出版社1995年版。

［2］中央编译局编：《列宁选集》第1—4卷，人民出版社1995年版。

［3］《列宁全集》第2卷，人民出版社1984年版。

［4］《毛泽东选集》第1—4卷，人民出版社1991年版。

［5］《毛泽东选集》第5卷，人民出版社1977年版。

［6］中共中央文献研究室编：《毛泽东著作专题摘编》，中央文献出版社2003年版。

［7］张树军主编：《新版〈毛泽东选集〉学习问答》，人民出版社1991年版。

［8］中共中央党校编：《马列著作毛泽东著作选读》（哲学部分），人民出版社1978年版。

［9］刘少奇：《论党》，人民出版社1980年版。

［10］周恩来：《周恩来统一战线文选》，人民出版社1984年版。

［11］《邓小平文选》（1975—1982），人民出版社1983年版。

［12］中共中央党校理论研究室编：《中华人民共和国国史全鉴》第5卷，团结出版社1996年版。

［13］冯登岚、刘鲁风编：《新中国大事辑要》，山东人民出版社1992年版。

［14］中共中央统战部研究室编：《历次全国统战工作概况和文献》，档案出版社1988年版。

［15］中央教育科学研究所编：《中华人民共和国教育大事记1949—

1982》，教育出版社 1984 年版。

[16] 中央档案馆编：《中共中央文件选集》第 11 册，中共中央党校出版社 1986 年版。

[17] 中共中央政策研究室综合组：《改革开放二十年大事记》，人民出版社 1999 年版。

[18] 乌杰主编：《回眸世纪潮：中国共产党一大到十五大珍典纪实》上、中、下卷，国家行政学院出版社 1998 年版。

[19] 墨子刻：《摆脱困境：新儒学与中国政治文化的演进》，颜世安、高华译，江苏人民出版社 1990 年版。

[20] 刘小枫选编：《舍勒选集》上、下卷，上海三联书店 1999 年版。

[21] 刘小枫：《现代性社会理论绪论》，上海三联书店 1998 年版。

[22] 张奎良：《马克思的哲学思想及其当代意义》，黑龙江教育出版社 2001 年版。

[23] 张锡勤等：《中国近现代伦理思想史》，黑龙江人民出版社 1984 年版。

[24] 张锡勤：《中国近代思想文化史稿》，黑龙江教育出版社 2004 年版。

[25] 张锡勤：《中国传统道德举要》，黑龙江教育出版社 1996 年版。

[26] 张锡勤等：《中国伦理思想通史》，黑龙江教育出版社 1992 年版。

[27] 张锡勤、柴文华主编：《中国伦理道德变迁史稿》上、下卷，人民出版社 2008 年版。

[28] 罗国杰主编：《马克思主义伦理学教程》，中国人民大学出版社 1986 年版。

[29] 罗国杰、宋希仁主编：《西方伦理思想史》，中国人民大学出版社 1988 年版。

[30] 朱贻庭主编：《伦理学大辞典》，上海辞书出版社 2002 年版。

[31] 王海明：《伦理学原理》，北京大学出版社 2001 年版。

[32] 傅华主编：《生态伦理学探究》，华夏出版社 2002 年版。

[33] 王小锡等：《中国经济伦理学 20 年》，南京师范大学出版社

2005 年版。

〔34〕卢风、萧巍主编：《应用伦理学导论》，当代中国出版社 2002 年版。

〔35〕陈炳富、周祖城：《企业伦理学概论》，南开大学出版社 2000 年版。

〔36〕周中之：《消费伦理》，河南人民出版社 2002 年版。

〔37〕乔法容、朱金瑞：《经济伦理学》，人民出版社 2004 年版。

〔38〕厉以宁：《经济学中的伦理问题》，三联书店 1995 年版。

〔39〕〔德〕科斯洛夫斯基：《资本主义的伦理学》，王彤译，中国社会科学出版社 1996 年版。

〔40〕高兆明：《伦理学理论与方法》，人民出版社 2005 年版。

〔41〕马立诚、凌志军：《交锋——当代中国三次思想解放实录》，今日中国出版社 1998 年版。

〔42〕衣俊卿：《现代化与日常生活批判》，黑龙江教育出版社 1994 年版。

〔43〕焦润明等：《当代中国社会文化变迁录》，沈阳出版社 2001 年版。

〔44〕尹鸿、凌燕等：《中国电影史》，湖南美术出版社 2002 年版。

〔45〕刘建美：《从传统消遣到现代娱乐》，四川人民出版社 2003 年版。

〔46〕周伟主编：《事态万象——社会时尚万花筒》，光明日报出版社 2003 年版。

〔47〕周伟主编：《标语口号——时代呐喊最强音》，光明日报出版社 2003 年版。

〔48〕周伟主编：《思想原声——一百年来的思想激荡》，光明日报出版社 2003 年版。

〔49〕周伟主编：《惊世之书——一百年书窗中的文学风景》，光明日报出版社 2003 年版。

〔50〕罗平汉：《当代历史问题札记》，广西师范大学出版社 2003 年版。

〔51〕汪国训：《回顾与反思》，美域出版社 2007 年版。

［52］从维熙：《走向混沌：反右回忆录》，作家出版社1989年版。

［53］牛汉、邓九平主编：《荆棘路：记忆中的反右派运动》，经济日报出版社1998年版。

［54］牛汉、邓九平主编：《六月雪：记忆中的反右派运动》，经济日报出版社1998年版。

［55］金春明：《"文化大革命"论析》，上海人民出版社1985年版。

［56］金春明：《"文化大革命"史稿》，四川人民出版社1995年版。

［57］麦克法夸尔、魏海生：《文化大革命的起源》第一卷，求实出版社1989年版。

［58］麦克法夸尔：《文化大革命的起源》第二卷，求实出版社1990年版。

［59］高皋，严家其编写：《"文化大革命"十年史：1966—1976》，天津人民出版社1986年版。

［60］周全华：《"文化大革命"中的"教育革命"》，广东教育出版社1999年版。

［61］中共中央组织部等编：《中国共产党组织史资料》第六卷，中共党史出版社2000年版。

［62］中共中央文献研究室：《关于建国以来党的若干历史问题的决议》注释本（修订），人民出版社1985年版。

［63］李春秋、张君、高雅珍主编：《公民道德建设通论》，青岛出版社2002年版。

［64］本书编写组：《公民道德实施纲要学习问答》，中国言实出版社2001年版。

［65］徐继超：《公民道德教育与公民法制教育》，中国社会科学出版社2003年版。

［66］人民教育出版社编：《毛泽东周恩来刘少奇邓小平论教育》，人民教育出版社2000年版。

［67］丰子仪主编：《树立和落实科学发展观专题》，中国人民大学出版社2005年版。

［68］赵晓芒：《科学发展观：马克思主义发展观的创新成果》，人民出版社2007年版。

［69］王义祥：《当代中国社会变迁》，华东师范大学出版社 2006 年版。

［70］李友梅等：《中国社会生活的变迁》，中国大百科全书出版社 2008 年版。

［71］严昌洪：《20 世纪中国社会生活变迁史》，人民出版社 2007 年版。

［72］李权时主编：《邓小平伦理思想研究》，广东人民出版社 1998 年版。

［73］郭广银、杨明主编：《应用伦理的热点探索》，江苏人民出版社 2004 年版。

［74］卢风：《应用伦理学：现代生活方式的哲学反思》，中央编译出版社 2004 年版。

［75］刘雪松、王晓琼：《汶川地震的启示：灾害伦理学》，科技出版社 2009 年版。

［76］刘建美编著：《从长袍马褂到西装革履》，四川人民出版社 2003 年版。

［77］中共中央宣传部：《社会主义核心价值体系学习读本》，学习出版社 2009 年版。

后记（一）

"思"向"言"的生成与转换，不仅依赖于作为"思"之"前在"的"心绪"，更依赖使"言"得以朗现的"处—境"。"博士后"作为一种现代的学术制度，并不表明一种"学历"，却标明一种"经历"。就我致思进路的内在性——"随心所思，随心所言"——而言，乃是"心"不在"此"的。然而"心"又著于"此"，乃是由于"心—思"的"歧出"。我原本有自己的学术定向——宗教背景下的中国现代思想，然而历史的偶然机缘，使我进入了黑龙江大学的哲学场域。于是"随心所思，随心所言"就被揳入"当下"的"文本"。

张锡勤先生的"伦理学"研究，牵引着我进入新的问题域；于是我承担了张先生的教育部项目"中国伦理变迁史"中"中国当代伦理变迁"部分，并以此作为自己博士后研究的"题—目（眼）"。顺此"题—目（眼）"，我看到了"马克思思想"对中国现代思想的"嵌入"与"根植"，并繁衍出当代中国伦理文化"繁复"的支脉。于是我对中国文化的"把—握"，由于眼界的变化，由传统儒家、基督宗教，进展到"当代中国的马克思主义"的"实践效应"。张奎良老师"马克思研究"所具有强烈的价值关怀与时代使命感深深地打动我，随着马克思的"思"入我"心"，并结成我的"心—思"，我选择张奎良先生作为我的博士后合作导师，当然张先生也选择我作为他的"学—生"。由是，在黑龙江大学哲学系两位张老师（张锡勤老师、张奎良老师）的人格感召与精神关照下，我的"思路"与"言路"一"张"又一"张"，以至于在变换与敞开中提升着自己为学的境界与品位。对此二位张老师对我学问与人格的提升需要何等的言词来表示我的感谢呢？在此"言"得过度凸显，不免有些矫情与造作，不如让"言"退回到"家—国—天下"情怀下的"运思"

中。作为有限的人，我无法像耶稣基督那样"道成肉身"，但却可以效法张锡勤老师、张奎良老师，乃至中国传统的古圣先贤那样"肉身担道"、"以言担道"。

黑龙江大学的衣俊卿先生、丁立群先生、柴文华先生、张政文先生的独特学问进路和为人风范也对我起到"随风潜入""思"，"润'人'细无声"的作用。在"思"、"学"、"言"的取向上虽有所差异，却引为"知己"，因为"心"是相通的。

黑龙江大学哲学学院的领导，如何颖教授、康渝生教授；同事，如陈辉教授、教军章教授、孙庆斌教授；学友，如魏义霞教授、关健英教授、王国有教授、王晓东教授、陈树林教授等，以及张继军、蒋红雨、罗越军、王志军等诸位兄弟，以及我的学生王秋，尤其是黑龙江省博管站的领导栾生德、黑龙江大学人事处的领导张颖春处长、王宏宇副处长、周伟刚老师、夏欣老师。他们对我的支持与砥砺，无从言表，只有感念在"心"，愿上天降福给他们！愿好人一生平安！愿黑龙江大学的"哲人"以"哲心"运"哲思"生"哲言"，以福佑我华夏民族文运昌盛，国泰民安！

樊志辉

2006 年 11 月

后记(二)

　　呈现在作者面前的这部小书，是在我的博士后出站报告的基础上完成的。本书在完成过程中，我的学生王秋在资料收集、部分章节写作、文字校对、文献核实等方面做了大量的工作。此书是我二人合作完成。探讨中国现代性伦理变迁，是对我原有学术重心的歧出与深化。现代性之于中国有两个重要的使命，即重建社会秩序与心灵秩序。而这二者都关乎伦理问题。中国当代伦理的变迁不仅关涉社会秩序及其价值指向，更关涉意识形态的话语结构，本研究只是对此做了初步系统的探索。囿于本人学养、文献及众所周知的原因，本研究对"文化大革命"时期的伦理道德变迁的探究还处于初级阶段，对港澳台地区的伦理道德变迁的研究还付诸阙如。如此不足，只能待来日完善补充。

樊志辉

2010 年 9 月 12 日